Wolfgang Seidel

STERNSTUNDEN

Wolfgang Seidel

STERNSTUNDEN

Die abenteuerliche
Geschichte der Entdeckung
und Vermessung der Welt

MIX
Papier aus verantwor-
tungsvollen Quellen
FSC® C014496

Eichborn Verlag in der Bastei Lübbe AG

Originalausgabe

Copyright © 2014 by Bastei Lübbe AG, Köln

Lektorat: Dr. Barbara van Benthem, Tutzing
Umschlaggestaltung: Kirstin Osenau
Einband-/Umschlagmotiv:
©shutterstock/Hein Nouwens
©shutterstock/Bukhavets Mikhail
©shutterstock/Antonio Abrignani
©shutterstock/Nattavut
Bildnachweis:
Bild 01 ©picture-alliance/akg-images/Erich Lessing
Bilder 02, 03, 04, 07, 08, 09, 13, 17 ©picture alliance/akg-images
Bild 05 ©mauritius images/United Archives
Bild 06 ©mauritius images/corbis
Bild 10 ©mauritius images/United Archives
Bild 11, 16, 19 ©mauritius images/Alamy
Bild 12 ©picture alliance/Mary Evans Picture Library
Bild 15 © swisstopo, CH-3084 Wabern (BA 140 202)
Bild 18 © mauritius images/Photri
Satz: Greiner & Reichel, Köln
Gesetzt aus der Bembo 12 / 14˙
Druck und Einband: GGP Media GmbH, Pößneck

Printed in Germany
ISBN 978-3-8479-0574-5

5 4 3 2

Sie finden uns im Internet unter www.eichborn.de
Bitte beachten Sie auch www.luebbe.de

Ein verlagsneues Buch kostet in Deutschland und Österreich jeweils überall dasselbe.
Damit die kulturelle Vielfalt erhalten und für die Leser bezahlbar bleibt, gibt es die
gesetzliche Buchpreisbindung. Ob im Internet, in der Großbuchhandlung, beim
lokalen Buchhändler, im Dorf oder in der Großstadt – überall bekommen Sie Ihre
verlagsneuen Bücher zum selben Preis.

INHALT

VORWORT

Globus, Weltkarte und Landkarte zählen zu den bekanntesten und wirkungsmächtigsten Bildmedien überhaupt. Wir kennen sie von Kindesbeinen an, lernen in der Schule, wie sie zu deuten, ja zu entziffern sind. Wir sehen sie täglich im Fernsehen, wenn wir in den Nachrichten die Weltereignisse verfolgen. Die Weltgeschichte der Karten beginnt allerdings nicht mit Landkarten, sondern mit Sternkarten. Unsere Vorstellung vom Himmel mit seinen Sternbildern und Sternnamen stammt hauptsächlich von den alten Babyloniern. Sie waren die Ersten, die den Himmel vermessen haben, indem sie Sternpositionen notierten, darüber Tabellen anlegten, auf diese Weise Daten erhoben und sogar Berechnungen anstellten. So war es auch in den übrigen alten Kulturen von Ägypten bis China. Dort wurden nur ganz andere Konstellationen zu Sternbildern zusammengefasst. Himmelskarten waren die ersten Karten. Eine der ältesten »Sternkarten« ist die Himmelsscheibe von Nebra.

Landkarten als exakte topografische Landaufnahme sind eine Errungenschaft der Neuzeit. Dazwischen liegt die großartige Geschichte der Weltkarten, die in erster Linie Welt»bilder« sind, und die höchst interessante Geschichte der »Erdkunde« seit der Antike.

Frühe Geografen waren oftmals auch Entdecker. Das gilt schon für Herodot und endet weder bei Marco Polo noch bei den Pazifik-Fahrten von James Cook oder der Südamerika-Expedition von Alexander von Humboldt. Viele ruhmreiche Entdeckernamen sind auf den Landkarten verewigt: Barentssee, Beringstraße, Tasmanien, Vancouver oder Hudson Bay. Mit den Entdeckungen veränderten und erweiterten sich sowohl die Kartenbilder wie die Weltbilder. In Europa wandelt sich nach der überraschenden Entdeckung der Neuen Welt Amerika (1492) und der kopernikanischen Revolution (ab 1543) das Weltbild grundlegend. Die Entdeckerzeit wurde eine Blütezeit des Kartendrucks. Karten wurden nun zu aufregenden neuen Medien für die Europäer. Aber sie bildeten noch keine wirklich exakt vermessene Welt ab. Seit 1609, seit Galilei, werden auch am Himmel immer neue Welten entdeckt; und heute mehr denn je.

Im 19. Jahrhundert werden die weißen Flecken auf der Landkarte erschlossen: Das Innere Amerikas und Afrikas, ihren lokalen Bewohnern natürlich vertraut, kommt erst jetzt »auf die Landkarte« der Europäer. *Terra australis* wird von der Landkarte gestrichen, Australien endgültig eingezeichnet.

Anfang des 20. Jahrhunderts revolutionierte Alfred Wegener mit seiner Kontinentalverschiebungstheorie die Welt*entstehung*sgeschichte auf fundamentale Weise und erst 1923 zeigte der Astronom Edwin Hubble, dass es noch weitere Galaxien außerhalb der Milchstraße gibt und dass das Weltall expandiert. Als Wegener und Hubble in den 1920er-Jahren ihre Erkenntnisse formulierten, waren dies ebenfalls noch »abenteuerliche« Vorstellungen. Im 20. Jahrhundert übernehmen Raumfahrt und Astronomie die Führung bei der Entdeckung neuer Welten.

Von all diesen Entdeckungen, die unser Weltbild ständig erweitert und immer wieder revolutioniert haben, handelt das Buch und von der Art und Weise, wie sie ihren Niederschlag in Karten gefunden haben. Die Vermessung von Himmel und Erde begann in der Tat am Himmel. Sternkarten und Weltkarten waren in der Geschichte der Kartografie jahrtausendelang viel bedeutender als Landkarten. Das Buch verfolgt daher beide Entwicklungen parallel.

Drei Ereignisse haben unsere Wahrnehmung der Welt zutiefst verändert:

1. Bis zur Kolumbuszeit machten sich die Menschen ein mehr oder weniger zutreffendes, nicht-empirisches Weltbild zurecht, das nur die drei Kontinente Europa, (West-)Asien und

(Nord-)Afrika umfasste. Entgegen immer noch häufig zu hörender Meinung war die Kugelgestalt der Erde seit der klassischen Antike und im Mittelalter bekannt. Dann folgte die epochale Wendezeit von Kolumbus (1492) und Kopernikus (1543).

2. Erst mit dem Jahrhundertwerk der ersten empirischen Landvermessung Frankreichs durch die Familie Cassini im Auftrag Ludwigs XIV. ab etwa 1670 beginnt eine neue Epoche der exakten geografischen Landvermessung, auf der alle unsere empirisch-kartografischen Kenntnisse beruhen. Dieses epochale Werk ist das am wenigsten bekannte unter all den großen Erfindungen und Entdeckungen, die mit Welt- und Himmelskenntnis zu tun haben. Nun wird aus einem eher diffusen Welt- und Kartenbild ein maßstabsgetreues Bild der Welt.

3. Die ersten vom Mond aus aufgenommenen Fotos, vor allem von *Apollo 8* aus dem Jahr 1968, zeigen den »blauen Planeten« eindrucksvoll in der Weite des Universums. Zusammen mit den astronomischen Forschungen des 20. Jahrhunderts und der Gegenwart, welche die unendlichen Weiten des Weltalls aufzeigen, machen diese Bilder den Menschen die Winzigkeit unseres Lebensraums nachhaltig bewusst.

Die Weltentdeckungsgeschichte ist damit keineswegs zu Ende. Auf der Erde gibt es immer noch zahlreiche unerforschte Winkel in Regenwäldern, Hochgebirgen und Wüsten, die noch keines Menschen Fuß betreten hat. Nach wie vor werden unbekannte Tier- und Pflanzenarten entdeckt. Die Ozeane und vor allem die Tiefsee sind noch weitgehend unerforscht – ganz zu schweigen von den ungeheuren Tiefen und Weiten des Weltalls.

Die ältesten Sternkarten und Weltbilder

Der babylonische Tierkreis

Die Astronomie gilt als die Mutter aller Naturwissenschaften: Beim Blick in den Himmel wurden schon in den Frühzeiten der ersten Hochkulturen Naturphänomene akribisch beobachtet, Daten erhoben, Daten aufgezeichnet, Tabellen geschrieben, spätere mit früheren Tabellen verglichen, analysiert – und so Erkenntnisse gewonnen. Sinn und Zweck des Ganzen war, Voraussagen zu treffen über Wintersonnenwenden, Sternkonjunktionen oder Mond- und Sonnenfinsternisse. Denn all das, davon war man überzeugt, hatte etwas zu *bedeuten*. Es ging nicht um Erkenntnisse über die Natur, sondern über den Willen der Götter und das Schicksal der Menschen. Man sah am Himmel keine Gesteinsklumpen, Gasbälle oder Plasmazusammenballungen, so wie wir heute, sondern man »sah« Götter und Zeichen.

Die Babylonier waren nicht die Ersten, die erkannten, dass astronomische Phänomene in regelmäßigen Abständen wiederkehren. Das ist eine Binsenweisheit, wenn man allein an die Mondphasen oder die Winter- und Sommersonnenwenden denkt. Sie dürften keinem Jungsteinzeitbauern entgangen sein – und wohl nicht einmal den Eiszeitmenschen, wenn man manche Ritzungen in den bemalten Höhlen und Grotten richtig deutet. Doch die Babylonier waren die Ersten, die davon schriftliche Aufzeichnungen anfertigten. Zum Glück auf Tontafeln, nicht auf Papier. Die ältesten bekannten Aufzeichnungen reichen bis ins altbabylonische Reich des Königs Hammurabi zurück, das kurz nach 1900 v.Chr. beginnt. Viele der auf den Tontafeln genannten Sternnamen stammen aus der sumerischen Sprache. Damit ist klar, dass schon die Sumerer, die älteste Hochkultur in Mesopotamien (älter als 3000 v.Chr.), intensive Himmelsbeobachtung betrieben. Sie gaben den Sternen Namen, und diese Sternnamen waren Götternamen wie Anu, Enlil, Inanna. Anus Keilschriftzeichen war ein achtstrahliger Stern und zugleich der Allgemeinbegriff für »Gottheit« und ein Wort für »Himmel«. Enlil bedeutet wörtlich »Herr Wind«, im übertragenen Sinn verstanden als »laute Befehlsstimme«. Eine besondere Aufmerksamkeit galt Inanna. Sie sah man im Abend- und Morgenstern verkörpert, den wir Venus nennen. Die Venus leuchtet in südlicheren Breiten noch größer und funkelnder als bei uns und wurde immer schon als Göttin und nicht als Gott verehrt. Die erotische Bedeutung, die wir mit dem Namen der Göttin »Venus« verbinden, steckt bereits in Inanna. Unter wechselnden Namen wie Ischtar oder Astarte galt Inanna in den orientalischen Kulturen stets als eine der höchsten Gottheiten. Im Zuge des Kulturtransfers, der in der griechischen Frühantike zwischen der orientalischen und griechischen Kultur stattfand, wurde die in Mesopotamien noch wilde, kriegerische, liebestolle und allmächtige Ischtar/Astarte zur lieblichen Liebesgöttin Aphrodite geschrumpft und von den Griechen in ihren Olymp eingegliedert, bei den Römern unter dem Namen »Venus«.

Bevor die Griechen mit der orientalischen Kultur in Berührung kamen, sahen sie die glitzernde Venus übrigens ganz anders. Erstens glaubten sie, dass es sich bei Morgenstern und Abendstern um zwei verschiedene Sterne handelte. Den Morgenstern nannten sie *Phosphoros* (»Lichtbringer«; lateinisch *Lucifer*). Der Abendstern hieß *Hesperos*. Erst als die Griechen astronomische Kenntnisse von den Babyloniern erwarben, wurden sie eines Besseren belehrt: Als sie einsahen, dass es sich um einen einzigen Planeten handelte, wurde der Phosphoros-Hesperos-Mythos hinfällig und sie übernahmen den Ischtar-Astarte-Kult um die Liebes- und Lebensgöttin.

Aufgrund ihrer religiösen Vorstellungen lagen Himmel und Erde für die Menschen des Altertums viel näher beieinander. Sie sahen sich schicksalhaft, fast unterwürfig mit dem Himmel verbunden und versuchten mit allen Mitteln, den Willen der Götter zu erforschen. Omen, Orakel, alle möglichen Formen von Weissagung und Prophetie spielten in den Kulten und Religionen des Altertums eine überragende Rolle. Da sie, anders als die späteren monotheistischen Buchreligionen, keine schriftlich festgehaltene Offenbarung Gottes kannten, waren alle diese »ominösen« Methoden für die Menschen sozusagen die direkte Verbindung zum Jenseits, zum Himmel, zu der göttlichen Sphäre, die ihnen so viel bedeutete.

Man sah kein interstellares Weltall, sondern einen kosmischen Götterhimmel. Einzelne Sterne waren göttliche Wesen. Andere Sterne wurden zu Gruppen und Bildern zusammengefasst und mit mythologischem Gehalt aufgeladen: Die Konstellation, welche die alten Griechen (und wir) als Orion bezeichnen, war für die Sumerer ein Schaf, die alten Ägypter sahen darin Osiris, die Germanen einen Pflug, die Wikinger den Gott Thor, die Südseeinsulaner ein Boot, die Chinesen nannten das ganze Sternbild einfach *shen* (»drei«) wegen der drei »Gürtel«sterne. Für die Griechen war es der große Jäger Orion, eine mythische Gestalt.

Dass man bezüglich der Sternbilder nicht von abgesunkenem Kulturgut sprechen kann, weiß jeder Zeitungsleser der Horoskopspalte. Die von den bronzezeitlichen Babyloniern geprägten Sternbilder dienen noch heute der Orientierung am Nachthimmel. Wir betrachten keine germanischen oder keltischen Sternbilder, was für Mitteleuropäer ja naheliegen könnte, sondern die sumerisch-babylonischen.

Von besonderer Bedeutung waren die Sternbilder des Tierkreises. Schon die Sumerer sahen im Taurus den »Stier des Himmels«, das mächtigste Tier, auch das bedeutendste Opfertier des ganzen Altertums in der Mittelmeerwelt. Im Sternbild Stier lag damals der Frühlingspunkt. Dieser Zeitpunkt galt in den meisten alten Kulturen als Jahresanfang; das bedeutendste Datum im

Kalender. Das Sternbild Löwe markierte die Sommersonnenwende, Skorpion die Herbst-Tagundnachtgleiche, der mythische gehörnte »Ziegenfisch«, später zu Steinbock umgedeutet, die Wintersonnenwende. Auch fast alle Sternbildnamen sind in Babylon vorgeprägt: Zwillinge, Krebs, Waage, Wassermann und Fische. Nur Widder und Jungfrau sind – dem Namen nach – rein griechisch. Die Bilder sind genauso alt wie die anderen.

Der babylonische Kalender

Den Babyloniern verdanken wir nicht nur den Tierkreis und viele Sternbilder. Wie praktisch alle alten und naturnahen Völker folgten sie dem Mondkalender. Der Sieben-Tage-Rhythmus entspricht den vier Mondphasen (1. Viertel, Halbmond, 3. Viertel, Vollmond). Und die Babylonier setzten jeweils einen Feiertag zwischen diese Mondphasen. Dieser Wochenrhythmus ist aber nicht über die Griechen, sondern durch die jüdisch-biblische Überlieferung Bestandteil der westlichen und mittlerweile der Weltkultur geworden. Die Sieben-Tage-Woche ist sumerisch-babylonisches Kulturerbe.

Schon im sumerisch-babylonischen Tierkreis ist der volle Kreis in zwölf Abschnitte à dreißig Einheiten eingeteilt (die dreißig Tage eines Monats). Das ergibt für den Vollkreis 360 Grad, eine Einteilung, die wir heute noch für die Unterteilung eines Kreises in Winkel benutzen: Der berühmte »rechte Winkel«, der 90-Grad-Winkel, ist genau ein Viertelkreis. Darauf beruht dann auch die Einteilung der Erdkugel in geografische Längen- und Breitengrade.

Unsere Zeitrechnung geht ebenfalls auf das von den Babyloniern benutzte Sexagesimalsystem zurück. Daher hat eine Minute nicht hundert, sondern sechsmal zehn Sekunden, eine Stunde dito sechzig Minuten, ein Tag viermal sechs Stunden. Diese Zeiteinteilung gab es schon in Uruk, der ersten Großstadt im 4. Jahrtausend v. Chr. Das Sexagesimalsystem ist eng verknüpft mit dem Fingerzählen, das im Orient nach wie vor im Alltag in Gebrauch ist. Ein sehr altes und sehr elementares Muster.

Wer Reiseführer hat, braucht keine Karten

Die großen Hochkulturen des Altertums an Nil, Euphrat und am Gelben Fluss in China konnten nur entstehen, weil sich ihre Bewohner schon früh darauf verstanden, Kanäle zu bauen, große Flächen zu bewässern und dank dieser Kunst landwirtschaftliche Überschüsse zu erzielen. Dabei mussten vor allem in Ägypten nach der jährlichen Überschwemmung sicherlich Grenzen wieder gezogen und markiert werden. Aus Mesopotamien haben sich Keilschrifttafeln erhalten, auf denen die Vergabe von Feldanteilen dokumentiert ist. Geometrische Kenntnisse und Feldvermessung im kleinen Maßstab hat es bei Ägyptern und in Mesopotamien gegeben. Aber es bestand wohl nie eine Absicht, Karten zu erstellen. Auch heute unterscheiden die Geodäten zwischen der »höheren Geodäsie«, also der Landes- und Erdvermessung, und der »niederen Geodäsie«, der Feld-, Bau- und Katastervermessung.

Karten dienen der räumlichen Orientierung. Doch wenn die Menschen der Antike und des Mittelalters und bis in die Neuzeit eine Wegorientierung brauchten, dann nahmen sie sich einen Führer. In der *Anabasis* von Xenophon, einem klassischen Werk der griechischen Literatur, kann man sehr schön nachvollziehen, warum die Menschen früher keine Karten brauchten: *Der Marsch der Zehntausend*, so der geläufige deutsche Titel von *Anabasis*, ist im Wesentlichen ein Bericht über den Rückzug eines riesigen griechischen Söldnerheeres nach einer verlorenen Schlacht mitten im persischen Feindesland. Um den Weg in die Heimat zu finden, müssen sich die beiden Leiter des Marsches auf vertrauenswürdige Führer verlassen. Der ortskundige Reiseführer ist die leicht übersehene Schlüsselfigur im historischen

Reisegeschäft seit der frühesten Antike. Wer einen Führer hatte, brauchte keine Karten zu lesen.

Gleichwohl haben sich aus Mesopotamien zwei Tontafelscherben erhalten, die nach dem heutigen archäologischen Befund als älteste erhaltene »Karten« gelten. Beide Objekte sind etwa handflächengroß. Die Tontafel aus Nuzi (2250 v. Chr) zeigt Ritzungen, die schematisch die Umgebung dieser Stadt darstellen. Der sogenannte Stadtplan von Nippur (ca. 1500 v. Chr.) zeigt einige markante Punkte jener sumerisch-assyrischen Großstadt wie Stadttore, Marktplatz und Tempel, die so nur mithilfe von maßstäblicher Verkleinerung, also dank mathematischer Kenntnisse, möglich waren.

Ebenfalls auf einer handgroßen Tonscherbe aus der Zeit um 600 v. Chr. erkennt man einen offenbar mit dem Zirkel eingeritzten Weltkreis – die vom Ozean umflossene Weltscheibe. In diesen Kreis, das »O«, das für den Kosmos steht, ist ein »T« eingeschrieben. Die dadurch entstandenen drei Felder innerhalb des Kreises stehen für die drei damals bekannten Kontinente Asien, Europa, Afrika. Im Mittelpunkt erkennt man Babylon an seinem Turm. Dies ist eine frühe Ausprägung der sogenannten T-O-Karte, auch *Mappa mundi* oder Radkarte genannt. Sie wird der vorherrschende Typus der mittelalterlichen Weltbildkarten werden. In christlicher Zeit rückt dann Jerusalem, das ja praktischerweise am Schnittpunkt der Ränder von Europa, Afrika und Asien liegt und das spirituell-religiöse Zentrum des Christentums darstellt, in den Mittelpunkt des T-Kreuzes. Diese Darstellungsform – ein Weltbild, keine Karte – bleibt für zweitausend Jahre *das* geografische Ausdrucksmittel des Abendlandes.

Die Himmelsscheibe von Nebra

Die Himmelsscheibe von Nebra ist die älteste authentisch überlieferte Darstellung des Sternenhimmels überhaupt – die älteste bekannte Sternkarte. Auf den ersten Blick kommt uns die Nebra-Scheibe mit ihren fast viertausend Jahren sensationell alt vor. Aber aus der Perspektive der zwanzig Kilometer von Nebra entfernten Kreisgrabenanlage von Goseck ist sie relativ jung. Denn die Goseck-Anlage, eines der ältesten Sonnenobservatorien, ist noch viel älter: um 5000 v. Chr. errichtet, also rund siebentausend Jahre alt.

Fast alle alten Kulturen folgten in der »alltäglichen« Zeiteinteilung dem Mond»kalender«. Die so natürlich erscheinende Zeiteinteilung durch die Mondphasen war derart überwältigend naheliegend, dass sie nur den Mond als Kalendertaktgeber berücksichtigten. Da aber das Mondjahr nur 354 Tage hat, im Vergleich zu den 365 Tagen des Sonnenjahres, verschoben sich die Monate allmählich innerhalb der Jahreszeiten. So ist es heute noch im jüdischen und islamischen Kalender. Deren religiöse Festtagskalender sind Mondkalender. Daher wird beispielsweise der Fastenmonat Ramadan über mittlere Zeiträume in verschiedenen Jahreszeiten gefeiert. Auch die Verschiebungen des Osterdatums stehen mit dem Mondkalender in Zusammenhang.

Mondkalender mögen als Zeiteinteilung für Jäger und Sammler funktionieren, aber sie sind keine zuverlässige Zeitbestimmung für die Ackerbauern, die vor allem wissen müssen, wann es Zeit für die Aussaat ist. Ein großes Problem der jungsteinzeitlichen und bronzezeitlichen Kulturen bestand daher darin, ihren Mondkalender mit dem Sonnenjahr in Einklang zu bringen. Eine Möglichkeit lieferten offenbar die Kreisanlagen, die alle dazu bestimmt waren, den Punkt der Wintersonnenwende zu fixieren. Schon die Bandkeramiker, die ersten und ältesten Ackerbauern Mitteleuropas, beschäftigten sich damit. Sie hatten erst wenige Jahrhunderte zuvor hier Fuß gefasst und errichteten um 5000 v. Chr. unter anderem in Goseck solch eine »Sternwarte«. Davon gibt es Dutzende in ganz Mitteleuropa und auf dem Balkan.

Die siebentausend Jahre alte Anlage der Goseck-Bandkeramiker entstand mehr als viertausend Jahre vor den Pyramiden

Altägyptens und ist wesentlich älter als Stonehenge (um 2500 v. Chr.). Mindestens so alt sind die astronomischen Kenntnisse in allen Kulturen. Im Vergleich dazu ist die erst nach 2000 v. Chr. entstandene Nebra-Scheibe »jung«.

Die 1999 in Sachsen-Anhalt aufgefundene Himmelsscheibe von Nebra ist ein Glücksfall, weil sie wie ein Schlaglicht eine ganze Szenerie bronzezeitlicher Bauernkultur erhellt, die sonst im Schatten von Bücherwissen und unspektakulären Tongefäßen in archäologischen Museen ein eher kümmerliches Dasein fristet. Die dreitausend Jahre nach Goseck gefertigte Nebra-Scheibe entstand im Rahmen einer ganz anderen, mittlerweile Bronze schmiedenden Keramikkultur. Die Nebra-Leute waren von den Goseck-Bandkeramikern zeitlich so weit entfernt wie wir von den spätbabylonischen Chaldäern. Man darf sie also nicht vermischen.

Nicht nur die Bauernkulturen im Umfeld der Nebra-Scheibe, auch die Babylonier, auch die Chinesen kannten den später nach einem griechischen Astronomen sogenannten Meton-Zyklus, wonach neunzehn Sonnenjahre genau gleich lang sind wie 235 Mondperioden. Auf dieser Erkenntnis, diesem Wissen beruhen die lunisolaren Kalender des frühen Altertums. Alle seriösen Interpretationen der Nebra-Scheibe stimmen darin überein, dass sie eine Funktion als Kalender hatte. Womöglich stützte sie das Gedächtnis der Bauern im Hinblick auf bestimmte Phasen im Ablauf des Jahres – wie jeder moderne Kalender auch. Uns genügt ein Blick auf den Kalender, und wir wissen, wie lange es noch bis zum Urlaubsbeginn dauert. Wir brauchen nicht mühsam im Gedächtnis die Tage zählen. So ungefähr funktioniert die Scheibe auch.

Leider sind uns keine Sternbilder oder Sternbildnamen aus den Bauernkulturen der Nebra-Zeit überliefert, obwohl die damaligen Menschen offensichtlich ebenfalls über beträchtliches astronomisches Wissen verfügten. Aber es gab auf mitteleuropäischem Boden eben nie jene kulturelle Kontinuität wie im Vorderen Orient oder in China. Daher ging all dieses Wissen verloren, und auch unser abendländisches Bild vom Himmel wurde durch die Sternbilder aus dem bronzezeitlichen Babylonien geprägt. Man kann vermuten, dass die babylonischen Sternbilder in der gleichen Bronzezeit (im 2. Jahrtausend v.Chr.) fixiert wurden, aus der die Himmelsscheibe von Nebra stammt.

Sonnenwagen und Goldhüte

Die vor nicht einmal zwanzig Jahren gefundene Nebra-Scheibe gilt als das bedeutendste Kunstwerk der Bronzezeit nördlich der Alpen neben dem schon 1902 durch einen Zufall auf einem Acker in Dänemark ausgegrabenen Sonnenwagen von Trundholm (ca. 1400 v.Chr.).

Der Sonnenwagen ist indessen sehr viel aufwendiger gearbeitet: mit Pferd und Rädern insgesamt sechzig Zentimeter lang, und die auf der Vorderseite vergoldete Sonnenscheibe hat einen Durchmesser von 25 Zentimetern. Die Skulptur ist ein Symbol für die Sonnenfahrt, den Lauf der Sonne am Himmel. Das Goldblech der Scheibe zieren eingepunzte, teilweise ineinander verschlungene Kreismuster und Spiralen.

Diese finden sich gleichfalls auf den etwas bizarr anmutenden Goldhüten, die in der Zeit entstanden, als die Nebra-Scheibe als Hort oder Weihegabe vergraben wurde. Die langen, schmalen Goldhüte laufen oben spitz zu und messen, wie etwa der Berliner Goldhut, 75 Zentimeter. Es handelt sich um sogenannte Zeremonialhüte, Priesterkronen, ansatzweise vergleichbar mit den Bischofsmützen in der katholischen Kirche. Außerdem gibt es weniger exaltiert wirkende Goldkronen, die wie schlichte Helme oder Schalen aussehen. Alle sind in ganz ähnlicher Weise mit Sonnensymbolen versehen wie der Sonnenwagen, und man schreibt diesen »Verzierungen« kalendarische Funktionen zu, was aus ihrer Zahl und Anordnung abgeleitet wird. Die Anordnung ist natürlich bedeutend komplizierter, doch stark vereinfacht gesprochen zählt man auf dem Sonnenwagen von Trundholm 52 Groß-Symbole – so viele Kreise wie das Sonnenjahr Wochen hat.

Angeblich verschlüsseln die Himmelsscheibe von Nebra wie der Trundholm-Sonnenwagen komplizierte Regeln von Schaltmonaten und Schaltjahren, mit deren Hilfe sich Mond- und Sonnenkalender in Einklang bringen lassen – eine hoch abstrakte, mathematisch-geistige Leistung. Es gibt keinerlei Anhaltspunkte, mit welchen konkreten Inhalten und Anschauungen ein möglicher Sonnenkult bei den bronzezeitlichen Menschen dieses Kulturkreises in Norddeutschland und Skandinavien gefüllt gewesen sein könnte.

Weltenberg und Weltenbaum

Heiliger Berg, Weltenberg, Weltenbaum und Weltachse sind Ausdruck der Vorstellung einer vertikalen Aufstiegshilfe, welche Himmel und Erde miteinander verbindet. Dieses kosmologische Modell findet sich bei vielen Völkern und in vielen Mythen. Es gehört in die kulturgeschichtlich frühe Phase der naturnahen Religionen, die die Natur von vielfältigen geistigen und Geisterkräften belebt sahen. Im Schamanismus ist die Vorstellung vom Weltenbaum oder der Weltachse eng verbunden mit der Jenseitsreise, dem Aufstieg der Schamanen in die Geisterwelt. Gebaute Weltenberge sind die Zikkurats in Mesopotamien (populär als Turm von Babel) sowie die Pyramidentempel der Mayas (aber nicht die ägyptischen Pyramiden; diese sind Grabmäler). Auch die »heiligen Berge«, die ganz real auf der Erde herumstehen, sind solche Weltenberge. Zu den bekanntesten zählen der Fudschijama in Japan oder der Olymp in Nordgriechenland. Bei den Kelten, die auf Naturheiligtümer geradezu spezialisiert waren, gab es heilige Berge in Fülle. Viele wurden in christlicher Zeit mit Kirchen bekrönt: Auf so einem heiligen Berg stehen die Kathedrale von Chartres, die Wallfahrtskirche Vézelay in Burgund, in Bayern das Kloster Andechs oder der Freisinger Dom; berühmt ist auch der Odilienberg im Elsass.

Der heilige Berg des Christentums schlechthin ist der Jerusalemer Golgatha. Das Kreuz, an dem Jesus dort hingerichtet wurde, ist ein symbolischer Weltenbaum. Alle symbolischen T-O-Weltkarten des Mittelalters zeigen Jerusalem als Mittelpunkt, als Nabel der Welt. In der christlichen Kultur gibt es kein mächtigeres topografisches Symbol, das zudem so tief reichende religiöse Wurzeln hat.

Eine Variante des Weltenbaums ist die (achtteilige) Himmelsleiter im Awesta und im Mithras-Kult. Im Alten Testament und in den Volksmärchen kommen ebenfalls Himmelsleitern vor. Auch der siebenarmige Leuchter ist ein Weltenbaum: Er trägt die sieben Planeten – allesamt leuchtende Objekte.

In manchen Mythologien stellt man sich die Welt(scheibe) als von einem Ringgebirge umgeben vor. In etlichen Sprachen des Nahen Ostens wie Persisch, Arabisch, Armenisch, und Türkisch ist das Wort *Qaf* der dafür zentrale Begriff, der sich in »Kaukasus« (russisch: *Kawkas*, türkisch: *Kavkas*) wiederfindet.

Solche vereinfachten, anschaulichen kosmogonischen Modelle gibt es noch in der Moderne. Wenn beispielsweise von der Entstehung des Lebens die Rede ist, spricht man manchmal von der »Ursuppe«, um teils erforschte, teils vermutete, auf jeden Fall sehr komplexe Zusammenhänge auf einen einfachen Nenner zu bringen.

Der Nabel der Welt

Ein Hauptkultort und zentraler Wallfahrtsort der Antike war das Apollon-Heiligtum samt Orakel von Delphi. Hier stand auch der Omphalos, für die Griechen der Nabel der Welt.

Der Altarstein ist heute noch erhalten: ein etwa einen halben Meter hoher, eiförmiger und innen hohler Marmorblock. In Steinmetzarbeit ist der Omphalos in rautenförmigem Muster mit einem Girlandennetz überzogen, das ungesponnene Wolle darstellen soll. Ein gängiges Muster, das sich ebenfalls auf Vasen und Münzen findet. Der delphische Omphalos wird aber auch als komplexes bronzezeitliches Weltachsensymbol gedeutet. Dann gilt das Netzgitter als Darstellung kosmischer Kreisbahnen.

Nach griechischem Mythos schickte Zeus zwei Adler vom Ost- und Westrand der Welt aus, die aufeinander zufliegen sollten. Sie trafen sich in Delphi. Alte Weltbilder sind typischerweise symmetrisch. Sie brauchen eine Mitte. Der Umstand, dass die Adler von den Rändern aus aufeinander zuflogen, setzt die Vorstellung einer Scheibe voraus. Bei einer Kugel wäre das nicht möglich. Die Scheibenform war die alte homerische Vorstellung von der Welt, die bei den Griechen in der klassischen Zeit ab etwa 500 v. Chr. von der Kugelvorstellung verdrängt wird.

Delphi war für die Griechen das, was Rom für die katholische Kirche, Jerusalem für Judentum und Christenheit und Mekka für die Muslime bedeutet: das geistig-spirituelle Zentrum. An einer geheimnisvollen Erdspalte gelegen, verband Delphi die Welt und die Unterwelt. Es war schon in vorgriechischer Zeit ein Kultort, vielleicht im Zusammenhang mit den Megalith-Kulturen, zu denen auch die Steinkreise gehören. Die Gottheit Apollon ist, wie beispielsweise auch der Athene-, Artemis- oder Dionysos-Kult, ebenso wenig griechischen Ursprungs wie der Name »Apollon«. Die Griechen haben diese Götter in ihren Olymp integriert. In seinem Epos *Theogonie* (»Göttergeburt«), das etwas älter ist als die Werke Homers, verschmilzt Hesiod die verschiedenen Kulte und Götterfiguren zu der bekannten olympischen Götterfamilie. Zwischen denjenigen, welche die Griechen mitbrachten (Zeus, Hera) und denjenigen, die sie in den Landschaften der Ägäis bereits vorfanden, ersann Hesiod ganze Göttergenerationen und »verwandtschaftliche« Beziehungen. Die antiken Zivilisationen hatten kein Problem damit, eine Vielzahl von Kulten nebeneinander bestehen zu lassen. Sie waren religiös tolerant und eher integrativ. Von den Musen inspiriert schuf Hesiod so das einigermaßen kohärente Götter-Weltbild der Griechen. Wobei die Griechen keine Götter als Sterne oder Sternbilder an den Himmel projizierten. Dorthin gelangten nur mythische Helden und Heldinnen wie Orion, Herkules, Andromeda, Kassiopeia und Perseus oder mythische Tiere wie Pegasus und Phönix. Die *Theogonie* enthält auch den einzigen Schöpfungsbericht der Griechen. Danach entsteht die Welt aus Chaos und Gaia. Zu Nachkommen von Gaia zählen auch Helios (Sonne) und Selene (Mond).

Delphi galt länger als tausend Jahre in der ganzen Welt zwischen Italien und Kleinasien als bedeutendstes Orakel. Kein anderes wird in der Mythologie und später in der überlieferten Geschichte so oft befragt, keines erhält so viele fromme Stiftungen und Weihegaben aus nah und fern, die delphischen Priester hatten enormen politischen Einfluss.

Der Urmeilenstein der Römer

Auch die Römer hatten einen Omphalos, den *umbilicus urbis Romae*, den Nabel der Stadt Rom. Von hier aus wurden die Meilen der Römerstraßen in Italien gezählt. Er befand sich auf dem Forum, in der Nähe der Rostra, der Rednertribüne. An diesem auch innerhalb des Forums sehr zentralen Platz berührten sich nach der mythologischen Vorstellung der Römer Oberwelt und Unterwelt. Hier stand ein kleiner Tempel, zu dessen unterirdischen Gewölben eine schmale Tür führte, die nur dreimal im Jahr rituell geöffnet wurde. Diese unterirdische Welt war für die Römer der eigentliche Nabel der Welt und genau diesen Ort bezeichnete man im Lateinischen mit *mundus*, was wir heute geläufig mit »Welt« übersetzen. Von dieser Unterwelt im Nabel der Welt erweiterte sich der Begriff später auf die ganze Welt.

Die drei Tage der Öffnung des *mundus* waren im römischen Kalender *dies nefasti*: An diesen Tagen durften keine wichtigen Handlungen vollzogen werden, weil man damit rechnen musste, dass böse Geister aus der Unterwelt herumspukten. (Ähnlich wie bei den Lostagen in der keltischen und germanischen Mythologie, auf denen Halloween und manche Neujahrs- und Fastnachtsbräuche mit ihren knalligen Geistervertreibungen beruhen.)

Auch Delphi war übrigens solch ein sogenannter chthonischer Ort. Der berühmte Apollon-Tempel, wo die Pythia des Orakels weissagte, stand über einer Erdspalte, aus der angeblich die Dämpfe quollen, welche sie zu ihren Prophezeiungen befähigte. Diese Erdspalte, in der einst ein Drache hauste, den Apollon erschlagen hatte, betrachtete man als einen Eingang zur Unterwelt, zum Schoß der sehr archaischen Erdgöttin Gaia.

Nabel der Welt, Zentrum der Welt, Unterwelt, *mundus* sind also nicht nur geografische Orientierungspunkte, sondern aufs Engste verknüpfte Bilder einer jenseitigen Welt.

Das Weltbild Homers

Im homerischen Weltbild bildet das Festland eine Art Insel auf einer Scheibe, die vom *okeanós* umflossen wird. Besonders große Ausdehnung hatte diese Welt-Insel und Scheibenwelt nicht: Sie umfasste die Länder rund um die Ägäis, das östliche Mittelmeer bis hinunter nach Ägypten. Den *okeanós* stellten sich die frühen Griechen als Weltenstrom vor, erst Herodot (um 450 v. Chr.) sprach von einem Weltmeer.

Die Scheibenwelt mit der sich wie bei einer Schneekugel darüber wölbenden fixen Himmelsschale war ein in frühen Kulturen weitverbreitetes kosmisches Weltbild. Demnach war der Kosmos erstens geschlossen und zweitens ruhte er vollkommen statisch in sich und war zugleich Welt und Weltraum. Dass die Menschen der Antike und des Mittelalters bis in die Kolumbuszeit an dieser Vorstellung der homerischen Scheibenwelt festgehalten hätten, ist ein pseudowissenschaftliches Märchen des 19. Jahrhunderts. Die Vorstellung von der Scheibenwelt war bereits bei den klassischen Griechen (Platon, Aristoteles) überwunden. Seit Aristoteles hat niemand mehr ernsthaft die Kugelgestalt infrage gestellt. Zwar war die Vorstellung von der Scheibe auch diejenige des Alten Testaments und waberte daher bis ins Mittelalter hinein. Trotzdem war für jeden gebildeten Mittelaltermenschen die Erde rund. Nichts verdeutlicht dies besser als der byzantinische und auch im Westen gebräuchliche Reichsapfel, der »Erdapfel«, *das* Symbol für »Weltherrschaft«.

Die geografischen Horizonte der Griechen waren durch ihre Mythen und Seereisen bestimmt. In der Argonauten-Sage hörten sie von Kolchis und dem Schwarzen Meer. In der Prometheus-Sage vom Kaukasus. In der Herakles-Sage von den Säulen des Herakles (Meerenge von Gibraltar). In der Perseus-Sage von den Küsten Äthiopiens, wo der Held Andromeda befreit. All dieses Mythenpersonal ist bis heute als Sternbilder am Himmel verewigt.

Homers Schiffskatalog *(Ilias, 2. Gesang)*, in dem die vor Troja versammelten Griechen nach Schiffen und Herkunftsorten aufgezählt werden, liefert eine geografische Bestandsaufnahme der damals bekannten griechischen Welt. Er nennt fast nur Orte auf dem griechischen Festland, aber so gut wie keine der zahlreichen bewohnten Inseln der Ägäis. Ausnahmen sind Rhodos und die Odysseus-Insel Ithaka. Daher nehmen die Literaturhistoriker an, dass dieser Schiffskatalog wesentlich älter ist als die *Ilias* selbst. Demnach handelt es sich bei diesem topografischen Katalog um das älteste Stück abendländischer Literatur überhaupt. Mit anderen Worten: Unsere älteste Literatur ist ein geografischer »Atlas«.

Aus der *Odyssee* konnte das gespannt zuhörende Publikum gleichfalls einiges über die Inselwelt des Mittelmeers erfahren. Neben zahlreichen Inseln mit Fantasienamen werden Kythera, Zakynthos, Lesbos, Chios und Psyria oder auch das Kap Malea genannt. In Homers Werk spiegelt sich im Übrigen auch, dass die Griechen im 7. Jahrhundert v.Chr. noch kaum über nennenswerte astronomische Kenntnisse verfügten. Abendstern und Morgenstern behandelt er als zwei verschiedene Sterne, seine Kenntnis des Tierkreises ist lückenhaft. Erst im 4. Jahrhundert v. Chr., ab der Zeit Platons, fließen vermehrt astronomische Kenntnisse nach Griechenland; dieser Kulturinput erreicht seinen Höhepunkt im 2. Jahrhundert v. Chr.

Die Große Suppenkelle

Der Beginn der chinesischen Himmelskunde wird in China mit dem legendären Gelben Kaiser Huangdi (ca. 2650 v. Chr.) in Verbindung gebracht. Während der chinesischen Bronzezeit entwickelten die Chinesen einen Mond-Sonne-Kalender, nach dem sich noch in der Gegenwart ihre Feiertage richten. Sie haben einen ganz eigenen Tierkreis, der völlig anders funktioniert als der babylonische Tierkreis, eine eigene Elemente-Lehre und, wie in der orientalisch-europäischen Antike, Regeln, an denen man »gute« und »ungünstige« Tage erkennt. Die frühesten kosmologischen Modelle ähneln dem homerischen Weltbild. Als ältester chinesischer Astronom gilt der Schamane Wu Xian aus der Bronzezeit, ebenfalls eher eine legendäre Figur, deren Lebensdaten unbekannt sind. Ihm wird eine Karte mit rund 140 Sternen zugeschrieben.

Die Chinesen »lesen« den Sternenhimmel deutlich anders als der Westen in seiner babylonisch-hellenistischen Tradition. Vor allem »sehen« sie ganz andere Sternbilder, deren Benennung nichts mit den uns geläufigen Namen zu tun hat. Die einzigen drei Sterngruppen, die in China wie im Westen zu einem Bild zusammengefasst werden, sind Großer Bär, Kleiner Bär und Orion. Das ganze Bild des Orion nennen die Chinesen *shen*, was nichts anderes bedeutet als »drei«, wegen der auffällig in einer Reihe stehenden »Gürtel«sterne. Großer Bär (Großer Wagen) wird in China »Große Suppenkelle« genannt – wofür ja auch einiges spricht, wenn man sich das Sternbild ansieht. Dito »Kleine Suppenkelle«.

Der Polarstern, um den sich der ganze nördliche Sternenhimmel dreht, spielt im astronomischen Denken der Chinesen eine überragende Rolle. Durch ihn verläuft die kosmische Weltachse – und der Kaiserpalast ist sozusagen der irdische Polarstern im Reich der Mitte. Diese Vorstellung prägt das chinesische Weltbild zutiefst. Vom höchsten Fixstern ausgehend, teilen die Chinesen den Himmel nach einem recht komplizierten System in 28 Häuser ein.

Seit dem 4. vorchristlichen Jahrhundert, noch vor der chinesischen Einigung zum Kaiserreich (221 v. Chr.), gab es bereits wirkliche und nicht nur legendäre Sternenkataloge. Also praktisch zur gleichen Zeit, als der griechische Astronom Hipparch den ersten bekannten westlichen Katalog anlegte. Die ältesten beiden chinesischen Kataloge (von Shi Shen und Gan De) sind verschollen, bildeten aber wohl die Grundlage für alle nachfolgenden Sternenkataloge der Han- und Tang-Dynastie.

DIE ERSTEN »NATURWISSEN-SCHAFTLICHEN« WELTBILDER

Ionien – Drehscheibe zwischen Orient und Griechenland

Bevor Athen nach der erfolgreichen Abwehr der Perser (Marathon 490 v.Chr., Salamis 480 v.Chr.) zum politischen und kulturellen Mittelpunkt wurde, lag das geistige und ökonomische Zentrum der griechischen Welt auf der gegenüberliegenden Seite der Ägäis an der heutigen türkischen Westküste, in Ionien. Die Hafenstadt Milet, an der Mündung des Flusses Mäander, war in der Frühantike und in der klassischen Antike die wichtigste Handelsstadt. Hier gaben sich Ost und West die Klinke in die Hand – wenn es damals schon Türklinken gegeben hätte.

Für die Griechen war das, was wir heute als Türkei, Anatolien oder Kleinasien bezeichnen, *Asia*. Von diesem nächstgelegenen *Asia* wurde der Begriff im Lauf der Zeit immer weiter ausgedehnt, je mehr man von Asien kennenlernte.

Im Vergleich zu den benachbarten Assyrern, Phöniziern und den alten Ägyptern waren die Griechen in den ionischen Städten Milet, Ephesos, Priene, Didyma, Larissa, Smyrna und auf Inseln wie Samos, Rhodos, Kos oder Lesbos ein »junges« Volk. Die Westküste von *Asia* lag an der äußersten Peripherie der alten bronzezeitlichen Hochkulturen, die ihren Zenit längst überschritten hatten. Die Hethiter, einst eine Großmacht in Anatolien, die auch das Mäandertal beherrscht hatte, waren untergegangen. Die kretischen Minoer, die um 1500 v.Chr. rund um den Hafen von Milet die Oberschicht bildeten, waren als

Kultur ebenfalls ausgelöscht. Die Assyrer und die alten Ägypter wurden durch die eisenzeitliche Wanderung oder Seevölker-Wanderung derart in Mitleidenschaft gezogen und geschwächt, dass sie sich in einer Niedergangsphase befanden. Die Sage vom Trojanischen Krieg ist vielleicht ein Echo dieser von Gewalt, Tod und Brand gekennzeichneten Phase des Untergangs der bronzezeitlichen Kulturen rund um die Ägäis.

Dank der räumlichen Nähe zur Levante, die durch die Schifffahrt entlang der südanatolischen Küste leicht vermittelbar war, traten die Ionier in intensiven Handels- und Kulturkontakt mit dem Nahen Osten. Öl, Wolle, Purpur waren begehrte Handelsgüter. Die syrische Provinz begann schon im heute türkischen Alanya. Hier waren nach den Altbabyloniern und den Assyrern mittlerweile die neubabylonischen Chaldäer die politischen Herren des Geschehens. Der bekannteste neubabylonische Herrscher ist Nebukadnezar II. Laut dem historisch nicht bestätigten Bericht in der Bibel soll er um 590 v.Chr. Jerusalem und seinen Tempel zerstört und die Juden nach Babylon verschleppt haben.

Die erste berechnete Voraussage einer Sonnenfinsternis

Milet, die geistig lebhafte, multikulturelle Stadt des Handels und Wandels an der Mäandermündung war die Heimat von Thales (ca. 625–547 v.Chr.). Dort entwickelte sich erstmals in der Geschichte ansatzweise eine Schule rationalen, empirischen Denkens. Laut Herodot soll der Gelehrte Thales für den 28. Mai 585 v.Chr. eine Sonnenfinsternis vorausgesagt haben. Manche behaupten, er hätte nur das Jahr richtig genannt.

Über Thales' Leben ist so gut wie nichts bekannt und von seinen angeblichen Werken nur die Titel: *Nautiké astrología* (»Sternkunde für die Schifffahrt«), *Perí tropes* (»Über die Sonnenwende«), *Perí isemerías* (»Über die Tagundnachtgleiche«). Allein die Titel zeigen, dass er hauptsächlich Astronom war. Es heißt,

Thales sei nach Ägypten gereist, möglicherweise auch nach Babylonien. In irgendeiner Form nahm er am ost-westlichen Kulturaustausch teil. Zu jener Zeit verfügten jedenfalls die chaldäischen Neubabylonier, die intensiv Astronomie betrieben, über genügend Wissen und zuverlässige Aufzeichnungen, die weit genug zurückreichten, um Berechnungen für die Vorhersage einer Sonnenfinsternis anzustellen. Vielleicht übernahm Thales die Daten, vielleicht konnte er schon selbst derartige Berechnungen vornehmen. Ob tatsächlich geschehen oder nur gut erfunden, markiert dieses Datum den für uns greifbaren Beginn einer für Europäer neuen Weltsicht, die aus empirischen Beobachtungen Schlüsse zieht und Naturphänomene nicht auf göttliche Einwirkung zurückführt. Dies wurde dann aber erst in der Moderne die wirklich einzige, allgemein anerkannte (natur)wissenschaftliche Methode. Als Naturgelehrter hielt Thales Wasser für das Urelement schlechthin.

Abschied von der Scheibenwelt

Der bedeutendste Thales-Nachfolger war Anaximander (ca. 610–545 v.Chr.). Ob hier ein klassisches Lehrer-Schüler-Verhältnis bestand, ist nicht bekannt. Aber nach dem wenigen, was wir über Anaximander wissen, muss er die wichtigsten Lehren des Thales gekannt haben. Er scheint ein angesehener Bürger gewesen zu sein, denn er war wohl als Anführer an der Gründung einer Kolonie der Stadt Milet an der Schwarzmeerküste beteiligt.

Von Anaximander stammt eine völlig revolutionäre Idee. Er stellte sich vor, dass die (zylindrische) Erde ohne weitere Stütze ruhig inmitten des Universums »schwebe«. Das ist die Abkehr von der Scheibenwelt Homers, wo die Welt wie eine Schneekugel auf festem Untergrund ruhte. Anaximander dagegen stellte die Welt in den (Welt-)Raum. Das war zwar spekulativ und nicht empirisch gedacht, aber er folgte damit nicht mehr den überkommenen mythologischen Vorstellungen, wie man sie bei Hesiod, bei Naturvölkern oder in der Bibel findet.

Eine Theorie vorzuschlagen, obwohl sie spekulativ ist, stellt Anaximander in die Tradition der milesischen Naturdenker, auch wenn »Zylinder« die falsche Theorie war; »Kugel« wäre richtig gewesen.

Mithilfe einer Theorie wurden Naturthemen diskutierbar. Der Anaximander-Schüler Anaximenes widersprach der Wasser-Vorstellung von Thales mit dem Argument, ein Urelement müsse überall im Kosmos vorhanden sein. Da es aber viele Orte ohne Wasser gäbe, vor allem auch am wolkenlosen Himmel, müsse die Luft, die überall vorhanden ist, das Urelement sein. Diese Art der Argumentation – in kritischer Auseinandersetzung einen gedanklichen Neuansatz zu suchen (Theorie) und ihn zu begründen – entspricht dem Muster modernen rationalen Denkens.

Erst Anaximanders Vorstellung der Erde als frei im Raum schwebendes Gebilde ermöglichte die Entwicklung von Theorien einer Himmelsmechanik, die dann Teil der griechischen Astronomie wurde. Er ist der eigentliche Begründer des geografischen und kosmischen Weltbildes der Antike und des Mittelalters mit der ruhenden Erde im Mittelpunkt des Universums. Dieses geozentrische Weltbild wurde von dem Universalgelehrten der Alexander-Zeit, von Aristoteles, letztlich kanonisiert und von Ptolemäus in der Spätantike »katalogisiert«.

Doch von Anaximander stammen noch weitere bis dahin unerhörte und vollkommen revolutionäre Gedanken. So hatte er als Erster die Vorstellung eines unendlichen und unbestimmten Universums *(apeiron)*, eines Kosmos. Der von Anaximander geprägte Begriff »Kosmos« beinhaltet im Griechischen nicht nur »Welt« und »Ordnung«, sondern auch »wohlgeordnete Welt«, »schöne Ordnung« mit einem gewissen ästhetischen Reiz. (Das Wort ist eng verwandt mit dem uns geläufigen Begriff »Kosmetik«.) Er postulierte ferner die mögliche Existenz mehrerer Welten und erklärte Blitz und Donner durch die Kollision von Wolken, ähnlich wie die Funken und der Lärm in einer Schmiede. Er und Anaximenes hielten Luft für das Urelement – und in dieser Reihenfolge: Wind, Wolken, Wasser, Erde, Gestein für immer weitere Verdichtungen von Luft. Feuer wurde als verdünnte Luft betrachtet. Auch ein naturwissenschaftliches Weltbild. Neu an dieser Art des Denkens war, dass Anaximander all diese Phänomene auf *natürliche* Ursachen zurückführte und nicht auf blitzeschwingende Götterväter oder sonstiges Mythenpersonal.

Was über Anaximander bekannt ist, verdanken wir kurzen Erwähnungen bei Aristoteles und Plinius sowie späteren Geografen wie Strabon und Eratosthenes. Er hatte noch eine weitere bahnbrechende Idee. Eratosthenes gibt an, Anaximander habe eine Weltkarte entworfen, die sich auf einer sphärischen Form befunden habe, und Hekataios habe sie verfeinert. Davon ist außer dieser Erwähnung sonst nichts überliefert, aber sie scheint gezündet zu haben. Der grundlegende Gedanke jeder Kartografie ist schließlich, überhaupt eine (Welt-)Karte als eine geografische Gesamtvorstellung der bekannten, bewohnten Welt anzufertigen.

Die »Weltkarte« des Hekateios

Mit Hekateios, der um 500 v. Chr., also zur Zeit der persischen Invasion, in Milet lebte, wird der erste geografische »Forschungsreisende« der Antike fassbar. Wie sein etwas jüngerer Zeitgenosse Herodot, der berühmte »Vater der Geschichtsschreibung«, bereiste der aus wohlhabender Familie stammende Politiker und Diplomat den Nahen Osten bis nach Ägypten und verfasste darüber einen sogenannten *Periegesis* (wörtlich: »Umlauf«), eine Art Reisebeschreibung von einer Station zur nächsten. Im Nahen Osten, wo Hekataios auch unterwegs war, hatten wenige Jahrzehnte zuvor, um 540 v. Chr., die Perser die Chaldäer als Herrscher abgelöst. (Das war ungefähr so, als würden die Iraner heute Irak, Syrien, Südtürkei und Libanon besetzen.)

Von Hekataios' Schriften sind keine Originaltexte erhalten. Die Angaben stammen größtenteils aus einem byzantinischen geografischen Lexikon des 6. Jahrhunderts n.Chr., sind also tausend Jahre jünger als die *Periegesis*. So dürftig und indirekt ist oftmals die Quellenlage wegen des ungeheuren Bücherverlustes der Antike. Natürlich gibt es keine überlieferte *grafische* Version der Hekataios-Karte – das wäre ein Trumpfblatt der Kartografiegeschichte und ein Welturkundenerbe ersten Ranges.

Hekataios' katalogartige Erdbeschreibung beginnt im Westen an den Säulen des Herkules (in der Meerenge von Gibraltar), folgt dem nördlichen Mittelmeerrand (Spanien, Italien, Balkan bis nach Kleinasien) und kehrt über Ägypten und Libyen (Nordafrika) an die Säulen des Herkules zurück. Es handelt sich um eine Aufzählung der Völker, Stämme, Grenzen, Städte, Flüsse und Gebirge an den Küsten. Gelegentlich dringt er ins Landesinnere vor. Durch die Angabe von Entfernungen und Himmelsrichtungen kann die Lage von Örtlichkeiten zueinander bestimmt werden. Darüber hinaus gibt Hekateios landeskundliche Hinweise auf das Brauchtum, die Gründungssagen, Flora und Fauna. Herodot übernahm später einige der Angaben von Hekateios, etwa die Phönix-Sage aus Ägypten.

In dieser aufzählenden Beschreibung wird für uns die geografische Weltvorstellung der griechischen Antike erstmals konkret fassbar. Wirklich bekannt ist nur die Welt des Mittelmeeres, das in seinen wesentlichen Umrissen einigermaßen richtig dargestellt ist. Afrika reicht allenfalls bis zur Sahelzone, in Asien sind der Persische Golf und der Indus bekannt, die riesige Entfernung ist jedoch stark verkürzt. Indien selbst und ganz Ostasien fehlen. Europa nördlich der Alpen ist im Detail ebenfalls unbekannt, auch wenn bei Hekataios erstmals die Kelten schriftlich erwähnt werden.

Die Erde ist eine Kugel

Diese Aussage trifft der Überlieferung nach der kolonialgriechische Gelehrte Pythagoras (um 560–480 v.Chr.), wobei er sich die Erde als eine geometrisch perfekte sphärische Kugel vorstellte. Pythagoras' Bild schwankt zwischen Magier und Mathematiker – und vermutlich war er beides. Eine schillernde, geradezu legendäre Persönlichkeit. Auch im Mittelalter war Pythagoras bekannt und geschätzt. Man sah in ihm den Begründer der Mathematik schlechthin (»Lehrsatz des Pythagoras«). Er stammte von der Insel Samos, die Milet unmittelbar vorgelagert und heute noch griechisch ist. Pythagoras soll ein Thales-»Schüler« gewesen sein. Aus politischen Gründen verließ er im Alter von etwa vierzig Jahren seine Heimatinsel und wanderte in die blühende griechische Kolonialstadt Metapont in Süditalien aus. Die Stadt war reich vom Weizenexport aus ihrer Umgebung. Das benachbarte Sybaris, ebenfalls eine Griechenkolonie, wurde sprichwörtlich für seinen Luxus.

Im Metapont begründete der anscheinend rhetorisch sehr überzeugende und als Persönlichkeit faszinierende Gelehrte eine philosophische Schule, in der manche eine Sekte, andere eine Geheimgesellschaft sehen; bekannt ist, dass sie sich vegetarisch ernährten. Pythagoras, den moderne Gelehrte zuweilen als eine Art Schamanen mit außergewöhnlichen Wahrnehmungsfähigkeiten charakterisieren, vertrat eine Seelenwanderungslehre und postulierte, da er sich neben Mathematik auch sehr viel mit Musik beschäftigte, eine »Sphärenmusik« oder »Sphärenharmonie« zwischen den Planeten.

Ob das pythagoreische Weltbild von Pythagoras selbst stammt oder erst nach seinem Tod von seinen Anhängern entwickelt wurde, ist umstritten. Danach kreisen die Planeten um ein Zentralfeuer – das aber nicht die Sonne ist! Auch Sonne, Mond, Erde (und Gegenerde) kreisen als »Planeten« um dieses

Feuer. Der Pythagoras-Schüler Philolaos gilt als der prononcierteste Vertreter dieser Vorstellung, die er vielleicht sogar ganz autonom entwickelt hat. Die Pythagoreer vertraten jedenfalls *kein* geozentrisches Weltbild. Anaximander (Zylinder) und Hekataios hatten noch keine Vorstellung von der Kugelgestalt der Erde; sie sahen sie nur als sphärisch, als irgendwie gebogen an. Die Kugelgestalt kommt als Idee, als eine Art philosophische Spekulation wahrscheinlich aus der pythagoreischen Denkschule jener Zeit um 500 v.Chr. Einen einzigen »Entdecker« der Kugelform der Erde gibt es nicht.

Sich die »Welt«, Erde und Weltall, als Kugelform vorzustellen, passt zu den mathematisch-abstrakt, aber auch transzendentalreligiös denkenden Pythagoreern. Wenn der Kosmos so göttlich harmonisch sein sollte, dass darin sogar die Sphären harmonisch klingen, dann konnte man sich darin nur perfekte geometrische Körper vorstellen und als perfektester Körper galt die »Sphäre«, die Kugel.

Die Kugelgestalt der Erde war bei allen maßgeblichen griechischen Autoren nach 500 v.Chr. herrschende Meinung. Gerade auch bei Platon und Aristoteles, weil dies so schön zu den »kosmischen« Idealvorstellungen passte.

Norden, Süden, Osten, Westen

Zu Homers Zeiten hatte man im Alltag die Namen der Winde als ungefähre Angaben von »Himmelsrichtungen« verwendet: Zephyr (lateinisch *favonius*) für den Westwind, Boreas (lateinisch *aquilo*) für den Nordwind, Notos (lateinisch *auster*) für den Südwind, Apeliotes oder Euros (lateinisch *eurus*) für den Ostwind. (»Europa« bedeutet, entsprechend der Herkunftssage über die Entführung der phönizischen Königstochter durch den Stier von der phönizischen Küste nach Kreta: die aus dem Osten Gekommene.) Diese frühe Form von Richtungsangaben war also noch mythologisch unterlegt. Nicht anderweitig erklärbare

Naturkräfte wie den Wind hielt man für »göttlichen Ursprungs«. Wenn die Götter solche Kräfte entfalten konnten, dass sie Wind, Sturm, Vulkanausbrüche oder Fluten hervorriefen, mussten sie übermächtig oder »allmächtig« erscheinen. Deswegen waren sie »gefürchtet« und wurden mit Respekt (»Ehrfurcht«) behandelt. Vorsichtshalber versuchte man sie durch Opfergaben zu »besänftigen« – was man alles anschaulich bei Homer nachlesen kann. Götterbesänftigung, Erntedankopfer, Vorzeichendeutung auf Schritt und Tritt – in der abergläubischen Welt der Antike lag das Schicksal jedes Einzelnen und das der Gemeinschaft in der Hand der Götter. Auch dies ein Grund für den stark hierarchischen und geschlossenen Aufbau der kosmischen Weltbilder. Die theologisch-philosophische Grundeinstellung wurde auf die Erde und den Himmel übertragen und die Geografie entsprechend angepasst.

Erst im 5. Jahrhundert begann man in Griechenland, rationalere Begriffe für Himmelsrichtungen zu verwenden. Und zwar solche, die sich an der Sonnenbahn, also einem Naturvorgang orientieren: *anatole* (»Aufgang«, lateinisch *oriens*), *dysis* (»Untergang«, lateinisch *occidens*). Wie teilweise noch bis ins 19. Jahrhundert sprach man auch von »gen Morgen« (griechisch *eos*) oder »gen Abend« (griechisch *hespera*). Die Angabe der Mittagsrichtung, die Bezeichnungen für die »Sonnenseite« (*sur*, althochdeutsch *sunt*) sind dagegen in allen Sprachen uralt.

Die Vier-Elemente-Lehre

Nach antiker Auffassung bestand die Materie im Kosmos aus den vier Grund- oder Urelementen Wasser, Erde, Feuer, Luft in jeweils unterschiedlichen Zusammensetzungen. Diese Lehre war ein Grundpfeiler der antik-mittelalterlichen »Naturwissenschaft«.

Sie stammt von dem griechisch-sizilischen Universalgelehrten Empedokles (490–430 v.Chr.), der die Urelemente-Auffassungen von Thales (Wasser), Anaximander (Luft) und Heraklit (Feuer) zu einem einheitlichen System zusammenfasste. Es schien so plausibel, dass es rund zweitausend Jahre lang gültig und ein Grundpfeiler der Alchimie blieb – in Europa bis weit in die Neuzeit.

Die Vier-Elemente-Lehre wurde, wie das geozentrische Anaximander-Weltbild, von Aristoteles kanonisiert. Er stellte sich vor, dass die vier Elemente durch Sonne, Mond und Sterne beeinflusst und vermischt werden, wodurch die gesamte materielle (Natur-)Welt in ihren vielfältigen Ausdrucksformen überhaupt erst entstand. Erst wenige Jahre vor der Französischen Revolution entdeckten Chemiker wie Lavoisier, Priestley, Davy die chemischen Elemente. Sie erkannten beispielsweise, dass »Luft« sich aus verschiedenen Gasen zusammensetzt, »Wasser« eine Verbindung von Wasserstoff und Sauerstoff ist. Erst dadurch wurde die Empedokles-Lehre schlagartig obsolet.

Empedokles lebte in Akragas (Agrigent) auf Sizilien, einer dank Weizen-, Oliven- und Mandelexport blühenden Griechenkolonie. Er war noch ein Knabe, als die Athener bei Marathon und Salamis die Perser besiegten und anschließend den Parthenon bauten. Sein Großvater war Olympiasieger im Jahr 496 v. Chr. Empedokles selbst war vor allem als Heilkundiger berühmt. Daran sieht man, wie universal diese Universalgelehrten von der Antike bis zur Renaissance waren. Auch Aristoteles war solch ein »Philosoph« und »Arzt«.

So falsch sie auch war, immerhin entwickelte Empedokles seine »Naturwissenschaft« aus Vorstellungen über (angenommene) natürliche Vorgänge, nicht aus mythologischem Denken. Deshalb steht auch Empedokles in der Tradition der vorsokratischen Naturgelehrten. Nach seiner Auffassung gab es kein Entstehen und Vergehen, sondern alles in der Natur sei das Ergebnis einer ständigen Mischung der vier »ewigen« Elemente Erde, Wasser, Luft und Feuer. Schon den Pythagoreern galt die Vier als eine geradezu heilige Symbolzahl für einen geordneten Kosmos: vier Elemente, vier Himmelsrichtungen, vier Jahreszeiten. Diese vier kosmischen Eckpunkte finden sich später immer wieder auf den Weltkarten des Mittelalters und bis in die großen Weltdarstellungen der Barockzeit. Aristoteles verknüpfte die vier Urelemente wiederum mit den vier »Ureigenschaften«: nass (Wasser), trocken (Erde), kalt (Luft), heiß (Feuer). Auch die Lehre von den vier Körpersäften (Blut, Schleim, Galle und schwarze Galle), welche die Grundlage der vormodernen »Medizin« bildete, gehört in diesen Zusammenhang.

Angesichts seines umfassenden Werks und als legendärer Wunderheiler war Empedokles eine Weltberühmtheit der Antike und des Mittelalters, auch in der mittelalterlich-islamischen Welt. Doch sein naturwissenschaftliches Weltbild hat die moderne Wissenschaft nicht überlebt. Zu den populärsten Legenden um Empedokles' Tod (oder Freitod?) gehört die von seinem Sturz in den Krater des Ätna.

Milchstraße und Atomlehre

Nach der mythischen Erzählung der alten Griechen entstand die Milchstraße, als der junge Herakles-Knabe beim Säugen in die Brüste der Göttermutter Hera biss. Sie riss ihn von sich, daraufhin verspritzte ihre Milch. Auf Griechisch heißt Milch *galaktos*, daher auch das Wort »Galaxie«.

Solche »Hera-Milch-Vorstellungen« über den Sternenhimmel aus frühgriechischen Zeiten mochte ein Mann wie Demokrit (um 460–370 v.Chr.) nicht glauben. Als Erster äußerte er die Vermutung, dass es sich bei der Milchstraße um eine Ansammlung zahlloser schwach leuchtender Sterne handele. Dies konnte aber erst nach der Erfindung des Fernrohrs in der Galilei-Zeit um 1610 n.Chr. bestätigt werden. Bei den »naturwissenschaftlich« orientierten griechischen Gelehrten des 5. vorchristlichen Jahrhunderts kursierten noch andere Vorstellungen von der Milchstraße: Der pythagoreische Naturphilosoph Philolaos (ca. 470–400 v.Chr.), ein Zeitgenosse von Demokrit und

Sokrates, nahm an, es handele sich bei der Milchstraße um einen Riss im Himmelsgewölbe. Die meisten Pythagoreer hielten sie für eine ausgebrannte ehemalige Sonnenbahn. Am bekanntesten ist Demokrit für seine Atomlehre. Vielleicht aus eigenem Antrieb, vielleicht auf Anregung seines vermutlich aus Milet stammenden Lehrers Leukipp, formulierte Demokrit seine These, wonach die Materie letztlich aus kleinsten, unteilbaren (griechisch *a-tomos*) Bestandteilen zusammengesetzt sei. Diese Elementelehre unterschied sich deutlich von der Wasser-Erde-Luft-Feuer-Lehre des Empedokles und steht modernen Anschauungen wesentlich näher.

Demokrit war bis in die Barockzeit, ja noch im 19. Jahrhundert viel bekannter als heute. Über ihn waren zahlreiche Anekdoten im Umlauf. Der Zeitgenosse von Sokrates galt als »der lachende Philosoph«; Rembrandt stellte sich als lachender Demokrit in einem Selbstporträt dar, andere Künstler malten Fantasiebilder, die ihn immer lachend zeigen. Er galt als Inbegriff jener heiteren Gelassenheit der Lebensführung, welche die alten Griechen auch als philosophisches Ideal schätzten.

Demokrit stand zu den philosophischen Konsequenzen seiner materialistischen These. Er hielt die Atome für ewig; die materiellen Formen zerfielen seiner Ansicht nach und setzten sich immer wieder neu zusammen. Dafür brauchte es weder einen ersten (göttlichen) Anstoß noch einen Zweck oder ein transzendentes Ziel, wie Aristoteles meinte. Und er fand im Gegensatz zu Platon, dass auch nur die Atome (also die Materie) wirklich real seien, während Platon die Ideen für realer, weil ewig, hielt.

Der Vorsokratiker und Naturphilosoph Demokrit verabschiedete sich wie kein anderer von allen mythischen und transzendenten Vorstellungen seiner Zeit. Keine Frage, dass solch ein fortschrittlicher und unabhängiger Geist die Erde für eine Kugel hielt, an die mögliche Existenz vieler Welten in unterschiedlichen Stadien des Werdens und Verfalls glaubte und die Existenz eines leeren Raums, eines Vakuums postulierte, was alle anderen Zeitgenossen für unmöglich hielten.

WELT UND WELTALL IN DER ZEIT
ALEXANDERS DES GROSSEN

Die erste Entdeckungsreise

Am 2. August 338 v. Chr. besiegte der makedonische König Philipp II. Athen und Theben. Damit wurde er zum Hegemon, zum Vorherrscher in Griechenland. Sein junger Sohn Alexander, der nach der Ermordung des Vaters alsbald die Herrschaft übernahm und später »der Große« genannt wurde, brach nach Asien auf. Was zunächst als Rachefeldzug gegen die Perser gedacht war, brachte den Griechen eine ungeheure Erweiterung ihres geografischen Weltbildes.

Fast gleichzeitig begann der griechische Entdecker Pytheas von Marseille (ca. 380–310 v. Chr.) eine Reise nach Westen und Norden. Und hätte Pytheas nur ein bisschen mehr Zeit und Gelegenheit gehabt, im Nordatlantik umherzufahren, wäre er womöglich der Entdecker Amerikas geworden – sofern er verstanden hätte, was er da vor sich sah. Auch der Wikinger Leif Eriksson konnte 1300 Jahre später mangels umfassender geografischer Kenntnisse nicht verstehen, wo er in Vinland/Neufundland eigentlich gelandet war. Eine Entdeckung Amerikas schon in der Antike hätte das Weltbild und den Geschichtsverlauf sicher dramatisch verändert.

Die Berichte über die Reise des ersten griechischen Entdeckers kennt man nur indirekt aus Erwähnungen bei späteren Autoren wie Strabon. Sie ist deshalb bemerkenswert, weil sie, soweit überliefert, einen geografisch interessierten Mittelmeerbewohner erstmals nach Norden bis auf die Britischen Inseln führte. Aber es ist noch nicht einmal gesichert, ob Pytheas auf dem Landweg durch das spätere Frankreich reiste oder mit dem Schiff um die Iberische Halbinsel herum. Jedenfalls startete er in der bedeutenden griechischen Kolonie Massalia, dem heutigen Marseille.

»Frankreich« und »England« waren damals noch rein keltisches Siedlungsgebiet ganz ohne Franken und Angeln, die sich erst knapp tausend Jahre nach Pytheas in der Völkerwanderungszeit dort ausbreiteten. Auf welchem Weg auch immer gelangte Pytheas mit sehr großer Wahrscheinlichkeit auf »die Insel«, denn es sind geografische Angaben, Sonnenstandsmessungen und sogar Vermessungsergebnisse überliefert, die bis hinauf zu den Hebriden und nach Schottland reichen. Pytheas beschrieb die im Mittelmeer kaum sichtbaren Gezeiten und führte diese richtigerweise auf den Mond zurück. Von Schottland aus könnte er noch sehr viel weiter nördlich vorgedrungen sein, weil er dem Mittelmeerbewohner unbekannte Phänomene wie Polarlichter, Mitternachtssonne und Treibeis beschreibt.

Pytheas' Reise blieb für sehr lange Zeit die einzige Nachricht über den Nordwesten Europas in den Mittelmeerländern. Das sagenumwobene Thule, das bis in die Frühe Neuzeit durch die Kartenwerke geisterte, stammt ebenfalls aus seinen Berichten. Welche Orte damit konkret gemeint sein könnten, Norwegen, Island oder eine kleine Insel im nördlichen Atlantik, ist ungewiss. Thule oder »Ultima Thule« (Begriffsprägung durch Vergil in seiner *Georgica* 1.30) hat sich als mythischer bis okkulter Ort im Norden ähnlich wie Avalon, Atlantis oder El Dorado im Gedächtnis der Abendländer erhalten.

Aristoteles

Aristoteles war der Hauslehrer und Prinzenerzieher von Alexander. Weil sich seine Ansichten zur Natur und zum Kosmos in der europäischen Aufklärung als unhaltbar erwiesen haben, spielt er als »Naturwissenschaftler« im heutigen Bewusstsein keine Rolle mehr. Doch bis zum Ende des Mittelalters war Aristoteles die maßgebliche Autorität in allen Dingen des Naturwissens: eine Art Einstein-Darwin-Freud-Übermensch in einer Person, der zu allen Wissensgebieten etwas zu sagen hatte und als unfehlbar galt.

Wie seine unmittelbaren gelehrten Vorläufer sah Aristoteles die Welt als eine Kugel. Das schloss er aus seinen Beobachtungen von Mondfinsternissen, der Tatsache, dass bei einem Schiff am Horizont zuerst der Rumpf aus dem Sichtfeld gerät und dass sich der beobachtbare Sternenhimmel verändert, wenn man in nördlicher oder südlicher Richtung seinen Beobachtungsstandort verändert. Als Naturforscher war Aristoteles in erster Linie ein Sammler und Beschreiber, jedoch kein Experimentator, ähnlich wie die Universalgelehrten der Renaissance. Er hatte, auch mithilfe seiner Schüler, die ihm ständig Pflanzen und zoologische Proben schickten, so viel Material angehäuft, bearbeitet und belegt wie niemand vor ihm – und lange Zeit niemand nach ihm. Vor allem auf dieser enzyklopädischen Wissenssammlung und -deutung beruhte seine überragende Autorität im europäischen und islamischen Mittelalter. Aristoteles hat nicht nur zum kosmologischen Weltaufbau etwas gesagt, sondern auch zu allen Aspekten des organischen Naturlebens ausführliche Beschreibungen hinterlassen. Als »Zoologe« führte er bereits systematische Einteilungen ein, etwa in blutführende Tiere (Vierfüßler, Vögel, Fische etc.) und blutlose Tiere wie Insekten, Muscheln und sonstige Weichtiere. Diese »Wissenschaft«, diese Art der geistigen Durcharbeitung, bewunderte man an ihm. Schlag nach bei Aristoteles, so ungefähr lautete die Devise, da steht alles drin – so wie man heute Wikipedia anklickt. Er schrieb über Pflanzen und Tiere, Meteorologie und »Über die Himmel«. Zu seinen kuriosesten »Erkenntnissen« gehört, dass das Gehirn ausschließlich der Kühlung der Körpertemperatur diene; darauf kam er wahrscheinlich, weil man auf der Stirn so schnell schwitzt. Als das menschliche Denkorgan sah er das

Herz an. Er war ein Verfechter der Vier-Elemente-Lehre und behauptete:»Es gibt kein Vakuum.«
Niemand machte sich mehr die Mühe, seine »Erkenntnisse« kritisch zu überprüfen. Lieber bog und log man die Wirklichkeit und die eigenen Beobachtungen zurecht, als an Aristoteles zu zweifeln. Am ptolemäischen System mit seinen Zykeln und Epizykeln der Planetenbahnen wird das besonders deutlich.

Wie allen anderen Naturforschern in der Antike und im Mittelalter fehlten Aristoteles die geeigneten Instrumente, mit denen man empirische Naturforschung hätte betreiben können. Es gab keine Fernrohre, Lupen, Thermometer, präzise Feinwaagen und vor allem auch keine Uhren. All das kam erst in der Neuzeit auf. Sonnen- und Wasseruhren waren für Forschungszwecke zu ungenau (Sanduhren gab es erst seit dem Spätmittelalter).

Peri Ouranou – Über die Himmel

Die Verwendung des Wortes *ouranou* im Titel von Aristoteles' kosmologischem Hauptwerk zeigt, dass es darin nicht um Wolken, Wind und Wetter geht, sondern um die kosmischen Himmelskreise. Uranos war bei den Griechen ein uranfänglicher Himmelsgott; davon indirekt abgeleitetes »Urania« war ein um 1900 gebräuchliches Wort für Sternwarten und astronomische Vereine.

Obwohl andere griechische Gelehrte schon Theorien vorgeschlagen hatten, nach denen sich die Erde dreht und Kreisbahnen zieht, stellte sich Aristoteles die Erde unbewegt im Mittelpunkt des Kosmos vor. Das war die entscheidende Fehlannahme beim später sogenannten ptolemäischen Weltbild, das eigentlich »anaximandrisch-aristotelisches« Weltbild heißen müsste.

Die Himmelskörper (Sonne, Mond, Sterne) sind für Aristoteles perfekte göttliche, unwandelbare Entitäten, die auf ewig festgeschriebenen Bahnen ihre Kreise ziehen. Vor allem die Fixsterne verändern sich nie, auch nicht die Planeten am Himmel; anders als die Welt unterhalb der Mondbahn mit ihrem ständigen Werden, Altern und Vergehen. Diese Vorstellung von Unwandelbarkeit und Ewigkeit als »göttlich« an den Himmel zu projizieren war keineswegs eine Erfindung von Aristoteles; sie entsprach wohl im Großen und Ganzen auch der Vorstellung von Platon und ist nichts anderes als ein jahrtausendealter religiöser Reflex. Auch die Chinesen sahen am Himmel die göttliche Harmonie und die Sumerer in bestimmten Sternen und Sternbildern Göttergestalten.

Folgenreich war auch die Festlegung auf kreisförmige Sphären (ohne empirischen Befund), einfach weil man sie für die perfekteste geometrische Form und ergo für »göttlich« hielt. Eben diese Vorstellung, dieses auf den ersten Blick so einleuchtende kosmische Weltbild, war dann später nur sehr schwer aus den Köpfen wieder zu entfernen. Noch Kopernikus, der immerhin die Sonne statt der Erde in die Mitte des Planetensystems setzte, hielt an der Annahme von Kreisbahnen fest. Erst Kepler fand das richtige Modell der elliptischen Bahnen. In der aristotelischen Vorstellung sind die Himmelssphären vollvolumige Kugeln, nicht etwa dünne Kreisbahnen wie in unseren modernen Modellen vom Planetensystem. Auf den Weltbilddarstellungen in Mittelalter und Renaissance sieht man daher stets Querschnitte durch eine Kugel oder Halbkugel, nicht etwa zweidimensionale Kreislinien.

Jede einzelne Sphäre bezeichnete Aristoteles als Himmel. Er sprach also vom »Himmel des Mondes« und vom »Himmel des Merkur« oder vom »Himmel des Saturn«. Daher stammt auch der Plural im Titel seiner Abhandlung: *Peri Ouranou* − »Über die Himmel«. Im ptolemäischen System folgte dann der achte Himmel, das Firmament, an dem insbesondere die Fixsterne befestigt (lateinisch *firmatum*) sind. Jenseits dessen befand sich das Empyreum, der Wohnsitz der Götter. In der sublunaren Sphäre unserer Welt besteht nach Aristoteles' Anschauung letztlich alles aus den vier Elementen Erde, Wasser, Feuer, Luft.

Dieses Grundkonzept wurde sowohl von den bedeutenden islamischen Denkern des Mittelalters wie Averroes und Avicenna übernommen als auch von den christlichen Theologen. Durch die magistrale Lehre des Scholastikers Thomas von Aquin wurde Aristoteles' kosmisches Weltbild – bis heute – das Weltbild der Kirche.

Der Eroberungszug Alexanders des Großen

Der Alexanderzug war für die spätklassischen Griechen das, was für die geistig noch im Spätmittelalter stehende Welt Westeuropas die Kolumbusreisen waren: eine Entdeckung neuer Welten und eine großartige Erweiterung des geografischen Horizonts. Allein in den beiden Jahren 330 und 329 v. Chr. marschierte Alexander mit seinem gewaltigen 30 000-Mann-Heer keineswegs auf direktem Weg, sondern in riesigen Schleifen auf und ab von Babylon bis nach Sogdien (heute Tadschikistan). Dort trennt nur noch das Pamir-Gebirge Zentralasien von China.

Das war der äußerste Punkt, den Alexander der Große erreichte. Hätte er den Pamir von hier aus nördlich umgangen, wäre er relativ leicht auf die Seidenstraße gelangt und von dort in das Innere Chinas. Aber bekanntlich waren die Makedonen zu erschöpft. Sie kehrten um, überquerten südwestlich noch den Khaiberpass, die heutige Grenze zwischen Afghanistan und Pakistan, und fuhren den Indus (in Pakistan) hinab. Alexander hatte Elefanten gesehen und das Zuckerrohr, aber sein Traum, über den Ganges den Ozean am Ende der Welt zu erreichen, erfüllte sich nicht.

Indien, Südostasien und China blieben weiterhin reine Namen, mit denen man keine konkrete Vorstellung von der gewaltigen Ausdehnung dieser Teilkontinente verband. So blieb das europäische Weltbild bis weit in die Spätrenaissance auf das beschränkt, was Alexander erreicht hatte.

Der dennoch großartige Alexanderzug erzeugte zahlreiche

literarische Hinterlassenschaften mit lang anhaltender Wirkung. Seitdem spukte das morgenländische »Indien« durch die Köpfe der abendländischen Abenteuerlust und des händlerischen Unternehmungsgeistes.

Bematisten und Ephemeriden

Von eher nüchterner und prosaischer Art auf dem ganzen Alexanderzug waren zunächst die Aufzeichnungen der Bematisten (Schrittzähler). Die Angehörigen dieses Lehr- und Ausbildungsberufs der Antike gehörten zu Alexanders Tross und lieferten erstaunlich genaue Entfernungsangaben auf den von ihnen begangenen Fernstraßen.

Man wusste also damals schon, wie viele Meilen Heerstraße Babylon von Kabul entfernt lag. Das Wort »Meile« kommt vom lateinischen *milia passum* (»tausend Schritte«). Gemeint war damit ein Doppelschritt: rechter Fuß, linker Fuß. Daher entsprach eine Meile etwa 1,5 Kilometer. In diesem Sinne hatten die Bematisten die Aufgabe von Landvermessern. Aber sie stellten natürlich keine trigonometrischen Landvermessungen mit Geräten an.

Weitere eher sachliche Aufzeichnungen des Alexanderzuges könnten die Ephemeriden geboten haben, eine Art Kriegs- oder Hoftagebuch, die möglicherweise auch geografische Aufzeichnungen enthielten. Seit der Antike ist von diesen »königlichen Ephemeriden« Alexanders die Rede, doch sie haben sich nicht erhalten, und allein ihre Existenz ist unter modernen Historikern umstritten.

»Ephemeriden« ist darüber hinaus ein zentraler Begriff der antiken Astronomie. Damit sind tagtägliche Positionstabellen von Sternen gemeint (griechisch *ephemeros*, »nur für einen Tag«). Astronomische Ephemeriden spielten bis ins Spätmittelalter eine enorme Rolle, wurden immer wieder aktualisiert und präzisiert, wie etwa die Alfonsinischen Tafeln auf Anordnung des kastilischen Königs Alfons X. um 1260 oder die Rudolfinischen Tafeln im Auftrag des Habsburgerkaisers Rudolf II., an denen um 1600 Tycho Brahe und Kepler jahrelang arbeiteten.

Mythos Indien

Die ungeheure Weltbild-Ausweitung durch Alexander trieb in den Jahrhunderten nach seinem Tod die erstaunlichsten literarischen Blüten. Es muss schon zu Lebzeiten Jesu so gewesen sein, dass in allerlei fantastischen Erzählungen über »Indien« als märchenhaftes Wunderland fabuliert wurde. Davon hat sich nichts erhalten. Das erste für uns fassbare Stück Literatur über Indien wird in der *Indiké* des griechischen Autors Arrian fassbar, der in der römischen Kaiserzeit lebte. Berühmt ist Arrian für seine Geschichte des Alexanderzuges *(Anabasis Alexandru)*. Die *Indiké* ist der Anhang zur *Anabasis*.

Arrian war ein hochrangiger Beamter unter Kaiser Hadrian, der von 117 bis 138 n.Chr. in der Blütezeit des Römischen Reiches regierte. Er amtierte als Statthalter der Provinz Kappadokien in Kleinasien (heute Türkei). Arrian schrieb seine Bücher also gut vierhundert Jahre nach den Ereignissen. Trotzdem ist seine *Anabasis* für die Historiker die früheste und verlässlichste schriftliche Quelle über den Alexanderzug. Es war Arrians Anliegen, der wild wuchernden »Fantasy«-Literatur über Alexander ein realistisches, teilweise biografisch gefärbtes »Sachbuch« gegenüberzustellen. Das wurde die *Anabasis*. Für diese Arbeit verließ er sich auf Quellen und Berichte, die zu seiner Zeit noch vorhanden waren; hauptsächlich Aufzeichnungen von Generälen und Admirälen. Arrian lieferte mit sicherem Griff in die damaligen Archive und Bibliotheken das Authentischste, was man zu seiner Zeit wissen konnte.

Die wichtigsten Informationen lieferte die Reisebeschreibung des Admirals Megasthenes, der in der Zeit um 300 v.Chr. an der Spitze einer griechischen Gesandtschaft bis in ein indisches

Königreich am Ganges gelangt war. »Indien« wurde in der Zeit nach Alexander zum Inbegriff und Synonym für den gesamten asiatischen Osten – von dem man ja ansonsten keine Ahnung hatte. Es wurde zum Mythos und zum Sehnsuchtsort. So blieb es jahrhundertelang: Im Mittelalter waren verschiedene Versionen des sogenannten *Alexanderromans* in praktisch allen europäischen Sprachen bis hin zu Isländisch verbreitet. Kein anderes »Buch« außer der Bibel war derart bekannt. Auf diesen fruchtbaren literarischen Boden fiel später Marco Polos Reisebericht, der seinerseits aus »China« viele Wunderdinge zu berichten wusste. Hier steckt die Wurzel für die große Motivation von Kolumbus, nach Indien zu gelangen, die größte Weltentdeckungsfahrt der Neuzeit.

Die Bibliothek von Alexandria

Nach Alexanders plötzlichem Tod im Jahr 323 v.Chr. blieben die Griechen als Herrscher im gesamten Gebiet von Alexanders Eroberungen präsent. In Syrien-Mesopotamien-Persien herrschten die Seleukiden, die Nachkommen des Generals Seleukos, mit Sitz in Babylon. In Ägypten die Ptolemäer, die Nachkommen des Ptolemäus, mit Sitz in Alexandria; die letzte Ptolemäerin war Kleopatra. Das Seleukidenreich und das Ptolemäerreich waren gut zweihundert Jahre lang Großmächte ihrer Zeit. Griechisch wurde die allgemeine Umgangssprache *(koiné)* von Handel und Wandel und Gelehrtentum vom Tigris bis zum Nil (wie heute das Englische). Wegen der Dominanz der griechischen Kultur auch im Römischen Reich blieb es dabei, bis die Araber kamen. Politisch entmachtet wurden die griechischen Diadochen erst von den Römern kurz vor der Zeitenwende. Als dann »zu Zeiten des Kaisers Augustus der Befehl ausging, dass alle Welt geschätzet werde«, war dieser machtpolitische Umbruch nacheinander durch Pompejus, Cäsar und Augustus gerade vollzogen.

Das ägyptische Alexandria am Rand des Nildeltas hatte Alexander 331 v.Chr. gegründet. Dank ihrer Lage und der tatkräftigen Förderung der Ptolemäer-Dynastie entwickelte sich die Residenz- und Hafenstadt nicht nur zu einem wichtigen Warenumschlagplatz, sondern auch zum bedeutendsten Gelehrtenzentrum der Spätantike. Denn in jenen glücklichen Zeiten waren Gelehrtentum und Bildung für jeden Herrscher Prestigeobjekt und Ruhmesblatt ohnegleichen. Die Ptolemäer nahmen Anteil an den Forschungen in Bibliothek und Museion, die in ihrem Palastbezirk lagen, und waren selbst hochgebildet. Nicht zuletzt Kleopatra.

Zu Museion und Bibliothek gehörten eine Sternwarte, eine anatomische Sektion, botanische und zoologische Gärten. Der Bibliotheksdirektor hatte Anweisung und Budget, möglichst viele »Bücher« – das waren damals Schriftrollen, noch keine gebundenen Bücher – aus aller Welt direkt oder als Abschriften zu erwerben. Der Dichter und dritte Direktor Kallimachos von Kyrene (ca. 310–245 v.Chr.) stammte aus einem verarmten Zweig der Herrscherdynastie von Kyrene (Cyreneika im heutigen Libyen). Er erstellte den ersten Bibliothekskatalog der Welt, geordnet nach Autoren und Sachgebieten.

Die einzigartige Bildungsstätte der Ptolemäer blieb auch unter den Römern das geistige Zentrum der damaligen Welt. Die bedeutenden Fortschritte der geografischen und astronomischen Wissenschaften in der hellenistischen Antike sind alle direkt oder dem unmittelbaren Umfeld der Bibliothek von Alexandria zuzurechnen.

Euklid und die mathematische Geometrie

Einer der bekanntesten Gelehrten, die je in Alexandria arbeiteten, ist der Mathematiker Euklid (ca. 360–280 v.Chr.). Sein berühmtes Lehrbuch *Stoicheia* (»Die Elemente«) war zweitausend Jahre lang das grundlegende Lehrbuch für Geometrie, Algebra und Zahlentheorie. Es wurde buchstäblich in aller Welt gelesen, immer wieder abgeschrieben und immer wieder neu übersetzt – vom Griechischen ins Arabische, später ins Lateinische, der allen europäischen Gelehrten geläufigen Sprache.

Euklid, vermutlich aus Athen gebürtig und an der Akademie Platons ausgebildet, fasste das mathematische Wissen seiner Zeit übersichtlich und vor allem methodisch stringent zusammen. Das Denken in der Geometrie, Astronomie und Optik geht auf Euklid zurück – um die damals für besonders interessant gehaltenen physikalischen »Forschungs«gebiete zu nennen. Euklids irrige Auffassung, das Sehen beruhe auf Lichtstrahlen, die vom menschlichen Auge ausgehen und von den Objekten reflektiert werden, wurde bis in die Neuzeit als gesichertes physikalisches Tatsachenwissen akzeptiert.

Die Berechnung des Erdumfangs

Eratosthenes (um 275–195 v.Chr.) leitete die Bibliothek von Alexandria fünfzig Jahre lang und war der einzige Naturwissenschaftler auf diesem Posten. Er stand mit Archimedes, der in der griechischen Stadt Syrakus auf Sizilien lebte, in Briefkontakt und stammte wie Kallimachos aus Kyrene.

Mit Eratosthenes beginnt eine wirkliche Wissenschaft der Geografie insofern, als er aufgrund genauer *Messungen* der Schattenlängen auf Sonnenuhren in Alexandria und im weit entfernten Syene (heute: Assuan) zur Zeit der Sommersonnenwende als Erster den Erdumfang berechnete. Soweit diese Rechnung heute nachvollziehbar ist, bestimmte er den Erdumfang mit fast 42 000 Kilometern recht genau. (Der tatsächliche Wert beträgt 40 075 Kilometer am Äquator.) Diese Erdumfangsbestimmung zählt man zu den größten wissenschaftlichen Leistungen der Antike. Das war – um 240 v.Chr. – schon eine Art Beweis für die Kugelgestalt der Erde. Bereits Aristoteles hatte sich vergeblich mit der Berechnung des Erdumfangs beschäftigt.

Eratosthenes kam wohl auch erstmals auf den Gedanken, die Breiten- und Längengrade als mathematische Methode zur Bestimmung eines konkreten Ortes zu nutzen.

Aristarchs heliozentrisches Weltbild

Durch Archimedes wissen wir, dass Aristarch als Erster das heliozentrische System postulierte, bei dem die Sonne unbewegt im Mittelpunkt steht und sich die Erde in täglichen Umdrehungen auf einer kreisförmigen Bahn um die Sonne bewegt. Aristarch von Samos (310–230 v. Chr.), etwas älter als Erathostenes, gab auch die Reihenfolge der Planeten korrekt an. Besonders interessierte er sich für die Größenverhältnisse und Entfernungen von Sonne und Mond und stellte nach langwierigen Beobachtungen dementsprechende Berechnungen (noch auf der Grundlage des durch Aristoteles kanonisierten geozentrischen Modells) an. Die absoluten Werte, die er erhielt, waren viel zu klein: So hielt er die Sonne für sechsmal größer als die Erde, der Abstand zur Sonne sollte neunzehnmal so groß sein wie der Abstand von der Erde zum Mond. Aber hier war immerhin von echten Zahlen die Rede, und die geometrischen Methoden der Berechnungen stimmten.

Gegen Aristarch wurde schon von Zeitgenossen viel Tinte vergossen, indem man schrieb, er müsste der Gottlosigkeit angeklagt werden mit seiner Vermutung, dass »es die Erde sei, die sich durch den schiefen Zirkel des Tierkreises bewege« und sich dabei auch noch um ihre eigene Achse drehe. Diese vollkommen richtige Behauptung Aristarchs wurde einfach nicht akzeptiert. Das geozentrische Weltbild war aus – modern gesprochen – ideologischen Gründen sakrosankt: Die Erde musste im Mittelpunkt stehen. Aristarch ist somit sozusagen der antike Vorläufer von Kopernikus, der sich dann auch auf ihn berief, als er 1800 Jahre später sein heliozentrisches Modell entwickelte.

Hipparch – Der bedeutendste Astronom der Antike

Ptolemäus, der während der römischen Kaiserzeit in der Bibliothek von Alexandria zum großen Sammler des geografischen und astronomischen Wissens der Antike wurde und damit das Weltbild bis weit in die Kolumbus- und Galileizeit prägte, verdankte seinerseits viel dem aus Nikäa in Kleinasien stammenden Hipparch. Hipparch (ca. 190–120 v.Chr.) gilt als der bedeutendste griechische Astronom. Neben der Berechnung des Erdumfangs durch Eratosthenes zählt seine Entdeckung der Präzession der Erde zu den wichtigsten wissenschaftlichen Leistungen der Antike, die bis heute Bestand haben.

Hipparch war der erste mathematisch-astronomische Gelehrte in Griechenland, der einen Kreis in 360 Grade einteilte; Eratosthenes hatte sich noch mit 60 Graden begnügt. Er verglich ausführlich und kritisch eigene Positionsdaten des sehr hellen Sternes Spica (im Sternbild Jungfrau) mit denen der 160 Jahre älteren der Astronomen Timarchos und Aristyllos und möglicherweise sogar mit solchen des babylonisch-chaldäischen Astronomen Kidinnu (400–330 v.Chr.). Dabei entdeckte Hipparch im Jahr 128/127 v.Chr., dass sich die Punkte der Tagundnachtgleichen (Frühjahrspunkt, Herbstpunkt) über lange Zeiträume innerhalb der Tierkreiszeichen verschoben hatten. Etwa tausend Jahre vor seiner Zeit lagen sie im Stier, zu seiner Zeit lagen sie noch im Widder und gingen mit Anbruch der christlichen Zeitrechnung in das Tierkreiszeichen Fische über, was in der Astrologie als hochbedeutsam angesehen wird.

Die Präzession beschreibt den Weg der (schrägen) Erdachse um den senkrecht zur Ekliptik stehenden Pol. Die Ekliptik ist die scheinbare Sonnenbahn im Lauf eines Jahres, der sogenannte Himmelsäquator. Da sich die Erde wie ein schräg laufender Kreisel nicht in der gleichen Bahnebene bewegt, durchschneiden sich diese beiden Bahnen nur zweimal im Jahr: am Frühlingspunkt und am Herbstpunkt, also bei der Tagundnacht-gleiche. Wegen der enormen Trägheit der Erde dauert es sehr lange, annähernd 26 000 Jahre, bis der Himmelsäquator einmal durchlaufen ist. Daher bewegt sich der astrologisch und früher als »Jahresbeginn« kalendarisch bedeutsame Frühlings-punkt nur langsam durch die Sternbilder auf dem Himmels-äquator, den sogenannten Tierkreis. Das ließ sich mit den ein-fachen Beobachtungsmethoden der Antike nur nach genauen Positionsbestimmungen von Sternen und mithilfe von zeitlich weit auseinanderliegenden Tabellen feststellen. Diese Möglich-keiten nutzte Hipparch und zog daraus die richtigen Schluss-folgerungen.

In der antiken Astronomie galt der von Aristoteles unter-stützte und geradezu kanonisierte Glaubenssatz, dass die Be-wegung des Fixsternhimmels absolut gleichmäßig, unwandelbar und »ewig« sei. Deswegen schrieb man den Fixsternen, die man-cherorts ohnehin als Gottheiten betrachtet wurden, die höchste göttliche Wesenskraft zu. Diese Vorstellung wurde durch Hip-parchs Entdeckung in Mitleidenschaft gezogen.

Der genaue Beobachter Hipparch berechnete überdies die Länge des Jahres auf exakt 365,2467 Tage – mit einer nur mi-nimalen Abweichung zum heutigen Wert von 365,2422 Tagen. Außerdem erstellte Hipparch den ersten präzisen Sternenka-talog, der allerdings verschollen ist. Dieser umfasste verschie-denen Angaben zufolge 850 bis tausend Sterne und bildete die Grundlage für Ptolemäus' Sternenkatalog, den berühmten *Al-magest*. Indirekt ist er also doch erhalten. Ptolemäus sammelte alle Schriften von Hipparch, deren er habhaft werden konnte. Über Hipparchs Leben können selbst Eckdaten nur sehr indi-rekt erschlossen werden. Man nimmt an, dass er in Rhodos starb. Auch seine zahlreichen Werke (eine Liste nennt fünfzehn Titel) sind nur indirekt durch Bezugnahmen und Zitate bei anderen Naturgelehrten wie Ptolemäus, Strabon und dem Römer Pli-nius bekannt.

Terra australis kommt auf die Weltkarte

Einen originellen und durchaus wirkungsmächtigen Beitrag zu den verschiedenen Weltbildern der Antike lieferte der Gelehrte Krates, der um 170 v.Chr. in Pergamon lehrte, als dort gerade der Pergamonaltar errichtet wurde. Er teilte die Erdkugel in vier kontinentartige Weltgegenden ein. Eine davon ist die Ökumene, die bekannte Welt: Eurasien und Afrika. Auf der gegenüberliegenden Seite der Nordhalbkugel sollte Krates zufolge ein weiterer Kontinent liegen, die Periökumene; dazwischen ein Ozean. Außerdem spekulierte er über die Südhalbkugel. Da kein Mensch der Antike jemals südlich des Äquators gewesen war, stellte man sich unter Afrika nur den Nordteil etwa bis zur Sahelzone vor. Dann folgte ein um den Äquator laufender Ozean. In der Kugelmitte kreuzten sich demnach der Nord-Süd-Ozean und der Ost-West-Ozean. Weil die Erde eine Kugel sei, meinte Krates, müssten sich auch jenseits des Äquator-Ozeans große kontinentähnliche Landmassen befinden. Er sprach von Antiökumene und Antichthonen-Kontinent.

Dieses Modell besaß für die Zeitgenossen durchaus eine gewisse Evidenz. Da man um die enorme Landmasse von Spanien bis an den Indus wusste, stellte man sich vor, es müsse sowohl auf der Eurasien gegenüberliegenden Seite auf der Nordhalbkugel als auch auf der Südhalbkugel spiegelbildlich große Landmassen geben, denn sonst käme die Erdkugel ja aus dem Gleichgewicht! Auf dieser Annahme basiert die Vorstellung eines großen Südkontinents, der berühmten *Terra australis*. Diese existierte seither auf sämtlichen Weltkarten bis in die Zeit kurz vor der Französischen Revolution. Die Suche nach dem ominösen Südkontinent beschäftigte Dutzende, wenn nicht Hunderte von Seefahrern im Entdeckungszeitalter. Erst nach den Fahrten von Kapitän Cook zwischen 1772 und 1779 wurde dieser Südkontinent von den Karten gestrichen. Den Namen übernahm der gerade frisch entdeckte Fünfte Kontinent.

Krates jedoch hatte noch andere Verdienste. Er postulierte fünf Klimazonen: die beiden Polarzonen, die wegen eisiger Kälte als unbewohnbar galten, ebenso wie die »zu heiße« Äquatorialzone. Die Vorurteile gegenüber der Äquatorgegend hielten sich bis kurz vor die Kolumbuszeit. Man glaubte, dass dort vor Hitze alles verdampfe. Dazwischen gab es nur zwei gemäßigte, bewohnbare Zonen, je eine auf der Nord- und Südhalbkugel. Krates kam auch zu dem Schluss, dass die Jahreszeiten auf der Südhalbkugel umgekehrt verlaufen. Laut Strabon, der einige Generationen später lebte, ließ Krates sogar einen Globus anfertigen. Das wäre der erste Weltglobus gewesen. Seine tatsächliche Existenz ist aber nicht erwiesen.

Die *Geografie* von Strabon

Im Jahr 51 v. Chr. starb König Ptolemäus XII. von Ägypten. Um die Nachfolge auf dem Thron rangelten seine älteste Tochter Kleopatra und ihr jüngerer Bruder Ptolemäus XIII. Die Römer, selbst in einem grausamen Bürgerkrieg befangen, wurden in die Auseinandersetzungen hineingezogen. Der Feldherr Pompejus, letzter Widersacher Cäsars bei dessen Griff nach der absoluten Herrschaft, hatte Zuflucht in Ägypten gesucht. Der junge Ptolemäus ließ Pompejus hinterrücks ermorden, weil er sich bei Cäsar einschmeicheln wollte, um ihn als Alliierten in seinem eigenen Thronkampf gegen Kleopatra zu gewinnen. Cäsar nahm beide 48 v. Chr. gefangen. Bei den Straßenkämpfen in Alexandria zwischen Cäsars kleiner Expeditionsarmee und dem ägyptischen Heer gerieten Teile der Palastanlage und anscheinend auch die Bibliothek in Brand. Dennoch überlebte sie die Katastrophe. Sie wurde mit Zigtausenden von Schriftrollen aus Pergamon ergänzt, wo die zweitgrößte Bibliothek der antiken Welt stand.

Nun begann jene Phase in der Geschichte der alexandrinischen Bibliothek, aus der wichtige Werke der Erdbeschreibung und der Beschreibung des Kosmos überliefert sind. Der griechische Geograf Strabon verfasste eine 17-bändige *Geografie*, eine umfassende Beschreibung der damals bekannten Welt nebst einer Weltkarte. Sie entstand vermutlich in den beiden Jahrzehnten um die Zeitenwende.

Strabon (um 60 v.Chr. – 23 n.Chr.) erlebte den Untergang der Ptolemäer-Dynastie und den Beginn der neuen, augusteischen Kaiserära des römischen Weltreiches. Er stammte aus einer wohlhabenden Familie von der heute türkischen Schwarzmeerküste. Dieses in der Antike ganz von der griechischen Kultur geprägte Gebiet war in Strabons Jugend gerade erst ins Römische Reich eingegliedert worden. Als 18-Jähriger ging er zum Studium nach Rom, wo die akademische Elite am Kaiserhof zu seinen »Professoren« zählte. Die Männer aus diesen Gelehrtenzirkeln kamen aus verschiedenen Teilen des Reiches und waren zumeist universal gebildete Aristoteliker. Sie fungierten teils als Erzieher am Hof, auch als Erzieher von Octavian, teils als »wissenschaftliche Mitarbeiter«, etwa von Cicero. Wegen ihrer Nähe zum Palast standen sie in hohem Ansehen, ihre Werke waren zur Zeitenwende weit bekannt. Das Milieu, in dem Strabon sich bewegte, war also eine eng verwobene Gelehrtenwelt.

Dann bereiste Strabon die Welt. Er kannte Italien, das heimatliche Kleinasien und den angrenzenden Nahen Osten, fuhr den Nil hinauf bis an die Grenze des heutigen Äthiopien. Derartige Bildungsreisen junger Männer im nunmehr befriedeten Römerreich waren durchaus nichts Ungewöhnliches.

Strabons *Geografie* ist ein enzyklopädisches Sammelwerk, an dem er während seines gesamten Erwachsenenlebens ständig weiterarbeitete. Darin trug er alle erreichbaren Informationen von erdkundlichem Interesse zusammen, diskutierte frühere Autoren von Homer über Anaximander, Hipparch bis Erathostenes, schrieb über Messmethoden, Erdumfang, Schwerkraft, die Erdachse, die Pole, den Äquator, die Ekliptik, den Tierkreis, die Längengrade, Vulkanaktivität, Erdbeben, Meeresströmungen und vieles mehr. Er erwähnt und beschreibt Länder und Völker von Thule bis Äthiopien, einschließlich ihrer Bodenschätze, Anbauprodukte, Häfen, Flussverläufe und kulturellen Besonderheiten. Die *Geografie* ist also in erster Linie eine Art geografisches Lexikon und dazu so umfassend, dass man es als Sammlung des gesamten geografischen Wissens der Antike bezeichnen kann. Obwohl Strabon auch Zahlen zu Entfernungen nennt, lag ihm weniger an exakter Topografie, sondern vielmehr an allgemeinbildender Beschreibung. Für die vielen Gegenden, die er trotz seiner eigenen Reiseerfahrungen nicht selbst gesehen hatte, griff er auf Beschreibungen früherer Autoren zurück. Nach seinen Angaben entstanden später Weltkarten der drei bekannten Erdteile Europa, Asien, Afrika: Die Kontinente bilden darauf diffuse Blöcke; Afrika endet bereits an der Sahara, Arabien ist überdimensioniert, von Indien ist allenfalls der Norden mit dem Gangestal bekannt, Südostasien und China fehlen komplett, ebenso Sibirien und in Europa alles nördlich und östlich der Ostsee, also kein Skandinavien, kein Baltikum, kein Russland.

Zu seinen Lebzeiten war Strabons Werk kein Bestseller, es blieb in der Kaiserzeit relativ unbeachtet, doch es ging nicht verloren. Erst im Byzanz des Kaisers Justinian um 550 n.Chr. wurde Strabons *Geografie* wiederentdeckt und häufig abgeschrieben. Die Rezeption von Strabons Werk in Europa ist ein Musterbeispiel dafür, wie die Renaissance-Humanisten verschüttetes Wissen der Antike wiederbelebten. Die erste Strabon-Übersetzung, gleichzeitig ins Lateinische wie ins Italienische, stammt von dem norditalienischen Humanisten Guarino da Verona (1374–1460), der als junger Mann noch in Konstantinopel Griechisch gelernt und antike Manuskripte gesammelt hatte. Zurück in Italien konnte er am Hof von Ferrara als Prinzenerzieher und als Übersetzer arbeiten. Für seine Strabon-Übersetzung erhielt er tausend Scudi.

Ferro-Meridian

Die Kanareninsel El Hierro galt in der Antike als der westlichste Punkt der Welt. Damals hieß die Insel Ferro. Dort legte der spätantike Geograf Marinos von Tyros in seinem verschollenen Kartenwerk um das Jahr 100 n.Chr. den Nullmeridian an, was Ptolemäus kurz danach übernommen hat. So wurde diese Konvention für die Karten der Frühen Neuzeit und darüber hinaus maßgeblich, auch wenn man im Mittelalter vergessen hatte, dass die Kanaren überhaupt existierten. Der Ferro-Meridian etablierte sich als Nullmeridian. Dabei blieb es im Großen und Ganzen auch nach der Entdeckung Amerikas, bis der Nullmeridian 1884 durch ein internationales Abkommen (Meridian-Konferenz) durch Greenwich nahe London gelegt wurde.

Ein Meridian ist der Halbkreisbogen eines Längengrades, der sich ja wegen der Kugelgestalt der Erde immer gleichförmig von Pol zu Pol rund um die Erde legt und daher im Prinzip immer gleich lang ist. (Anders als die Breitengrade, die von den Polen zum Äquator immer länger werden; der Äquator selbst ist der längste Breitengrad.)

Die Bestimmung der Breitengrade war nie ein Problem und über Land auch nicht die Bestimmung der Längengrade. Aber für Schiffe auf hoher See stellte die genaue Bestimmung des Längengrads bis in die zweite Hälfte des 18. Jahrhunderts ein großes Problem dar. Solange kein bekanntes Land in Sicht war, wussten Entdecker wie Kolumbus, Vasco da Gama, Magellan und all die anderen nie genau, wo sie sich gerade befanden. Daher verschätzten sie sich leicht in der Ost-West-Ausdehnung der von ihnen befahrenen, noch unbekannten Gewässer. Auch als es im 17. und 18. Jahrhundert bereits zuverlässigere Welt- und Seekarten gab, war das Navigieren ohne genaue Längengradbestimmung nach wie vor eine heikle Angelegenheit.

Ptolemäus – Das geozentrische Weltbild

Auch der Grieche Klaudios Ptolemäus (ca. 100–160 n.Chr.) wirkte an der Bibliothek von Alexandria. Der weltberühmte »Beiname« geht auf seinen Geburtsort Ptolemaios in Oberägypten zurück. »Klaudios aus Ptolemaios« lebte während der Regierungszeit der römischen Kaiser Hadrian, Antonius Pius und Marc Aurel, also noch in der höchsten Kultur- und Wirtschaftsblüte des in sich ruhenden, rund um das Mittelmeer geradezu allumfassenden römischen Kaiserreichs, das von griechischer Kultur und Sprache geradezu durchtränkt war.

Die Römer, das sei an dieser Stelle ausdrücklich festgehalten, trugen nichts zur Fortentwicklung der Astronomie bei. Sie interessierten sich neben ihrer Vogelflug- und Leberschau allenfalls für die astrologischen Aspekte und akzeptierten das von den Griechen akkumulierte astronomische und geografische Wissen als Bildungsgut. Es gibt keinen einzigen nennenswerten römischen Astronomen.

Ptolemäus' erdkundliches Standardwerk *Geographiké Hyphegesis* darf man sich nicht als gezeichneten Weltatlas vorstellen, auch wenn es oft als »Weltatlas« bezeichnet wird. Kartenzeichnungen nach Ptolemäus' Angaben wurden erst seit der Renaissance angefertigt.

Ptolemäus hat nie etwas selbst vermessen oder bereist. Er trug vielmehr das geografische und astronomische Wissen der Antike zusammen und systematisierte es in einzigartiger Weise. Sein Beitrag zur Geografie ist ein Koordinatennetz von Längen- und Breitengraden sowie das umfangreichste Ortsverzeichnis seiner Zeit: Er versah in den endlosen Listen seiner *Geographiké* nach bestem Wissen und Gewissen alle bekannten Orte mit einer Angabe ihrer angeblichen geografischen Länge und Breite. »Nach bestem Wissen und Gewissen« heißt, dass er diese Angaben vorhandenen Reiseberichten, Schätzungen von Seefahrern und Fernreisenden entnahm – jeglicher Information, der er habhaft werden konnte. Wegen seines in alter Zeit nie wieder erreichten Umfangs legte Ptolemäus mit seiner *Geographiké* auch das Weltbild für unseren Kulturraum für sehr lange Zeit fest. In Ptolemäus' Katalog finden sich nicht nur Ortsangaben zu Städten, Flussmündungen, Küstenkaps oder markanten Gebirgspunkten in Ägypten, Syrien, Griechenland oder Italien, sondern auch in Germanien. So verortet er Mattiacum (das heutige Wiesbaden) auf 30° Länge und 55°50' Breite. (Nach der heute gültigen Einteilung liegt die Stadt auf 8°14' östlicher Länge und 50°5' nördlicher Breite.) Die von Ptolemäus vorgenommene – einfache – Einteilung der Breitengrade (0° am Äquator und 90° an den Polen) ist heute noch gültig. Daher sagt man beispielsweise: Die Nordspitze von Grönland liegt bei 83° in »hohen Breiten«. Die unausgesprochene Voraussetzung dieses Koordinatensystems ist natürlich die Kugelgestalt der Erde. Als Nullmeridian übernahm Ptolemäus den Ferro-Meridian.

Da Ptolemäus selbst nicht vermaß und Angaben nicht nachprüfte, unterliefen ihm Fehler und Ungenauigkeiten. Der folgenschwerste Irrtum betrifft die Berechnungen des Erdumfangs. Ptolemäus hielt nicht die recht genauen Angaben von Eratosthenes für richtig (ca. 40 000 Kilometer), sondern die Zahlen des angesehenen griechischen Gelehrten Poseidonios (135–51 v.Chr.), der sich nur nebenbei mit der Bestimmung des Erdumfangs beschäftigt hatte und auf rund 30 000 Kilometer gekommen war. An diese Angabe glaubte später auch Kolumbus, hielt die Erde für wesentlich kleiner, als sie ist, schätzte daher den westlichen Weg nach »Indien« kürzer ein und erkannte bei der Ankunft auf den karibischen Inseln nicht, dass er unmöglich schon in Indien gelandet sein konnte.

Ein Werk wie das des Ptolemäus konnte eine derart unglaubliche Wirkung entfalten, weil seine Bücher als Standardwerke galten; im gleichen Rang wie die Werke von Aristoteles, Euklid, Galen – und natürlich die Bibel. Die Bibel galt ja als erstrangiges »naturwissenschaftliches« Welterklärungsbuch, beispielsweise über die Entstehung der Welt und der Menschen gleich am Anfang des Alten Testaments. So wurde Ptolemäus aus Alexandria für anderthalb Jahrtausende zum Weltbegriff im wahrsten Sinne des Wortes.

Der Inbegriff des geozentrischen »ptolemäischen Weltbildes« findet sich allerdings nicht in der *Geographiké*, sondern in seinem viel bekannteren und bedeutenderen Werk über den Sternenhimmel. Das Hauptwerk des Ptolemäus ist seine »Mathematische Zusammenstellung«; im Griechischen, also der Sprache, in der es geschrieben wurde: *Mathematike Syntaxis*. Eine erweiterte Ausgabe trug den Titel *Megiste Syntaxis*. Die hochgelehrten Araber der Zeit um 800 n.Chr. übersetzten es unter dem Titel *Almagest*, unter dem es dann auch im Abendland berühmt wurde. Es war das erste systematische Handbuch der mathematischen Sternenkunde und enthielt einen ausführlichen Sternenkatalog sowie Berechnungen der Mond- und Sonnenfinsternisse. Hierin, nicht in der *Geographiké*, findet sich die Darstellung des geozentrischen Weltbildes. Ptolemäus übernahm diese zu seinen Lebzeiten schon gut fünfhundert Jahre alte aristotelische »Wissenschaft« kritiklos. Unter seinem Namen wurde das »ptolemäische Weltbild« die falsche, dennoch allgemein anerkannte herrschende Vorstellung vom Kosmos, bis Kopernikus, Kepler und Galilei im 16. und 17. Jahrhundert die Welt eines Besseren belehren und ihre Vorstellung gegen viele Widerstände durchsetzen. In der Gelehrtenwelt des Islam, wo man sich intensiv für Sternenkunde interessierte, wurde der *Almagest* ebenfalls jahrhundertelang intensiv studiert. Auch hier galt das ptolemäische Weltbild unangefochten.

Die Vorstellung des Ptolemäus vom System der Planetenbahnen war äußerst kompliziert. Das idealtypische Bild von den vollkommenen Kreisbahnen, auf denen sich die Planeten – und Sonne und Mond! – um die Erde bewegen sollten, stimmte schon damals keineswegs mit den bekannten empirischen Befunden der Astronomen überein. Doch man zog keine Schlussfolgerungen aus der Realität, um die richtige Theorie zu formulieren, sondern man passte mit der Brechstange die Realität der Theorie an.

Um sein Modell des geozentrischen Planetensystems und vollkommenen Planetenkreisbahnen in Einklang mit den tatsächlich beobachteten und gemessenen Positionen und Bahnen zu bringen, griff Ptolemäus auf die Epizykeltheorie des Apollonius von Perge (ca. 260–190 v. Chr.) zurück. Der rund dreihundert Jahre ältere Mathematiker war einer der alexandrinischen Gelehrten in der Archimedes- und Aristarch-Zeit gewesen. Mithilfe der Epizykeltheorie ließen sich die von der angenommenen Kreisbewegung abweichenden Geschwindigkeits- und Richtungsänderungen und scheinbar rückläufige schleifenartige Planetenbewegungen einigermaßen erklären.

Dabei waren Ptolemäus' Berechnungen gar nicht so schlecht. Es war zwar kompliziert, nach seinem Modell die Sternen- und Planetenbewegungen im Sinne des Wortes auf die Reihe zu bekommen, und er häufte Kreisbahn auf Kreisbahn. Am Schluss waren es rund achtzig, und dementsprechend kompliziert wirken seine Himmelsmodelle auf Abbildungen. Dennoch konnten damit bis in die Neuzeit genauere Vorhersagen getroffen werden als etwa durch Kopernikus. Der hatte zwar die Sonne in den Mittelpunkt gesetzt, ging aber ebenfalls von vollkommenen Kreisbahnen aus, was mit den Beobachtungen nicht übereinstimmte. Auch er musste noch auf Epizykel zurückgreifen. Kepler erkannte dann richtig die elliptische Form der Planetenbahnen.

Der Hauptteil des *Almagest* ist – wie die *Geographiké* ein Tabellenwerk – hier ein Sternenkatalog. Dieser baut auf dem Katalog von Hipparch auf und verzeichnet die Positionen von über tausend Himmelskörpern. Ebenfalls eine enzyklopädische Ansammlung, die das astronomische Wissensfundament der folgenden Jahrhunderte bildete, gerade auch in der islamischen Welt.

ALLE WEGE FÜHREN NACH ROM

Die Peutingersche Tafel

Die Römer sind berühmt für ihre Ingenieursbauten: Aquädukte, gigantische Thermen, Sportarenen, Häfen und die gepflasterten Straßen, welche das ganze Reich durchzogen. Aber zeichneten sie auch Landkarten? Gab es einen Stadtplan von Rom oder eine Weltkarte des Römischen Reiches? Davon ist nichts wirklich überliefert. Vor allem aus der Zeit der Republik sind keinerlei kartografische Anstrengungen bekannt, weder für regionale Karten noch für Weltbilder. Was die Römer aber zeichneten, sind sogenannte Itinerare. Das bekannteste, umfangreichste und am besten erhaltene Itinerar ist die Peutingersche Tafel.

Itinerare sind Wegbeschreibungen: schmale, längliche Blattstreifen, auf denen ein mehr oder weniger gerader Weg, eine der römischen Reichsstraßen, eingezeichnet ist und in Abständen die wichtigsten Städte und Orte sowie andere markante Punkte (Villen, Tempel, Leuchttürme) samt Entfernungsangaben. Diese Darstellungsweise ähnelt den schematischen Streckendarstellungen in den heutigen Bussen, Straßenbahnen oder U-Bahnen, die auf einer geraden Linie die einzelnen Haltestellen und Umsteigemöglichkeiten angeben. Nur dass auf der lang gestreckten Peutinger-Tafel *alle* Hauptstraßen des Römischen Reichs eingetragen waren, ähnlich wie bei einem großen modernen Streckennetzplan.

Die Peutingersche Tafel spiegelt das römische Straßennetz aus der Zeit um 375 n.Chr. wider. Aber sie ist keine »Original«karte aus der Spätantike, sondern die Kopie einer Kopie. Um genau zu sein: Es handelt sich um eine mittelalterliche Abschrift auf Pergament, die ihrerseits wohl wieder auf eine Abschrift aus karolingischer Zeit zurückgeht. Wo sich das Original befand und wie es aussah, weiß man nicht. Die Peutingersche Tafel war in Form eines Buches zusammengefasst, und sie hat auch mit gut dreißig Zentimetern die Höhe eines großformatigen Buches, ähnlich wie heute ein Autoatlas. Auseinandergeklappt ist die Tafel fast sieben Meter lang. Das (Haupt-)Straßennetz der römischen Welt reicht von Britannien über das Mittelmeer und den Nahen Osten bis andeutungsweise Indien und China; verschollen ist jedoch das erste, »westlichste« Segment mit Britannien und Spanien.

Aber es handelt sich mitnichten um eine Weltkarte, die eine Vorstellung von Größe und Lage der einzelnen Kontinente oder vom Umriss des Mittelmeers liefert. Eine auch nur annähernd maßstabsgetreue Darstellung war nicht die Absicht solcher Itinerare, sondern allein die praktische Information für Reisende wie Streckenangaben zu Ortschaften, Tagesetappen, Pferdewechselstationen und dergleichen. Diese wurden oftmals nur symbolisch dargestellt. Man kann sich die ursprüngliche Peutingersche Tafel auch als durchgehendes Rollbild oder als Schriftrolle denken. Derartige Reiseführer in Bildform gab es sicherlich in größerer Zahl und auch in einfacherer Ausführung für Kaufleute, Militärs, Kuriere oder Pilger.

Wegen seiner umfassenden Netzkarte und der Orts- und Wegangaben ist das Peutinger-Itinerar für Historiker besonders interessant. Es ist außerdem das einzige erhalten gebliebene Exemplar, auf dem die Routen überhaupt in eine Art Kartenlandschaftsbild gezeichnet sind. Römische Itinerare konnten auch rein schriftliche Textwerke mit Listen der einzelnen Streckenabschnitte sein. Diese erinnern dann schon eher an heutige Reiseführer und sogar an moderne Navigationsgeräte: »Biegen Sie an der nächsten Kreuzung links ab!«

Die *Tabula Peutingeriana* ist nach dem Augsburger Renaissancegelehrten Konrad Peutinger (1465–1547) benannt, Syndikus und Stadtschreiber von Augsburg, als dort über die Reformation verhandelt wurde. Peutinger war Berater der Kaiser Maximilian und Karl V. und somit ein Zeitgenosse Martin Luthers und Albrecht Dürers. Er erhielt die *Tabula* von einem befreundeten Bibliothekar und Humanisten, Konrad Bickel, der damit nichts anzufangen wusste. Doch Peutinger erkannte, dass es sich um eine Straßennetzkarte des Römischen Reiches handelte. Die *Tabula Peutingeriana* gehört heute zum Weltdokumentenerbe der UNESCO und befindet sich in der Österreichischen Nationalbibliothek in Wien.

Wegen ihres Umfangs war die sehr sorgfältig und sehr kostbar gearbeitete *Tabula Peutingeriana* womöglich nur für repräsentative Zwecke gedacht. »Gewöhnliche« Itinerare waren hingegen ganz praktisch, da sie sich meist nur auf eine einzige Route bezogen. So beschreibt das *Itinerarium Burdigalense*, entstanden 333 n.Chr., den Weg von Bordeaux (lateinisch *Burdigala*) nach Jerusalem. Man kann solche Itinerare durchaus mit heutigen Reiseführern vergleichen.

Bemerkenswert ist auch das *Itinerarium Gaditanum*, wo der Reiseweg vom südspanischen Cádiz nach Rom nicht in einem Buch steht, sondern der Text ist auf den Außenwänden von vier gleichartigen Silberbechern eingraviert, komplett mit Orts- und Entfernungsangaben (um 335 n.Chr. datiert). Diese Becher waren als Weihegaben gedacht. Auch das deutet natürlich auf repräsentative Funktionen. Itinerare konnten aber auch nur einfach tabellarische, schriftliche Straßenverzeichnisse ohne kartenartige Darstellungen sein, wie das *Itinerarium Antonini* aus der Zeit kurz nach 200 n.Chr., eine Liste bedeutender Römerstraßen im ganzen Reich.

Römerstraßen und Meilensteine

Die schnurgeraden Römerstraßen, die auf die Landschaft keine Rücksicht nehmen, sind Ausdruck einer Weltanschauung. Der Historiker Arnold Esch *(Römische Straßen in ihrer Landschaft)* formulierte es so:»Die antike Straße überwindet Hindernisse, die mittelalterliche umgeht sie.«

Vom Goldenen Meilenstein *(Milliarium Aureum)* auf dem Forum Romanum ist leider nur noch der Sockel geblieben. Es handelte sich um eine Bronzesäule aus der Zeit des Kaisers Augustus, bei der die Inschrift vergoldet war. Die vermutlich dreieinhalb Meter hohe Säule stand in der Nähe und in einem axialen Bezug zum *Umbilicus Romae*, der vorher schon eine ähnliche Funktion erfüllte: Ausgangspunkt der Römerstraßen.

In die»gewöhnlichen« mannshohen, manchmal übermannshohen römischen Meilensteine waren in aller Regel Informationen eingraviert, damit die Reisenden wussten, wem sie die schöne Straße zu verdanken hatten: Der Bau von Straßen, Aquädukten, Thermen, Stadien, Bibliotheken wurde nicht aus der Staatskasse, sondern von privaten Sponsoren finanziert. Das waren reiche und einflussreiche Römer, die sich ein Denkmal setzten. Am bekanntesten: Die Via Appia war die Straße des Konsuls Appius (340–273 v.Chr.). Außerdem standen auf dem Meilenstein nützliche Informationen über die Entfernung zum nächsten größeren Ort wie bei den heutigen Straßenschildern. Wenn die Steine exakt gesetzt waren, handelte es sich fast schon um eine Vermessungsinformation. In den Provinzen wurden die Meilen von den jeweiligen Provinzhauptstädten aus gezählt.

Meilensteine sind allerdings keine römische Erfindung, sondern es gab sie schon in den babylonischen Reichen, regional in Griechenland sowie in Indien und China.

Cardo und Decumanus

Römische Städte (und Militärlager) wurden bemerkenswert rechtwinklig angelegt. Die Ost-West-Horizontlinie ist der »Decumanus«, senkrecht dazu verläuft die Nord-Süd-Linie, der »Cardo«. Das war das Grundkreuz. Von hier aus wurden alle Nebenstraßen mit einem Vermessungsgerät mit Loten, der »Groma«, rechtwinklig angelegt. Die Festlegung von Cardo und Decumanus (lateinisch *limitatio*) war ein heiliger Akt, der von Augurenpriestern durchgeführt wurde, schon seit etruskischer Zeit. Dadurch, so stellte man sich vor, wurden die kosmischen Hauptachsen auf den jeweiligen Ort übertragen. Das Denken in kosmischen Achsen war auch den Chinesen nicht fremd; dort sind alle Tempel axial nach Norden auf den Polarstern als den ruhenden Pol am Himmel gerichtet.

Auf diese Weise ging die göttliche, himmlische Ordnung auf die Erde über und es entstanden gebaute Weltbilder. *Decumanus maximus* und *Cardo maximus* waren die – besonders breiten – Hauptstraßen, an deren Kreuzung bei solchen geplanten Städten meist das Forum lag. In vielen Städten lassen sich diese Achsen durchaus noch erkennen. In Köln bildet die Hohe Straße den Cardo, die Schildergasse den Decumanus. In Florenz ist die Achse Via del Strozzi – Via del Corso der Decumanus, die heutige Piazza della Repubblica war das Forum.

INDIEN UND CHINA

Die indisch-arabischen Zahlen

Das einzige Zahlensystem, das sich in Europa und anschließend in der Moderne weltweit durchgesetzt hat, sind die sogenannten »arabischen« Zahlen in Kombination mit dem Dezimalsystem. Diese Art des Rechnens stammt indes aus Indien. Wie eine Alternative zu den indisch-arabischen Zahlen hätte aussehen können, ist uns noch durch die römischen Zahlen geläufig. Die Römer benutzten die Anfangsbuchstaben ihrer Zahlwörter wie M für *milium* (»tausend«) oder C für *centum* (»hundert«) oder einfache Symbole für einfache Zahlen wie I oder X (»zehn«). Ähnlich verfuhren die Griechen. Bei größeren und exakten Zahlen ist dieses System jedoch umständlich und behindert das leichte Rechnen. Die Jahreszahl 1999 lautet zum Beispiel als römische Zahl geschrieben: MCMXCIX. Sieht aus wie ein Geheimcode.

Die indisch-arabischen Zahlen und das Rechnen mit ihnen kamen nicht aus dem Nichts. In jener Epoche um die Zeitenwende, eher in den ersten zwei, drei Jahrhunderten danach als davor, kann man die ersten Anzeichen entdecken, dass es das Konzept der Zahl Null gab.

1881 wurde in dem Ort Bakhshali im heutigen Pakistan eine Handschrift gefunden. Sie ist das älteste bekannte mathematische Manuskript Indiens und wird in Oxford aufbewahrt. Eventuell befindet sich auf diesem auf Birkenrinde geschriebenen, sehr schlecht erhaltenen Manuskript aus der Zeit um 300 n. Chr. die Null als dicker Punkt. Da es sich beim Bakhshali-Manuskript nur um eine Abschrift eines wiederum noch älteren Manuskripts handeln könnte, dürfte die Zahl Null noch länger bekannt sein. Das verwundert nicht, denn bereits die chaldäischen Astronomen rechneten mit dieser »Leerstelle«, und das Konzept war ebenfalls im ptolemäischen Alexandria bekannt. Sowohl das Sanskrit-Wort für die »Null«, *shunya*, als auch das entsprechende arabische Wort *sifr* bedeuten »leer«. Das zeichenhafte Symbol war und ist ein leerer Kreis. Von *sifr* leitet sich der Zahlenname *zero* in großen europäischen Sprachen ab, ebenso wie das Wort »Ziffer«.

Aryabhata – Die Erde und die Null

Der erste, 1975 ins All geschossene indische Satellit, wurde nach dem ersten bedeutenden, namentlich bekannten indischen Astronomen und Mathematiker Aryabhata benannt. Dieser lebte um das Jahr 500 n.Chr. in Nordindien am Ganges und gilt als der entscheidende Vordenker für das Konzept der Zahl Null. Unsere Kenntnisse über sein Wissen sind teils durch Aufzeichnungen seines Schülers Bhaskara und anderer Mathematiker überliefert, teils durch eigenhändige Schriften, die erst im 19. Jahrhundert entdeckt wurden.

Aryabhata berechnete sehr genau die Kreiszahl π auf 3,1416. Er ging davon aus, dass der Mond Sonnenlicht reflektiert, verstand, wie Mond- und Sonnenfinsternisse entstehen und ahnte wohl bereits das heliozentrische System und die elliptischen Planetenbahnen. In seinen Schriften hielt Aryabhata zwar prinzipiell am geozentrischen System fest, bestand aber darauf, dass sich die Erde dreht – eine außerordentlich kühne Feststellung angesichts der Tatsache, dass sich für das Auge des naiven Betrachters stets die Himmelskörper mehr oder weniger kreisförmig zu bewegen scheinen. Aryabhata berechnete auch den Erdumfang fast zu hundert Prozent genau.

Brahmagupta – Der Vater der Null

Der noch bekanntere indische Mathematiker Brahmagupta (598–668 n.Chr.) lebte gut hundert Jahre nach Aryabhata. Er leitete ein Observatorium in Ujjain, einer historisch bedeutenden Stadt in Zentralindien. Durch diesen Ort führte der Nullmeridian der indischen Astronomen und Geografen.

In Brahmaguptas Hauptwerk *Brahmasphutasiddhanta* findet sich die Zahl Null erstmals ausgeschrieben, und er bezieht sich dabei auf mathematische Vorstellungen, die Aryabhata entwickelt hat; bei diesem ist die Null noch eine Leerstelle. Auf der erstmaligen Schreibung der 0 als leerer Kreis beruht der Ruhm Brahmaguptas als »Vater der Null«. Das *Brahmasphutasiddhanta* (die »Korrekt durchgeführte Regel des Brahma«) enthält jedenfalls zahlreiche grundlegende algebraische Regeln und Gleichungen, in denen die Null verwendet wird.

Als Astronom postulierte Brahmagupta die Kugelgestalt der Erde und die Schwerkraft. Durch seine Schriften und Schüler lernten die Araber die indische Astronomie kennen. Kalif al-Mamun, ein Sohn Harun ar-Raschids, berief Gelehrte aus Ujjain an sein 830 n.Chr. gegründetes *Bait al-hikma* (»Haus der Weisheit«), das Gelehrtenzentrum der arabischen Welt im Mittelalter in Bagdad. Im Hochmittelalter, als es durch die Kreuzzüge engere Kontakte in den Nahen Osten gab, gelangte diese Kenntnis des Rechnens mit den indisch-arabischen Zahlen dann während der Stauferzeit nach Europa. Eine entscheidende Rolle spielte dabei der italienische Mathematiker Leonardo von Pisa, bekannt als Fibonacci.

Der Sohn des Himmels

Astronomie und Astrologie waren in China in erster Linie eine Angelegenheit des Kaiserhofes. Der Kaiser galt als »Sohn des

Himmels« und regierte sein Reich der Mitte (Weltachse!) nur nach den Anweisungen »von oben«. Die himmlischen Zeichen musste man aber lesen können, und man durfte auch keines verpassen. Die Vorzeichengläubigkeit vor allem im Hinblick auf Himmelserscheinungen und Horoskope war in China vielleicht noch tiefer verwurzelt als in der orientalisch-europäischen Welt. Daher wurde der Himmel im alten China durch das Amt des Hofastronomen, das bis zum Ende des Kaiserreichs 1911 existierte, noch penibler beobachtet als anderswo.

Auch wegen der viel stärkeren kulturellen Kontinuität im Reich der Mitte im Vergleich zu den regelrechten Reichs- und Kulturuntergängen in unserem Geschichtsraum sind die astronomischen Aufzeichnungen der Chinesen vollständiger. Zahlreiche ungewöhnliche Ereignisse wie Kometenerscheinungen, Supernovae, Sonnen- und Mondfinsternisse, Sonnenflecken, die in Europa nur vage bekannt waren, konnten im Nachhinein durch die chinesischen Aufzeichnungen verifiziert werden.

Das Selbstverständnis der Kaiser als Himmelssöhne erklärt ihr natürliches Interesse an Astronomie. Daher stießen dort auch die jesuitischen Missionare wie Matteo Ricci, die in der Barockzeit (in China: Tsching-Dynastie) neues astronomisches und geografisches Wissen mitbrachten, auf das lebhafte Interesse und Wohlwollen der Throninhaber.

Der chinesische Ptolemäus I

Etwa zur gleichen Zeit wie Ptolemäus lebte in China der bedeutende Astronom Zhang Heng. Wie der Grieche in Alexandria seinen *Almagest* (mit etwa tausend Sternen) schuf auch Zhang einen Sternenkatalog (mit etwa 2500 Sternen). Wegen dieser Parallelen wird Zhang aus europäischer Sicht gelegentlich der »chinesische Ptolemäus« genannt.

Zhang lebte während der Zeit der Han-Dynastie. Diese erste große chinesische Kaiserdynastie war wie die gleichzeitige römische Kaiserzeit im Westen eine Periode des Friedens, des Wohlstandes und der kulturellen Blüte. Den Kosmos verglich der Astronom mit einem runden Ei. Die Erde war das Eigelb, die Sterne saßen auf der Schale; also eine im Prinzip ähnliche Vorstellung wie das geozentrische Aristoteles-Ptolemäus-Modell. Das bedeutet auch, dass die Chinesen jener Zeit ebenfalls eine sphärische Vorstellung von Erde und Kosmos hatten. Auch Sonne und Mond wurden als Kugeln angesehen, und man ging davon aus, dass der Mond das Sonnenlicht »wie ein Spiegel« reflektiert.

Anders als Ptolemäus war Zhang kein reiner Gelehrter, sondern er machte eine Karriere als Astronom am Kaiserhof. Zu seinen Hauptaufgaben gehörten die Zeitmessung, Kalenderfragen und die unvermeidliche Bestimmung von günstigen und ungünstigen Tagen sowie die Deutung außergewöhnlicher Himmelserscheinungen für die politische Praxis. Wie seine gelehrten chinesischen Kollegen hielt er viel von Windorakeln, bei denen aus Winddruck, Windrichtung und Windgeschwindigkeit »Erkenntnisse« über Abläufe im kosmischen Geschehen gewonnen und Voraussagen über künftige Ereignisse getroffen wurden. Zhang verbesserte die schon seit sehr langer Zeit auch in China gebräuchlichen Wasseruhren und beschäftigte sich mit einer Kalenderreform, um Sonnen- und Mondjahr in Einklang zu bringen. Seine bedeutendste Erfindung war ein raffiniertes Seismometer, das sogar anzeigen konnte, aus welcher Richtung die Erdbebenwellen kamen. Erdbeben waren in China nicht nur wegen ihrer materiellen Zerstörungskraft sehr gefürchtet, sondern auch als Zeichen des Himmels, dass die göttliche Harmonie des Ausgleichs zwischen Yin und Yang gestört war – natürlich wegen irdischer Verfehlungen der herrschenden Dynastie, die auf diese Weise bestraft wurden. Auch die Grundlagen für die gut hundert Jahre später erfundene maßstabsgetreue Karte sollen auf Zhang zurückgehen.

Der chinesische Ptolemäus II

Noch ein zweiter chinesischer Gelehrter wird gern als »chinesischer Ptolemäus« apostrophiert. Pei Xian war für China vor allem als Kartograf von Bedeutung, weil er die ersten maßstabsgetreuen »Karten« entwickelte.

Um das Jahr 220 n. Chr. endete die Han-Dynastie, gefolgt von einer Übergangsperiode der »Drei Reiche«, bis sich die beiden sogenannten Jin-Dynastien als Übergangsdynastien etablieren konnten. Der Kontinuität der schon seit mindestens zweitausend Jahren kaum unterbrochenen chinesischen Kultur tat das keinen Abbruch.

Zwei Jahre nachdem die neue Jin-Dynastie 265 n. Chr. begründet war, ernannte deren erster Kaiser Wu, ein eher etwas zu gutmütiger Herrscher, den Gelehrten Pei Xian (224–271 n. Chr.) zum Hofbeamten, zuständig für öffentliche Bauten. Wie man erst aus jüngeren archäologischen Funden weiß, verfügten die Chinesen spätestens seit der Zeit der Reichseinigung, also bereits seit über vierhundert Jahren, über qualitätvolle Karten. Teils auf Seide gemalt, teils auf Holzblöcke geschnitzt, zeichneten diese beispielsweise Flussverläufe aus der Vogelperspektive mit erstaunlicher Genauigkeit nach und verwendeten bereits Koordinatensysteme, wodurch sich Entfernungsproportionen viel leichter einhalten lassen als beim mehr oder weniger freihändigen Zeichnen. (Dieses war in Europa noch während der Renaissance üblich.) Das lässt auf eine gewisse Vermessungstechnik schließen. Während die gleichzeitigen Gelehrten in Alexandria oder die römischen Kaiser derartige Karten überhaupt noch nicht kannten, regte sich Pei bereits darüber auf, dass die alten Han-Karten zu ungenau seien. Pei zeichnete die Grundregeln für die Kartenerstellung schriftlich auf, so überliefert es eine offizielle Herrscherchronik der Jin-Dynastie. Die verhältnismäßige mathematische Teilung der gemessenen Entfernungen und ein rechtwinkliges Koordinatensystem für die maßstabsgetreue Darstellung zählen zu den Neuerungen, die Pei einführte. Er klagt in einem Vorwort übrigens auch darüber, dass sämtliche älteren Karten, die es angeblich sogar noch aus der Zeit der chinesischen Frühgeschichte, womöglich tausend Jahre vor der Reichseinigung gegeben haben soll, seit der Regierung der Han aus den Archiven verschwunden seien und eben nur noch die »schlechten« Han-Karten existierten.

Geografie und Astronomie im Orient

Wissenstransfer in den Osten

Während der Regierungszeit des oströmischen Kaisers Theodosius (379–395 n.Chr.) trat der Untergang des Römischen Reiches in seiner bisherigen Form in die akute Phase. Die Goten überschritten 378 n.Chr. die Donau und überrannten das oströmische Heer. Theodosius konnte Ostrom, das spätere Byzantinische Reich, wieder stabilisieren, aber unmittelbar nach seinem Tod wurde das bereits in Auflösung befindliche Gesamtreich 395 n.Chr. auch de jure in Westrom und Ostrom aufgespalten.

In seinen letzten Lebensjahren erließ der tatkräftige, sehr fromme Theodosius mehrere Dekrete, welche das Christentum zur nunmehr alleinigen Staatsreligion erhoben. Folglich wurden alle heidnischen Kulte verboten. Davon betroffen waren nicht nur die zahllosen Tempel der vielen verschiedenen Götter im Römischen Reich, deren Religionen damit praktisch über Nacht außer Kraft gesetzt wurden. Zu den »Kulten« zählten auch die Olympischen Spiele, die nach über tausendjährigem Bestehen nun abrupt beendet waren. Ebenfalls als heidnische Veranstaltung verpönt waren die Akademien in Athen, wo sich bis dahin noch Gelehrte versammelten, und die Bibliothek von Alexandria.

Das durch den Apostel und Evangelisten Markus sehr früh christianisierte Alexandria war in der Spätantike geradezu eine Hochburg besonders frommer Christen. Das Christentum wurde in dem Jahrhundert zwischen der Herrschaft der

Kaiser Theodosius und Justinian, der bis 565 n.Chr. regierte, letztlich auch mit polizeilichen Maßnahmen auf breiter Front durchgesetzt. Mit der Auflösung der Bibliothek von Alexandria, vermutlich auch ihrer mutwilligen Zerstörung durch fundamentalistische Christen, erlosch das antike Wissen nicht ganz, auch wenn die Verluste kulturgeschichtlich gesehen katastrophal waren. Mehr als neunzig Prozent des gesamten antiken Schrifttums gleich welcher Art, von Gedichten und Tragödien bis zu naturgelehrten Abhandlungen, gingen verloren.

Betroffen von den Säuberungen waren auch die Nestorianer, die sich von der damals noch einheitlichen katholisch-orthodoxen Kirche abspalteten, weil sie Jesus für ein duales Wesen, für Gott und Mensch, hielten. Bis zu seiner Amtsenthebung 431 n.Chr. war Nestorius Patriarch der Hauptstadt Konstantinopel gewesen. Um dem polizeilichen Zugriff der oströmischen Kaiser zu entgehen, wanderten die nestorianischen Gelehrten mit ihren Büchern zunächst nach Syrien aus. Als sie auch dort der Arm des Gesetzes erreichte, zogen sie weiter nach Osten ins Reich der persischen Sassaniden.

Wie die Ritter des Hochmittelalters liebten die Perser Turniere und höfischen Prunk. Sie waren Ritter in Turban und Pluderhosen. Ihre Panzerreiterei war hocheffizient; Polo und Schachspiel sind persische Erfindungen der Sassanidenzeit. Mohammed lebte erst im darauffolgenden Jahrhundert, das spätantike Persien war also noch nicht islamisch. Wie meistens in seiner Geschichte, erfreute sich das Reich einer hohen wirtschaftlichen und kulturellen Blüte. Bildung stand bei den Sassaniden hoch im Kurs. In der westpersischen Residenzstadt Gondischapur gab es seit 250 n.Chr. eine bedeutende medizinische Hochschule. Dort siedelten sich die Nestorianer an.

Als einige Jahrzehnte später der byzantinische Kaiser Justinian gegen die letzten verbliebenen Heiden-Kulte noch einmal hart durchgriff, nahm der Sassaniden-Schah Chosrau die vertriebenen letzten Mitglieder der platonischen Akademie aus Athen mit offenen Armen auf. Zu den Asylanten zählte sogar

Isidor von Milet, einer der Erbauer der Hagia Sophia, der nicht nur ein Ingenieur, sondern auch ein Herausgeber der Schriften von Archimedes war.

Hier wurden nun die Werke der griechischen Medizin, Kosmologie, Astronomie, Botanik und der Philosophie in die Sprachen des Ostens übersetzt, ins Syrische, Persische, Sanskrit. Dieser Vorgang sollte sich später in Bagdad wiederholen, als die persischstämmigen abbasidischen Kalifen ihre neue Hauptstadt zu einem Zentrum des Geistes machten. Mit der Regierung von Schah Chosrau (531–579 n. Chr.) hatte das in Luxus und Rittertum schwelgende persische Sassanidenreich seinen Höhepunkt erreicht. Hundert Jahre später wurde es von den Arabern erobert.

Das Haus der Weisheit in Bagdad

Ein zentrales Weltbild im Islam ist die Vorstellung von der Welt als ein Garten, eine ummauerte Großoase. Bagdad, die 762 n. Chr. neu gegründete Hauptstadt des kurz nach Mohammeds Tod in wenigen Jahrzehnten entstandenen Kalifat-Weltreiches, das mittlerweile vom Indus bis zum Atlantik reichte, sollte die Verkörperung dieses Weltbildes sein.

Das im Niemandsland am Tigris gegründete Bagdad wurde kreisförmig um Kalifenpalast und Hauptmoschee geplant und wuchs rasch zu enormer Größe (fünfzehn Quadratkilometer). Schon der Stadtgründer al-Mansur, der von 754 bis 775 regierte, war ein bedeutender Förderer des Gelehrtentums; genauso wie die gleichzeitigen Karolinger in Westeuropa. Er ließ Bücher aus dem Griechischen übersetzen, aber auch aus dem Syrischen und dem Pahlavi, dem Persischen der Sassanidenzeit. In der prachtvollen Hofhaltung ebenso wie bei der Pflege von Kultur und Gelehrsamkeit knüpfte die neue, aus Persien stammende Kalifendynastie der Abbasiden bewusst an die Sassanidenzeit an.

Al-Mansur beschäftigte drei Hofastronomen beziehungsweise Hofastrologen. Der Zoroastrier Nawbacht bestimmte beispielsweise den 30. Juni 762 als den »günstigsten« Gründungstag für Bagdad. Nawbachts Sohn Abu Sahl folgte seinem Vater im Amt nach. Er befasste sich mit der Geschichte der Astrologie und schrieb eine Chronik, welche die Herrschaft der Abbasiden mit den Gestirnen verknüpfte. Ihre Nachfolge im Kalifenamt erschien gemäß dieser Chronik gottgewollt und in den Sternen vorherbestimmt – europäisch gesprochen: »von Gottes Gnaden«. Abu Sahls Werke wurden später auch ins Lateinische übersetzt. Seine Geschichte der Astrologie und Astronomie befand sich auch in der Privatbibliothek von Nikolaus Kopernikus.

In der islamisch-arabischen Kultur bestand ein elementares Interesse an echter Erdvermessung, Sternenkonstellationen und am Kalender. Muslime richten sich bei ihren fünf täglichen Gebeten nach Mekka aus. Die Lage von Mekka muss von jedem Ort der muslimischen Welt möglichst genau bestimmt werden. Dafür brauchte man Geografen.

Für ihren Festtagskalender orientieren sich die Muslime, wie die meisten alten Kulturen, am Mondkalender, weswegen sich zum Beispiel der Fastenmonat Ramadan jedes Jahr um etwa zehn Tage verschiebt. Die Kenntnis des Sternenhimmels war den Arabern und allen voran ihren Kalifen ebenfalls wichtig: wegen der Horoskope und der Prophezeiungen für die Zukunft.

In dieser oftmals als Goldenes Zeitalter des Islam bezeichneten Epoche waren die Herrscher, die Gelehrten und die religiösen Autoritäten vollkommen offen für kulturelle Einflüsse. Al-Mansur und seine drei Nachfolger als Kalifen waren die bedeutendsten Förderer dieser islamischen Hochkultur: Nach al-Mansur regierte sein Sohn al-Mahdi (775–785), dann al-Mahdis Sohn, der im Abendland durch die Geschichten von *Tausendundeine Nacht* und seine diplomatischen Beziehungen zu Karl dem Großen berühmte Harun ar-Raschid (786–809) und schließlich dessen Sohn al-Ma'mun (813–833).

Unter al-Ma'mun erlebt die Blüte der islamischen Gelehrsamkeit einen Höhepunkt mit der Gründung des *Bait al-hik-*

ma (»Haus der Weisheit«) im Jahr 830. An dieser Mischung aus Bibliothek und Akademie arbeiteten Dutzende von Gelehrten an Übersetzungen der griechischen Wissenschaftsklassiker wie Ptolemäus, Archimedes, Euklid sowie der medizinischen Werke von Galen, Hippokrates und Dioskurides; entsprechend dem universalen Wissenschaftsbegriff von Antike und Mittelalter wurden auch Werke von Platon und Aristoteles übersetzt. Al-Ma'mun schickte zudem eine Gesandtschaft nach Konstantinopel mit der Bitte um Überlassung weiterer griechischer Manuskripte. Fast die Hälfte der Übersetzer am *Bait al-hikma* waren Christen, dazu etliche Juden.

Rund um das *Bait al-hikma* entstanden übrigens in jener Zeit die ersten Papiermühlen der »westlichen« Welt, nachdem die Abbasiden kurz zuvor nach der Schlacht am Talas (751) den Chinesen das Geheimnis seiner Herstellung entrissen hatten.

»Algorithmus« und Algebra

Seit der Zeit des Bagdad-Gründers al-Mansur gehörte das Industal zum Machtbereich des Kalifats. Von dort kamen auf Einladung (oder Aufforderung) al-Mansurs Gesandtschaften indischer Gelehrter *(Pandits)* an den Kalifenhof. Eine von ihnen brachte das schon erwähnte *Brahmasphutasiddhanta* von Brahmagupta mit. Al-Mansur beauftragte seinen Hofastronomen Ibrahim al-Fazari mit der Übersetzung, die er zusammen mit seinem Sohn Muhammad al-Fazari und einem weiteren persischen Gelehrten erstellte. Muhammad, auch bekannt als Alfazari, wurde später der bedeutendere Astronom; er konstruierte den ersten Astrolab in der islamischen Welt.

Das Werk dieser drei Übersetzer trägt den arabischen Titel *Zij-al Sindhind* (»Astronomische Tabellen von Sind und Hind« – also »aus Indien«). Es enthält über hundert Tabellen indischer Astronomen über die Bewegungen von Sonne, Mond und der damals bekannten fünf Planeten. Sie wurden hauptsächlich für

Kalenderberechnungen verwendet, dienten also einem ganz konkreten Zweck, stellten aber darüber hinaus einen Wendepunkt in der islamischen Astronomie dar, die sich fortan beobachtender und mathematischer Methoden bediente und weniger stark astrologisch ausgerichtet war.

Diese Übersetzung des »Sindhind« aus den Jahren vor 800 durch die al-Fazaris ist das Schlüsselwerk für den Transfer der indischen Zahlen in die arabische Welt. Es bildete sozusagen das Schloss. Hinzutreten musste der Mann mit dem Schlüssel, um diese mathematische Welt zu öffnen. Das war etwa dreißig Jahre später der Astronom und Mathematiker al-Chwarismi (ca. 780–840), im Abendland Khwarismi genannt. In seinem Lehrbuch *Über das Rechnen mit den indischen Zahlen*, ungefähr aus dem Jahr 825, stellte er das indische Zahlen- und Rechensystem mit der Zahl Null so überzeugend dar, dass es lange als seine Erfindung galt, weswegen man bis heute noch von den »arabischen Zahlen« spricht. Vom Namen al-Chwarismis ist der Begriff »Algorithmus« direkt abgeleitet. Eine der frühen lateinischen Übersetzungen mit dem Titel *Liber Algorismi de Numero Indorum* (»Buch des Algorismi über die Zahlen der Inder«) beginnt mit den Worten *Dixit algorismi*: »Also sprach al-Chwarismi …«

Eines seiner weiteren Werke, *Al kitab al mukhtasar fi hisab al ğabr wa-l-muqabala* (»Das umfassende Buch vom Rechnen durch Ergänzung und Ausgleich«), enthält über achthundert Beispiele dieser Rechenkunst. Es wurde im Hochmittelalter um 1160 in Toledo ins Lateinische übersetzt und bis ins 17. Jahrhundert an europäischen Universitäten als Grundlehrbuch verwendet. Der im Buchtitel enthaltene Begriff »Algebra« wurde zum Allgemeinbegriff für das Rechnen. Der lateinische Titel lautet *Ludus Algebrae Almucgrabalaeque*.

Die indische Rechenkunst ist die herausragendste Leistung, welche die Weltkultur dem *Bait al-hikma* und vor allem dem »Vater der Algebra« verdankt. Al-Chwarismi war kein gebürtiger Araber, auch wenn er zu einer Schlüsselfigur der arabischen Geisteswelt in Bagdad wurde. Er stammte aus einer entlegenen

Provinz des Kalifenreiches, der Großoase Choresmien am Südrand des Aral-Sees (heute Usbekistan), die um 712 unter arabischen Einfluss kam, wie sie schon vorher unter persischem Einfluss stand, aber relativ unabhängig blieb. Von dort kamen später noch andere bedeutende Gelehrte nach Bagdad.

Der Titel von al-Chwarismis geografischem Hauptwerk lautet *Kitab Surat al-ard*, vollendet 833. Es ist eine Überarbeitung von Ptolemäus' *Geographiké* und besteht im Wesentlichen aus einer Liste mit über zweitausend Ortsnamen und ihren geografischen Koordinaten – ganz ähnlich wie bei Ptolemäus. Der vollständige Titel lautet übersetzt: *Buch über das Bild der Erde mit ihren Städten, Meeren, sämtlichen Inseln, geschrieben von al-Chwarismi gemäß der geografischen Abhandlung von Klaudius Ptolemäus.* Dieses »Bild« der Erde enthält jedoch, wie in der Antike üblich, keine einzige gezeichnete Karte. Al-Chwarismi hat viele Angaben von Ptolemäus übernommen, korrigiert und ergänzt. Eine der wichtigsten Korrekturen betrifft die Ost-West-Ausdehnung des Mittelmeers. Ptolemäus hatte dessen Ausdehnung mit über sechzig Längengraden angegeben, Al-Chwarismi korrigierte das auf richtige knapp fünfzig Längengrade. Außerdem fasste er den Atlantik und den Indischen Ozean als offene Meere auf, nicht als allseitig von Land umschlossene Binnenmeere wie Ptolemäus.

Wie im Brennglas sieht man an der Person und dem Werk von al-Chwarismi den umfassenden Ost-West-Kulturaustausch in Bagdad: Antikes westliches Wissen floss in die arabische Welt und wurde dort begierig aufgenommen; gleichzeitig strömte astronomisch-mathematisches Wissen aus dem Ferneren Osten ein. Am *Bait al-hikma* wurde alles in außerordentlich fruchtbarer Weise weiterverarbeitet, systematisiert und auch im übertragenen Sinn für die eigene Kultur übersetzt.

Arabische Rechenkunst

Unter Kalif Harun ar-Raschid wurden *Die Elemente* von Euklid erstmals ins Arabische übersetzt und unter al-Ma'mun eine »Schulbuch-Fassung« davon erarbeitet. Nicht nur für das Rechnen und die Erdkunde interessierten sich die gelehrten Araber und ihre Herrscher, sondern natürlich auch für den Sternenhimmel. Von Ptolemäus' *Almagest* kursierten viele Übersetzungen und Abschriften in der islamischen Kulturwelt. Der *Almagest* war so weit verbreitet, dass er auch in Europa praktisch nur unter seinem verballhornten arabischen Titel bekannt wurde. Daher war das ptolemäische geozentrische Weltbild auch bei den Arabern das »wissenschaftlich anerkannte« Standardmodell.

Auf Veranlassung von al-Ma'mun wurde am *Bait al-hikma* auch ein neuer Versuch unternommen, den Erdumfang zu messen. Damit beauftragte der Kalif drei Söhne eines engen Freundes, die Söhne Musas, die er als Jungen adoptiert hatte. Al-Ma'mun hatte sich mit dem Vater der drei, einem Wegelagerer, in der nordpersischen Provinz Khorasan angefreundet. Als junger Kalifensohn war al-Ma'mun in dieser Provinz Gouverneur gewesen. Dieser persische Wegelagerer Musa ibn Shakir hatte sich ihm als Astrologe/Astronom angedient. Nach Musas frühem Tod ließ der Kalif die Musa-Söhne Mohammed, Achmed und Hassan im *Bait al-hikma* in Bagdad erziehen – zu der Zeit, als dort auch al-Chwarismi wirkte. Die Banu Musa zählten zur ersten Generation arabischer Gelehrter, die die griechische Mathematik weiterentwickelten. Sie lernten selbst Griechisch, veranlassten weitere Übersetzungen, indem sie unter anderem neue Gesandtschaften nach Konstantinopel schickten und hohe Summen für alte griechische Manuskripte bezahlten.

Diese drei spielten als Gelehrte und Astronomen eine bedeutende Rolle am Kalifenhof. Berühmt sind sie unter anderem für ihr Buch über »Automaten«, in dem mehr als hundert mechanische Erfindungen beschrieben sind, witzige »Spielautomaten«, die hauptsächlich der Unterhaltung dienten. Ihre Messung des Erdumfangs war die präziseste seit Eratosthenes.

Ein Beispiel für eine weitere typische Gelehrtenkarriere im *Bait al-hikma* ist Thabit ibn Qurra (ca. 830–901), der zu den bedeutendsten Gelehrten der islamischen Kultur seiner Zeit zählt. Der vielsprachig begabte Geldwechsler war Mohammed ibn Musa aufgefallen, als er auf einer Reise durch die nordmesopotamische Stadt Harran kam. Mohammed nahm Thabit sozusagen gleich mit und gab ihm eine Festanstellung als Übersetzer im *Bait al-hikma*. Ein verlorenes Werk von Archimedes wurde sogar erst im 20. Jahrhundert anhand einer jetzt erst gefundenen Thabit-Übersetzung wiederentdeckt. Thabit verfasste auch eigene Werke zu verschiedenen Bereichen der Physik und der Astronomie. Aus seinem Buch *Über das Sonnenjahr* übernahm Kopernikus den Wert für die exakte Dauer eines Erdumlaufes um die Sonne mit 365 Tagen, 6 Stunden, 9 Minuten und 12 Sekunden (heute: 365 Tage, 6 Stunden, 9 Minuten und 10 Sekunden; die Abweichung beträgt also lediglich zwei Sekunden).

Der persische Astronom Abdurrahman as-Sufi (903–986) überarbeitete in Isfahan am Hof des dortigen Emirs seinerseits den ptolemäischen *Almagest*. Sein *Buch der Fixsterne* (geschrieben um 965) wurde ebenfalls ein maßgebliches Werk, auch für die europäische Astronomie. Sehr viele der altarabischen Namen von Sternen, die heute noch in Gebrauch sind, wurden durch dieses Buch überliefert. So zum Beispiel *Algol* (»Dämon« im Sternbild Perseus), *Aldebaran* (»der Nachfolgende« im Sternbild Stier), *Beteigeuze* (»Hand der Riesin« im Sternbild Orion), *Rigel* (»linker Fuß«), ebenfalls im Orion). As-Sufis illustriertes *Fixstern*-Buch mit den Beschreibungen der Sternbilder zählt zu den schönsten der alten Sternenwissenschaft.

Al-Biruni und Avicenna

Das erste geografische und enzyklopädische Werk über Indien stammt von dem Universalgelehrten al-Biruni (973–1050), der wie al-Chwarismi aus der damals nordpersischen Großoase Choresmien stammte und als Begleiter von Feldzügen echte Forschungsreisen unternahm, vor allem Richtung Indien. So entstand sein *Buch Indiens*, eines von annähernd 150 Werken aus seiner Feder. Al-Biruni entwickelte eine eigene Methode zur Bestimmung des Erdradius, den er mit 6339,6 Kilometer sehr genau bestimmte (tatsächlicher Wert am Äquator: 6378,1 Kilometer).

Außerdem lernte er während eines Aufenthaltes in Buchara (heute Usbekistan) den von dort gebürtigen weltbekannten Arzt und Gelehrten Avicenna (arabisch: Ibn Sina, 980–1037) kennen und korrespondierte später mit ihm. Dessen *Kanon der Medizin* und *Kunst des Heilens* wurden ins Lateinische übersetzt und dienten bis ins 17. Jahrhundert als Standardwerke der Medizin an den europäischen Universitäten. Avicenna gilt als der Erfinder der Wasserdampfdestillation zur Gewinnung von Ölen aus Pflanzen, das bis heute übliche Verfahren.

Die geistige Offenheit und Rationalität der islamischen Kultur veränderte sich nach 1100 durch das Wirken des für den Islam überragend bedeutenden Theologen al-Ghazali, im Westen auch unter dem Namen Algazel bekannt (1058–1111). Dessen Wirken und Bedeutung lässt sich – mit allen Vorbehalten – nur mit dem von Luther und Calvin vergleichen. Er kritisierte die Rationalität des islamischen (natur-)philosophischen Denkens seiner Zeit und machte das persönliche religiöse Erleben, die gefühlsmäßige Hinwendung zu Gott, zu einem entscheidenden Inhalt des Islam. Er trug wesentlich zum Erstarken der islamischen Mystik bei, die damals ihren Aufschwung nahm. Damit wurde der Islam zu einer echten Volksreligion.

Etwas Ähnliches gelang der römischen Kirche mit der ge-

genreformatorischen Barockkunst: echte Gefühlsansprache. Gleichzeitig bewegte sich die Barockkunst auf höchstem intellektuellen Niveau. Algazel aber war antirational und damit antiintellektuell. Seinem Einfluss ist der Niedergang der arabischen Wissenschaften im 12. Jahrhundert zuzuschreiben. Diese »Reformation« bestimmt bis heute die innere Glaubenshaltung der meisten Muslime.

Kairo und Córdoba

Bagdad ging 1258 im Mongolensturm unter. Der Eroberer Hülegü, ein Enkel Dschingis-Khans, nahm die Stadt ein, ließ den letzten Abbasiden-Kalifen hinrichten, schlachtete die Bevölkerung ab und ließ die Handschriften und Bücher aus dem Haus der Weisheit verbrennen oder in den Tigris werfen. Von diesem Schlag hat sich Bagdad nie wieder erholt. Von der ebenso märchenhaften wie realen Traumstadt der islamischen Kultur ist nichts geblieben. Die Nachfolgestadt gleichen Namens wurde eine Provinzstadt im späteren Osmanenreich und im 20. Jahrhundert zur gesichts- und geschichtslosen Hauptstadt des von den Briten in mehreren Etappen 1920 bis 1932 geschaffenen Kunststaates Irak.

Durch die Dynastie der Fatimiden stieg Kairo um das Jahr 1000 zu einem neuen kulturellen Zentrum der arabischen Welt auf. In Deutschland war dies die Zeit der Ottonen. Der sehr junge fatimidische Kalif al-Hakim gründete 1005 im Alter von zwanzig Jahren in Kairo ein *Dar al-Ilm*, ein »Haus der Wissenschaft« nach dem Vorbild des *Bait al-hikma* in Bagdad. Al-Hakim hegte ein leidenschaftliches Interesse für Astrologie und förderte insbesondere den Astronomen Ibn Yunus (gestorben 1009), der die genauesten astronomischen (Planeten-)Tafeln der islamischen Wissenschaft erarbeitete.

Die bedeutendste Gestalt am Gelehrtenzentrum in Kairo wurde der auch im Abendland wohlbekannte Rabbi Moses ben

Maimon oder Maimonides (1135–1204), nachdem der Kurden-fürst Saladin die Stadt 1171 erobert und damit die Fatimiden-Herrschaft beendet hatte. Maimonides, im damals arabischen Córdoba geboren und im marokkanischen Fes aufgewachsen, war das intellektuelle Oberhaupt der jüdischen Gemeinde in Kairo. Als Arzt, Philosoph und Universalgelehrter schrieb er sei-ne Schriften auf Arabisch. Er bewunderte die antike griechische Philosophie und setzte sich intensiv mit ihr auseinander.

In Córdoba, damals eine der größten Städte Europas, ent-stand eine große Bibliothek, vergleichbar mit der Bagdads und Kairos. Insbesondere der vierte Emir von Córdoba, Abd ar-Rahman II., der von 822 bis 852 herrschte, ließ Handschrif-ten aus Bagdad und Konstantinopel sammeln. Den Höhepunkt der Córdoba-Gelehrsamkeit verkörpert der Arzt und Philosoph Ibn Ruschd (Averroes, 1126–1198), der durch seine Aristoteles-Kommentare einen vorderen Rang in der Weltgeschichte der Philosophie einnimmt.

Im Bereich der beobachtenden Astronomie entstanden auf der Basis von Ephemeridenbeobachtungen und -aufzeichnun-gen um 1070 die Toledaner Tafeln. So wurde durch die islami-schen Wissenschaftler und Gelehrten das ptolemäische Modell immer weiter verfeinert und verbessert, vor allem die Mond-phasen wurden immer besser berechenbar. Doch die Erde bleibt im Mittelpunkt des Universums wie bei Ptolemäus. Daran ha-ben sie nichts verändert.

MAPPAE MUNDI –
WELTBILDER DES MITTELALTERS

T und O

Die typische Karte des Mittelalters ist die T–O-Karte, wegen ihrer runden Form auch Radkarte genannt. Solche »Karten« entstanden hauptsächlich in Klöstern und waren nicht als geografische Landaufnahme gemeint, sondern sie spiegelten ein theologisches Weltbild. In einen Kreis, das »O«, wurde in breiten Balken ein T eingezeichnet. Dadurch war das Innere des O in drei Felder eingeteilt: Europa, Afrika und Asien. Im Mittelpunkt, im Schnittpunkt der beiden T-Balken, lag Jerusalem: Ursprungsort und Zentrum der christlichen Welt. Dieses sehr einfache Schema symbolisierte das mittelalterliche Weltbild – ohne jeden empirischen Anspruch und ohne das Bedürfnis nach praktisch-geografischer Orientierung.

Die Enzyklopädie des Isidor von Sevilla

Diese erste große Wissenssammlung des Frühmittelalters steht in der Nachfolge der *Naturalis historia* von Plinius. Sie wurde von dem südspanischen Bischof Isidor zusammengetragen und enthält eine der frühesten, eher abstrakten T–O-Karten, sozusagen die klassische Ausformung, die später immer wieder variiert wurde. Isidors Enzyklopädie trägt den Titel *Etymologiae*, weil er darin wie in einem modernen Lexikon Begriffe erklärt, indem er alles Wissenswerte und Wichtige zusammenträgt. Wortgeschichte im engeren Sinn, das, was wir heute unter »Etymologie« verstehen, ist damit nicht gemeint.

Isidor von Sevilla (um 560–636) stand zeitlich genau an der Schwelle zwischen Spätantike und Frühmittelalter. Er war römisch-italischer Herkunft, die Familie stammte aus der Oberschicht. Die hispanische Halbinsel wurde damals von den Westgoten beherrscht. Sie kamen ursprünglich von der Ostsee und waren nach einem dramatischen Zug quer durch Europa im Zusammenhang mit der Völkerwanderung nach 500 hier sesshaft geworden. Hauptstadt war Toledo. Das Toledanische Reich der Westgoten konnte sich zweihundert Jahre lang halten, bis die Iberische Halbinsel im frühen 8. Jahrhundert von Süden her rasch durch die Araber erobert wurde. Isidor lebte also mitten in der Blütezeit des Westgotenreichs.

Einem Mann wie Isidor waren die Bücherverluste der Spätantike schmerzhaft bewusst, und er versuchte mit seiner Wissenssammlung sozusagen zu retten, was noch zu retten war. Sein 20-bändiges enzyklopädisches Lexikon wurde zum Vorbild für die gar nicht so wenigen späteren mittelalterlichen Enzyklopädien, etwa der des Hrabanus Maurus um 850 bis zu den enzyklopädischen Abhandlungen von Albertus Magnus im 13. Jahrhundert. Auch die Isidor-Texte selbst wurden von Mönchen immer wieder abgeschrieben, wodurch sich das Isidor-Wissen allgemein verbreitete.

Die geografischen Angaben Isidors finden sich über verschiedene Bände verstreut. Es gibt Abschnitte zu Bergen, Meeren, Meerbusen, Städten. Moderne Gelehrte haben aus den verstreuten geografischen Angaben eine Art Weltkarte rekonstruiert, die in etwa das geografische Weltwissen Isidors widerspiegelt, und das entspricht natürlich in etwa dem ptolemäischen Kenntnisstand. Die T-O-Karte findet sich im 14. Buch der *Etymologiae*. Diese im europäischen Horizont sozusagen älteste »Karte« war übrigens rund 850 Jahre später, im Jahr 1472, die *erste gedruckte Karte* der kurz zuvor entwickelten Buchdruckkunst.

Mappae mundi ist ein anderer oft verwendeter Begriff für die

T-O-Karten und später für die großformatigen Radkarten. Von ihnen haben sich ungefähr 600 erhalten. Sie sind zumeist recht klein, da sie als Illustrationen in Büchern vorkamen. Das »O« konnte bisweilen ein Oval sein, also nicht zwangsläufig ein Kreis. Auch steht nicht bei jeder T-O-Karte Jerusalem im Zentrum, es konnte stattdessen der Berg Sinai oder Rom sein. Bei den arabischen Kartografen des Mittelalters war es natürlich Mekka.

Vor Christi Geburt – nach Christi Geburt

Beda Venerabilis (673–735) war der erste namhafte Gelehrte *nördlich* der Alpen. Sein Werk *De rerum naturae* beruhte im Wesentlichen auf den *Etymologiae* des Isidor von Sevilla und der *Naturalis historiae* von Plinius. Das gesamte Mittelalter hindurch war und blieb der englische Benediktiner ein berühmter Mann.

Beda ist derjenige, der die Zeitrechnung »seit Christi Geburt« im abendländischen Bewusstsein verankerte, und zwar in seiner Kirchengeschichte, der *Historia ecclesiastica gentis Anglorum*. Bis dahin wurden Zeitrechnungen und Datumsangaben nach uraltem antiken Vorbild hauptsächlich nach Regierungsjahren von Herrschern gezählt (»... im 5. Jahr der Regierung des Pharaos / Kaisers / Königs / Papstes«) oder wie in Rom *ab urbe condita* – seit Gründung der Stadt. Männer wie Beda, ein Zeitgenosse von Bonifatius und von Karl Martell, verfügten über einen weiten geistigen Horizont und natürlich über einen tiefen christlichen Glauben. Sie ließen nur eine Ära und nur eine Zeit gelten, weil sie nur einen Weltenherrscher anerkannten – Jesus Christus. Dessen Herrschaft über die Menschheit hatte im Jahr seiner Geburt begonnen und würde bis zum Jüngsten Tag dauern. Unser historisches Zeitverständnis, welches die Geschichte in eine Zeit vor Christi Geburt und in eine Zeit nach Christi Geburt einteilt, geht darauf zurück. Eine derart fundamentale Welt-Zeit-Einteilung beruht natürlich auch auf einem bestimmten historischen Weltbild.

Wichtig war solchen christlichen Gelehrten die Bestimmung des Datums des Osterfestes. Dieser bewegliche Feiertag wird immer am ersten Sonntag nach dem ersten Frühlingsvollmond begangen, und man sollte dieses Datum natürlich für die jeweils kommenden Jahre im Voraus berechnen. Dazu beobachtete Beda die Sonnen- und Mondzyklen. Im Zusammenhang damit entdeckte Beda, dass die Gezeiten von Sonne und Mond beeinflusst werden.

Weltchroniken

Ein typisches Geschichtswerk des Mittelalters sind die Weltchroniken, die meistens im Sinne des Wortes »bei Adam und Eva« anfangen. Diese Geschichtserzählungen gab es seit der Spätantike, auch in Byzanz. Nun wurden sie durch bedeutende Autoren im staufischen Hochmittelalter nicht nur wegen der Vermittlung von Geschichtskenntnissen, sondern auch zur Selbstvergewisserung der Herrscher sehr wichtig: Die sich als Universalkaiser des Heiligen Römischen Reiches begreifenden Staufer, allen voran Barbarossa, wollten wissen, an welcher Stelle in der Abfolge der Weltreiche sie standen – und sie wollten es auch alle anderen wissen lassen: das Volk, vor allem aber auch ihre Kollegen auf den Thronen von Paris, London, Saragossa, Palermo, Krakau und den Papst in Rom. In diesem Spiel hatten die Weltchroniken ihre Funktion. Die bedeutendsten jener Zeit verfassten Otto von Freising (ca. 1112–1158), der als Onkel Barbarossas eine große Nähe zum staufischen Kaiserhaus genoss, sowie Gottfried von Viterbo (ca. 1125–1192), ein italienischer Hofkaplan Barbarossas und seines Sohnes Heinrichs VI.

Im Mittelalter sah man sich als Erbe des Weltreiches der Babylonier. Auf sie folgten die Perser, Alexander der Große und schließlich die Römer. Durch die vom Papst in Rom bewerkstelligte *Translatio Imperii* – die Übertragung der Kaiserwürde – ging diese mit der Krönung Karls des Großen auf die Franken

über, die sich dadurch als Nachfolger des Imperium Romanum
verstanden. So das »offizielle« Geschichtsverständnis im Hochmittelalter, das neben den geografischen und kosmologischen
Kenntnissen das damalige Weltbild mitbestimmte.

Die Higden-Chronik

Weltchroniken wurden in allen europäischen Königreichen verfasst und waren bisweilen schon durchaus auf populäre Beleh-
rung ausgerichtet. Ein Beispiel aus England ist das *Polychronicon*
des Ranulf Higden aus dem 14. Jahrhundert, eines Benedikti-
nermönchs in Chester. Nachdem das ursprünglich lateinisch geschriebene *Polychronicon* 1387 ins Englische übersetzt war, wurde
es mehr als hundertmal abgeschrieben – eine für die damalige Zeit und damaligen Umstände beachtliche Vervielfältigung.
Nach der Erfindung der Buchdruckerkunst wurde die Higden-
Chronik auch nachgedruckt.

Eine dieser Higden-Ausgaben wurde um eine bemerkenswerte und für ihre Zeit typische ovale Weltkarte ergänzt. Jerusalem befindet sich in der Weltmitte. Das Rote Meer ist sehr
auffällig in Rot in der rechten oberen Hälfte zu erkennen. Die
Flüsse Euphrat und Tigris entspringen aus einem See. Wie üblich in jener Zeit ist alles schematisch dargestellt und reich be-
schriftet, es fehlen weder Babylon oder Rom noch die Arche
Noah noch die Säulen des Herkules direkt neben dem überaus wichtigen Jakobspilgerziel Santiago de Compostela, welches
wiederum in engster Nachbarschaft zu der ebenfalls in Rot her-
vorgehobenen britischen Insel liegt.

Die *Mappae mundi* wurden zunehmend mit »Leben« erfüllt:
Flüsse, Berge, Symbole für Städte, am östlichen Rand der dort
vermutete Garten Eden mit Adam und Eva, Monster und Fische,
die im Ozean schwimmen. Aber die Flüsse, Berge und Städte sind Zeichen, keine geografischen Angaben. Solche »Karten«
sind vor allem aus Nordspanien und England überliefert und

es handelt sich nach wie vor um Buchillustrationen. Zu den schönsten zählt die Beatus-Karte aus der prachtvoll illustrierten Handschrift eines nordspanischen Mönchs aus der Zeit Karls des Großen.

MITTELALTERLICHE WELTKARTEN

Al-Idrisi-Weltkarte – Tabula Rogeriana

Kartengeschichte im engeren Sinn mit authentisch überlieferten Karten beginnt in Europa im Mittelalter. Natürlich handelt
es sich noch längst nicht um vermessene Karten, sondern um
Weltbildkarten, welche die seit der Antike bekannten Umriss-
linien der drei alten Kontinente rund ums Mittelmeer nach-
zeichnen und diese »Welt« mit allerlei mythologischem und
heilsgeschichtlichem Inhalt füllen. Einige werden wegen ihres
für uns ungewohnten runden Formats als Radkarten bezeichnet.
Aus dem Mittelalter sind weltberühmte großformatige Radkarten überliefert.

In staufischer Zeit entwickelte sich die sizilische Hauptstadt
Palermo der Normannen-Könige zu einem Gelehrtenzentrum.
König Roger II., ein Großvater des Stauferkönigs Friedrich II.,
interessierte sich sehr für Geografie. Er wandte sich 1138 persönlich an den bedeutenden arabischen Geografen al-Idrisi (ca.
1100–1166), der damals in Ceuta lebte, und lud ihn nach Palermo ein. Dort entstanden die al-Idrisi-Weltkarte und eine
der bedeutendsten geografischen und allgemeinen Enzyklopädien des Hochmittelalters. Der vollständige Titel von al-Idrisis Enzyklopädie lautet *Kitab nuzhat al-mushtaq fi-ikhtiraq al-afaq*,
wörtlich *Buch über die Reise des Sehnsüchtigen, um die Horizonte
zu durchqueren* (lateinisch: *Opus geographicum*). Die Arbeit daran
nahm fünfzehn Jahre in Anspruch. Das *Kitab* enthielt mehrere

kleine kreisförmige Weltkarten und siebzig rechteckige Landkarten sowie Begleittexte auf Latein und Arabisch.

Mohammed al-Idrisi, am Nordzipfel Marokkos in Ceuta
gegenüber von Gibraltar geboren, entstammte einer sehr alten,
sehr vornehmen berberisch-andalusischen Adelsfamilie, deren
Stammbaum bis zum Propheten zurückreichte. Al-Idrisi hatte
schon in seiner Jugend die ganze Mittelmeerwelt von Südfrank-
reich bis nach Ungarn und Anatolien bereist und in Córdoba
studiert.

In seiner für König Roger verfassten Enzyklopädie verein-
te er das gesamte geografische Wissen seiner Zeit einschließlich
Afrika, Asien und das indonesische Archipel: Gegenden, von denen kein Europäer der Stauferzeit irgendeine konkrete Vorstellung hatte. Was er nicht selbst kannte, übernahm al-Idrisi aus
Berichten arabischer Händler, die bis nach Indien und Fernost
gelangt waren. Auch über die baltische und nachmals russische
Welt, die damals von den normannischen Warägern (Wikingern) beherrscht wurde, sammelte er Informationen.

Zu al-Idrisis Enzyklopädie gehörte eine runde Weltkarte mit
zwei Metern Durchmesser. Sie war auf einer Silberscheibe eingraviert, die allerdings verloren ging. Kopien davon haben sich
bewahrt. Es handelt sich um die vollständigste und genaueste
Weltkarte der Vormoderne und damit um das exakteste geografische Weltbild des Hochmittelalters.

Die Karte ist, wie damals üblich, gesüdet, steht also für unsere Sehgewohnheiten »auf dem Kopf«. Man erkennt jedoch
am rechten Rand deutlich Europa mit der Iberischen Halbinsel,
Italien, die Balkanhalbinsel, das Schwarze Meer, das Kaspische
Meer, die arabische Halbinsel, den Nil, sogar ahnungsweise die
Nilquellen im ostafrikanischen Hochland, einen riesig gedach-
ten afrikanischen Südkontinent und ein ziemlich verkürzt gera-
tenes Asien. Die Welt ist unterteilt in sieben Klimazonen.

Die al-Idrisi-Karte verkörpert das Streben nach dem Ab-
bilden geografischer Wirklichkeit mit möglichster Genauigkeit.
Im Vergleich zu den früheren mittelalterlichen Karten merkt

man ihr an, dass sie aus jahrelangen, von König Roger veranlassten und unterstützten intensiven »Forschungen« hervorgegangen ist. Es waren sogar Boten ausgesandt worden, um die notwendigen Informationen einzuholen.

In diesem Interesse an der Realität spiegelt sich sehr deutlich der »moderne« Geist des Hochmittelalters, der überall in Europa seit etwa hundert Jahren mit dem Aufblühen der Städte verbunden war. Kennzeichnend für jene Zeit waren eine Intensivierung des Handels, die Erfindung des Bankenwesens mit Wechsel, Scheck und Buchhaltung, die Gründung von Universitäten und ein radikal neuer, urbaner Kunststil: die Gotik.

Aber natürlich wurde auch für die al-Idrisi-Karte noch nichts *vermessen*. Sie aktualisierte den Wissensfortschritt seit der ptolemäischen *Geographiké*, und bei ihrer Erstellung bediente sich al-Idrisi nicht umwälzend neuer Methoden. Diese wurden technisch gesehen erst Jahrhunderte später möglich. Wie »modern« die al-Idrisi-Karte dennoch ist, sieht man daran, dass sie völlig ohne die auf den mittelalterlichen Karten anzutreffenden Fantasie- und Monstergestalten auskommt, die übrigens auch die Karten späterer Jahrhunderte noch sehr lange Zeit »bevölkerten«.

Dreihundert Jahre lang wurde die al-Idrisi-Karte ohne grundlegende Veränderung immer wieder kopiert. Sie inspirierte die großen islamischen Forschungsreisenden Ibn Battuta, Ibn Kaldun und Piri Reis und diente Christoph Kolumbus und Vasco da Gama, den beiden größten Seewegsentdeckern der Neuzeit, als »Vorlage«. Mit anderen Worten: Deren geografisches Weltbild beruhte wesentlich auf der al-Idrisi-Karte.

Die Zahlen des Fibonacci

Am sizilischen Königshof von Palermo hatte aktive Wissenschaftsförderung also Tradition. Unter dem direkten Einfluss von Rogers Enkel, dem deutschen Kaiser Friedrich II., vollzog sich in dem von ihm regierten Italien in der Zeit von 1200 bis

1230 die Einführung der indisch-arabischen Zahlen durch Leonardo da Pisa, genannt Fibonacci (ca. 1170–1240). Dessen *Liber abaci* aus dem Jahr 1202 (überarbeitet 1228) wurde ein epochales Werk für Europa, knapp 400 Jahre nachdem al-Chwarismi die arabisch-islamische Welt mit den indischen Zahlen vertraut gemacht hatte. Der Umgang mit dem Dezimalsystem (einschließlich der Zahl Null) eröffnete gerade der praktisch angewandten Mathematik, nämlich der Astronomie, fortan ganz neue Möglichkeiten.

Fibonacci ist wegen der von ihm aufgestellten Fibonacci-Folge 0, 1, 1, 2, 3, 5, 8, 13, 21 … bei der die nächste Zahl immer die Summe der beiden vorhergehenden Zahlen bildet, auch heute noch ein Begriff. Die Fibonacci-Folge beschreibt viele Phänomene in der Natur, etwa die Anordnung von Samen im Blütenstand der Sonnenblume.

Die Ebstorfer Weltkarte

Mit dreieinhalb Metern Durchmesser war die Ebstorfer Weltkarte die größte bekannte *Mappa mundi* des Mittelalters. Heute existieren nur noch Nachbildungen; das überaus wertvolle Original verbrannte 1943 bei einem Luftangriff auf Hannover. Es handelt sich wiederum um eine klassische »theologische« Weltbild-Karte, kein geografisches Werk.

Die Ebstorfer Weltkarte datiert aus staufischer Zeit, entstand jedoch im Umfeld der Welfen, der innerdeutschen Rivalen der Staufer. Ihr Urheber ist nicht bekannt, auch nicht der Entstehungsort. Möglicherweise war es das Benediktinerinnenkloster Ebstorf in der Lüneburger Heide, eine welfische Stiftung. Dort jedenfalls wurde sie 1830 gefunden. Wahrscheinlich aber handelt es sich bei dem Ebstorfer Exemplar um die Kopie einer älteren Vorlage.

Das Original bestand aus dreißig zusammengenähten Pergamentblättern. Die Ebstorfer Karte enthält 1500 Texteinträge, fünfhundert Gebäude, welche meistens für Städte stehen, Flüsse, Meere, Inseln, Gebirge sowie 45 Menschen und Fabelwesen und etwa sechzig Tiere. Wie viele mittelalterliche Karten ist die Ebstorfer geostet, das heißt, der obere Bildrand weist nach Osten (statt nach Norden). Dort befindet sich ein Christuskopf. Damit soll gesagt werden: Christus ist das Haupt und der Herr der Welt. Gott hat die Welt geschaffen und nach seinen Vorstellungen geordnet. Sie ist sein Leib. Da man im äußersten Osten den Garten Eden vermutete, findet sich gleich neben dem Christuskopf die Sündenfallszene mit Adam und Eva. Somit hat die Karte auch einen chronologischen Bezug. Ferner finden sich eine Fülle biblischer und mythologischer Szenen. All dies unterstreicht den Welt-Bild-Charakter dieser Darstellungen. So eine Karte kann man durchaus als gemalte Weltchronik betrachten.

Die Hereford-Karte

Die Hereford-Karte ist nach dem Verlust der Ebstorfer Weltkarte im Zweiten Weltkrieg die größte vollständig *erhaltene* kreisrunde *Mappa mundi*. Sie folgt dem gleichen Muster wie die Ebstorfer Karte: Christus thront »oben« im Osten, im Zentrum befindet sich das Heilige Land, das blau eingezeichnete »senkrecht stehende« Mittelmeer bildet den vertikalen T-Balken.

Die Hereford-Karte ist auf ein einziges Stück Kalbshaut gemalt, der Durchmesser beträgt etwas über 130 Zentimeter. Wie die Ebstorfer Karte ist sie mit zahllosen Symbolen übersät. Anders als bei der Ebstorfer sind hier die Kontinente von zahlreichen Flüssen durchzogen. Sie verzeichnet auch mythische, untergegangene Orte wie Troja oder Sodom und Gomorrha, dazu gleich die Szene von Lots Weib, das sich umdreht. Kreta erkennt man an einem Bild vom minoischen Labyrinth. Außerdem trägt sie wieder sehr viele Beschriftungen, Figuren von Menschen, Tieren und Monstern. Man gewinnt den Eindruck einer Bild gewordenen Enzyklopädie: Alles, was den gelehrten Kartenzeichnern über die Welt besonders wichtig und wissenswert erschien, ist hier versammelt: die wichtigsten Länder, Flüsse, Städte, Inseln, mythische Orte und Figuren sowie einige »Attraktionen«. Allein auf den »kleinen«, ziemlich am Rand gelegenen Britischen Inseln England, Irland und Schottland (Schottland ist als separate Insel aufgefasst) sind rund dreißig Städtenamen verzeichnet. Wenn das kein enzyklopädisches Bewusstsein ist. Insgesamt werden 420 Städte erwähnt, gezeichnet sind 32 menschliche Gestalten (in »Norwegen« sogar ein Skifahrer), fünfzehn biblische Szenen, fünf Szenen aus der klassischen Mythologie und man sieht 33 verschiedene Tiere und Pflanzen.

Das malerische Hereford liegt ganz im Westen Englands nahe Wales. Von wem und für wen die Weltkarte ursprünglich gezeichnet wurde, ist nicht bekannt. Sie wurde wohl immer in Hereford aufbewahrt und befindet sich heute noch dort. Natürlich zählt sie zum Weltdokumentenerbe.

Katalanischer Atlas

Eine großartige Mischung von für ihre Zeit erstaunlich genauer geografischer Weltdarstellung ist der um 1375 auf Mallorca entstandene *Katalanische Atlas*, der aus sechs Doppelseiten besteht. Auf seinen ersten Seiten enthält er astronomische Angaben und ein großartig dargestelltes geozentrisches Weltbild. Auf den eigentlichen Kartenseiten finden sich köstliche Miniaturen einer Kamelkarawane auf der Seidenstraße, aber auch die drei weisen Könige aus dem Morgenland, die zu Pferde zur Geburt Christi reiten, sowie ein afrikanischer König und ein mongolischer Khan jeweils mit Krone und Zepter ganz nach europäischem Vorbild. Der Atlas trägt schon deutliche Züge der Portolankarten, die seit etwa 1300 entstanden.

Mallorca war vom Spätmittelalter bis in die Renaissance ein führendes Zentrum des Kartenzeichnergewerbes. Die Zeichner des Katalanischen Atlasses, Vater und Sohn Abraham und Jehuda Cresques, verarbeiteten darin bereits bekannte Portolane und sogar Informationen, die dem Bericht von Marco Polo entnommen waren (Darstellung der Seidenstraße). Der Katalanische Atlas entstand im Auftrag des Königs von Aragón. Die Cresques erhielten dafür 150 aragonesische (Gold-)Gulden. Der König schenkte ihn seinem Vetter, dem späteren französischen König Karl VI. Heute befindet sich das Exemplar in der französischen Nationalbibliothek in Paris.

ZEIT DES UMBRUCHS – DIE WELTBILDER DES SPÄTMITTELALTERS

Der Alexanderroman

Die fantasievoll ausgeschmückten Sagen über die Taten Alexanders des Großen waren neben der Bibel das verbreitetste literarische Werk im Mittelalter. Der Mythos Alexanders blieb höchst lebendig – nicht zuletzt, weil dieser kühne Eroberer als Vorbild für die ritterliche Gesellschaft und als Herrscherideal diente. Ganz ähnlich verhielt es sich mit den Artus-Legenden und den Artus-»Romanen«. Dies waren keine Romane im modernen Sinn, sondern mit viel Fantastik ausgeschmückte Legendenzyklen. So auch beim Alexander-»Roman«. Die Grundlage entstand noch im spätantiken Alexandria: Eine Zusammenstellung von Geschichten über Leben und Taten Alexanders, vermengt mit orientalischer Fabulierkunst und fantastischen Abenteuern. Alexander wurde zur Hauptfigur einer in einem spätantiken Disneyland spielenden grotesken Seifenoper. Daraus entstanden zunächst orientalische Fassungen in allen nur denkbaren Sprachen von Syrisch bis Koptisch, Armenisch, Arabisch und Persisch. Die Völker des Nahen und Mittleren Ostens waren von Alexander genauso fasziniert wie die Europäer. Seit dem Hochmittelalter kamen auf der Grundlage einer lateinischen Übersetzung der spätantiken Vorlage, die um 960 in Neapel entstand, verschiedene Fassungen in den europäischen Sprachen in Umlauf, einschließlich Isländisch und Russisch. Die bekannteste

deutsche Version des Pfaffen Lambrecht aus der späten Salier-
zeit um 1120, das sogenannte *Alexanderlied*, war die Übersetzung
einer altfranzösischen Vorlage.

Durch den lang anhaltenden Einfluss des Alexanderromans
bildete sich bei den Menschen des Mittelalters die Vorstellung
des von fantastischen Fabelwesen bewohnten Orients oder »Indiens«. Zum exotischen Personal zählen Waldmenschen (ohne
Beingelenke), Hundsmenschen, Blemmyer (die das Gesicht auf
der Brust tragen), Troglodyten (die vor dem »Lärm« der Sonne
unter die Erde flüchten), Parositten (mit so kleinen Mündern
und Mägen, dass sie sich nur vom Dampf zerkochter Speisen er-
nähren), Zyklopeden (die nur einen Arm an der Brust und ein
einziges Bein sozusagen von der Mitte der Hüfte abwärts haben). Und prompt finden sich diese Fabelwesen in großer Zahl
auf den Weltkarten jener Zeit wieder. Noch Sebastian Münster greift in seiner *Cosmographia* (»Weltbeschreibung«) von 1544
auf den Alexanderroman als »Quelle« historischer Information zurück. Erst im 17. Jahrhundert, als man dank des portugiesischen, später holländischen und englischen Indienhandels
tatsächliche Ortskenntnisse erhält, verschwinden diese Figuren
von der Landkarte. Sie werden häufig durch die Darstellung
der Gewänder und Trachten der Landesbewohner oder durch
Stadtansichten ersetzt.

Das Weltbild der *Göttlichen Komödie*

Auch bei Dante stößt man in seiner in den Jahren 1310 bis 1320
entstandenen *Göttlichen Komödie* auf ein bemerkenswertes geo-
grafisch-historisch-theologisches Weltbild. Er schildert einen
Gang durch die drei Jenseitsreiche nach christlicher Vorstellung
(Hölle, Fegefeuer, Paradies). Es handelt sich um eine Art Entdeckungsreise, die interessanterweise in etwa gleichzeitig mit
Marco Polos Reisebericht entstand.

Dante verfügt sogar über Reiseführer: Zunächst ist es der

antike Dichter Vergil, dann die früh verstorbene Geliebte Beatrice. Die Erde stellt sich Dante sehr konkret in Kugelgestalt vor. Die Hölle befindet sich als steil zum Erdmittelpunkt abfallender Trichter im Erdinnern. Die Achse, die durch den Trichtermittelpunkt führt, geht auf der Erdoberfläche durch Jerusalem. Die Hölle liegt also tief unter Jerusalem. Ihr Radius reicht bis nach Florenz. Begleitet von Vergil steigt Dante immer tiefer in die Höllenkreise der auf ewig Verdammten hinab, wo ihm viele bekannte und mythologische Gestalten begegnen, zum Beispiel Achilles aus der heidnischen Antike. In den innersten Höllenkreisen werden die Schlimmsten unablässig von allerlei Dämonen und Teufeln misshandelt: Gewaltverbrecher (Mörder, Räuber) und Betrüger (vor allem Simonisten – der Kauf und Verkauf kirchlicher Ämter war eine Pest des Mittelalters, welche das Ansehen der Kirche immer wieder untergrub, aber nicht auszurotten war). Im neunten Höllenkreis zermalmt Satan auf ewig die Verräter: Judas (der Christusverräter), Brutus (der Cäsarverräter) und Cassius (der gleichfalls an der Verschwörung gegen Cäsar beteiligt war). Übrigens brennt in diesem neunten Danteschen Höllenkreis keineswegs ein Höllenfeuer, sondern es handelt sich um eine Eiswüste. Die topografische und meistens ungünstige klimatische Beschaffenheit der Höllenkreise wird detailliert erklärt.

Nach Dantes Vorstellung ist nur die Nordhalbkugel von Menschen bewohnt. Auf der Südhalbkugel, wiederum axial gegenüber von Jerusalem, erhebt sich der Läuterungsberg (Fegefeuer) in mehreren Terrassen auf der Erdoberfläche. Hier können die Sünder verschiedenen Grades büßen und hoffen. Es sind vor allem die Delinquenten der sieben Todsünden: die Stolzen und Hochmütigen, Neidischen, Jähzornigen, Trägen, Habsüchtigen und Geizigen, Verschwender, Völlerer und Lüstlinge. Auf dem Gipfel dieses Berges liegt der Garten Eden, das irdische Paradies.

Die Position der Erde befindet sich gemäß dem ptolemäischen Weltbild im Zentrum des gesamten Kosmos, umgeben von den himmlischen Sphären. Beatrice übernimmt nun die Führung durch das himmlische Paradies, das wiederum aus neun Himmelssphären besteht und wo Dante natürlich viele Heilige trifft. Den äußersten Kreis bildet das Empyreum, der Feuerhimmel, wo die Fixsterne fixiert und die Seligen bei Gott sind.

Toledaner Tafeln & Alfonsinische Tafeln

Toledo, vierzig Kilometer südlich von Madrid, liegt an den dramatisch steilen Hochufern in einer Flussschleife des Tajo. Auf dem höchsten Punkt thronte immer schon der Alcázar. In der einstigen Hauptstadt der Westgoten herrschten um 1050 noch die arabischen Mauren. Hier betrieb der bedeutendste Astronom seiner Epoche, der Araber as-Zarqali (1029–1087) Grundlagenforschung.

As-Zarqali wurde in Europa unter dem Namen Arzachel bekannt. Dank von ihm entwickelter neuer Präzisionsinstrumente gelang es ihm, genauere Positionsbestimmungen für die Sterne und Planeten durchzuführen als al-Chwarismi und al-Battani, die ihrerseits schon die ptolemäischen Ephemeriden verbessert hatten. Er lieferte die wesentlichen Daten zu den von ihm und anderen arabischen Gelehrten erstellten Toledaner Tafeln. Die seit der Antike von Astronomen in langwieriger und mühsamer nächtlicher Arbeit erstellten Ephemeridentabellen waren bis in die Neuzeit hinein die präzisesten, mit Vermessungstechnik erstellten Werke, die es überhaupt gab.

Seine europaweite Bekanntheit verdankte as-Zarqali vor allem der Übersetzertätigkeit des Gherardo da Cremona (1114–1187). Gherardo ist eine Schlüsselfigur für die im Hochmittelalter einsetzende intensive Beschäftigung mit der antiken und arabischen Wissenschaft, die im multikulturellen Toledo begann. Er übersetzte mehr als siebzig Bücher aus dem Arabischen ins Lateinische, darunter Werke des Arztes Galen, von Euklid, Aristoteles, Ptolemäus und eben as-Zarqali. Gherardos nachhaltig wirksamste Übersetzung dürfte diejenige von al-Chwarismis Rechenbuch gewesen sein, durch die das Rechnen mit den indischen Zahlen erstmals in Europa bekannt wurde.

Hundert Jahre nach Gherardo und zweihundert Jahre nach as-Zarqali gab der kastilische König Alfons X. erneut eine umfassende Aktualisierung der Ephemeriden in Auftrag, die Alfonsinischen Tafeln. Toledo war inzwischen Hauptstadt Kastiliens. Die Eroberung der Stadt im Jahr 1085 war aus Sicht der Spanier der erste große Triumph der Reconquista, die erst im Kolumbusjahr 1492 mit dem Fall Granadas abgeschlossen wurde. Die Alfonsinischen Tafeln entstanden ebenfalls in Toledo unter der Leitung jüdischer Astronomen. Sie stützten sich auf die »Grundlagenforschung« der arabischen Astronomen um as-Zarqali. Die seit 1252, dem Krönungsjahr von Alfons, bis 1270 erstellten Tafeln waren die bedeutendsten, aktuellsten und ausführlichsten des Hochmittelalters. Sie blieben jahrhundertelang in ganz Europa in Gebrauch. Erst die von Kepler kurz nach 1600 erstellten Rudolfinischen Tafeln übertrafen sie an Genauigkeit und Aktualität.

König Alfons (1221–1284) war selbst ein Gelehrter und Förderer der Wissenschaften und Künste in seinem Königreich Kastilien und León. Ihm lag sehr viel daran, das ihm durch seine Nähe zur islamischen Welt in Toledo und Córdoba schon früh bekannt gewordene Werk von Ptolemäus zu verbreiten. Ptolemäus war damals in Europa noch gar nicht bekannt. Nun las man seine »genauen« geografischen Ortsangaben als neues »exaktes« erdkundliches Wissen. Alfons konnte sich also gutgläubig an der Speerspitze moderner geografischer und astronomischer Wissenschaft wähnen. Zuerst hier in Toledo und erst seit Alfons' Regierungszeit nahmen die Europäer den *Almagest* und die *Geographiké* von Ptolemäus zur Kenntnis. Sie wurden während der folgenden beiden Jahrhunderte für die geografische Weltanschauung ausschlaggebend. Vor allem für Kolumbus, der seine »Indien«-Fahrt hauptsächlich aufgrund dieser geografischen Vorstellungen (und Entfernungsangaben!) plante.

Doch das Ergebnis seiner Reise wird sein, dass die Ptolemäus-»Karten« im Papierkorb der Geschichte landen.

Portolankarten

1270 brach der französische König Ludwig IX. zum siebten, dem letzten großen Kreuzzug auf, bei dem er noch im selben Jahr vor Tunis starb. In England regierte Heinrich III., ein Großneffe von Richard Löwenherz. Im Reich wurde 1273 mit Rudolf I. erstmals ein Habsburger deutscher König. In dieser Zeit, Ende des 13. Jahrhunderts, erschienen wie aus dem Nichts die erstaunlich exakten Portolanen. Über ihre Entstehungsgeschichte ist nichts bekannt.

Entstanden sind die Portolane ganz ähnlich wie die römischen Itinerare aus Texten: Aufzählungen von Landmarken wie Kaps, Leuchttürme, Anlegeplätze, Flussmündungen, die den Kapitänen bei der damaligen Küstenschifffahrt wie ein modernes Navi zur Orientierung dienten. (Die damalige Schifffahrt war überwiegend Küstenschifffahrt wie im ganzen Mittelalter und in der Antike. Auf die hohe See traute man sich noch nicht hinaus.) Dazu Angaben über Strömungsverhältnisse und Entfernungen. All diese schriftlichen Informationen wurden nun auf Karten (meist aus Pergament) übertragen, wodurch sie »mit einem Blick« leichter erfassbar waren. Die Portolankarten waren von Anfang an genordet; Längen- oder Breitenangaben sind auf ihnen aber nicht zu finden. (Diese gehen auf Ptolemäus zurück, der allerding damals in Europa noch kaum bekannt war.)

Aus der Natur der Sache ergab sich, dass die Portolankarten hauptsächlich die Umrisse der Küstenlinien nachzeichneten. Diese wurden aber wegen der immer wieder überprüften Entfernungsangaben im Laufe der Zeit immer genauer. So entstand allmählich vor allem für die Küstenverläufe und damit für die Umrisse des Mittelmeers und seiner Randmeere wie Adria und Ägäis ein erstaunlich exaktes Kartenbild. Das Gleiche galt alsbald für die ebenfalls stark von der Schifffahrt frequentierten Bereiche rund um die Britischen Inseln, die Nordsee, die Biskaya sowie für die von der Hanse befahrene Ostsee. Auffällig sind die meist mit roter Farbe eingezeichneten Liniennetze, die als Hilfe für die Kursbestimmung dienten. Führend in der Herstellung von Portolanen wurden zunächst die Italiener und die Katalanen.

Als eine der ältesten Portolane gilt die *Carta Pisana*, die um 1275 vermutlich in Pisa entstand, also zeitgleich mit der Hereford-Weltkarte. Dieses Datum markiert einen Wendepunkt in Europa von der Weltbild-Karte zur praktisch nutzbaren Karte, die über 400 Jahre später ein maßstabsgetreues Bild der Welt lieferte.

Vieles ist um 1300 neu in Italien: Dante dichtet *Die Göttliche Komödie* erstmals in der Volkssprache. Giotto begründet die damals moderne Malerei mit Perspektive, Körpervolumen aus Licht und Schatten, individueller Figurengestaltung und als real wahrgenommene Landschaft und Architektur, ohne Goldhintergrund. Und Marco Polo diktiert seinen erstaunlichen Reisebericht.

Der Kompass

Um 1300 ist auch die Zeit, als der Kompass im Mittelmeer in Gebrauch kam. Die Eigenschaft der Magnetsteine, sich nach Nord-Süd zu richten, war schon in der Antike in Griechenland wie in China bekannt. Die Chinesen benutzten seit der Zeit um 1000 Nasskompasse, bei denen die Nadel in Flüssigkeit schwimmt. In Europa wird dieses Verfahren um 1190 in Frankreich beschrieben. Etwa achtzig Jahre später folgt, ebenfalls in Frankreich, die Darstellung einer (trockenen) Kompassnadel. Soweit bekannt, hat erstmals ein Seefahrer aus dem italienischen Amalfi um 1300 die Kompassnadel in einem Gehäuse mit einer unterlegten Windrose kombiniert.

Damals gab es noch keine Hochseeschifffahrt auf den Ozeanen. Bei bedecktem Himmel war für Schiffe eine Navigation außerhalb der Sichtweite der Küsten praktisch unmöglich. Deswegen fuhren im Winterhalbjahr von Oktober bis April im Mittelmeer so gut wie keine Schiffe, weil man immer damit rechnen musste, dass man tagelang weder Sonne noch Sterne sah, an denen man sich hätte orientieren können. Nach 1300 verlängerte sich dank des Kompasses prompt die Schiffssaison, sodass beispielsweise die Venezianer zweimal pro Jahr in die Levante fahren konnten statt bisher nur einmal. Auch der Schiffsverkehr zwischen der Nordsee und dem Mittelmeer verdichtete sich. Die Chinesen blieben noch lange beim Nasskompass; sie entwickelten aus verschiedenen Gründen im späteren 15. Jahrhundert keine mit der europäischen Entwicklung vergleichbare Hochseeschifffahrt. Den Trockenkompass lernten die Chinesen erst um 1600 durch japanische Vermittlung von den Europäern kennen. Die von Leonardo da Vinci ersonnene kardanische Aufhängung des Kompasses wurde ab 1534 praktiziert; sie brachte eine wesentliche Verbesserung für die Schiffsnavigation.

Marco Polo

Kein anderer Reisebericht der Weltliteratur hat größere Folgen gehabt als der des Venezianers Marco Polo (1255–1324). *Il Milione* erschien 1298. Es ist verbürgt, dass Christoph Kolumbus ein Exemplar davon besaß und sogar auf seiner ersten Fahrt an Bord der *Santa Maria* mit sich führte. Marco Polos Bericht muss Kolumbus sehr stark inspiriert und motiviert haben, denn nach allem, was wir wissen, war er von dessen Schilderungen von angeblich mit Gold und Edelsteinen gepflasterten Straßen in Chatey (China) und Indien fasziniert. Diese Schätze zu heben, muss ein mächtiger Antrieb gewesen sein – auch noch knapp zweihundert Jahre nach Marco Polos »Erstveröffentlichung«.

Auch die europäische Öffentlichkeit war von *Il Milione* gebührend beeindruckt. Der Marco-Polo-Bericht wurde alsbald in mehrere europäische Sprachen übersetzt. Da der Buchdruck erst um 1450 erfunden wurde, musste das Buch seit 1298 immer wieder abgeschrieben werden. Wie weit *Il Milione* verbreitet gewesen sein muss, zeigt sich daran, dass sich annähernd 150 handschriftliche Fassungen in verschiedenen Sprachen sogar noch bis heute erhalten haben. Das ist eine sehr hohe Zahl für einen Text aus der Zeit vor dem Buchdruck.

Marco war keineswegs der erste Asienreisende aus seiner Familie. Bereits sein Vater Nicolao Polo und sein Onkel Maffeo Polo gelangten als Händler bis an den Hof des mongolisch-chinesischen Großkhans Kublai Khan in Buchara im heutigen Usbekistan. Dieser übergab ihnen auf der Rückreise einen Brief an den Papst, der wiederum zwei Predigermönche auf ihrer zweiten Reise an den Khan-Hof mitschickte. Bei dieser zweiten Reise nahmen die beiden älteren Polos dann ihren Sohn und Neffen Marco mit. Nach dreieinhalbjähriger Reise zeigte sich der Khan sehr interessiert an deren Berichten über fremde Länder und Völker im Abendland, welche die Tataren gar nicht kannten. Als Gesandter des Khans blieb Marco Polo siebzehn Jahre lang an dessen Hof und wurde mit diplomatischen Missionen beauftragt. 1295 kehrte Marco Polo nach Venedig zurück.

Ob wahr, teilwahr oder frei erfunden – auf die Europäer seiner Zeit wirkten Marco Polos Aufzeichnungen über seinen langjährigen Aufenthalt im Osten sensationell. Hier hörte und las man zum ersten Mal eine Fülle von erstaunlichen Details aus Fernost, jener bis dahin weitgehend unbekannten Weltgegend am äußerst vage gehaltenen Rand der Weltkarte. Man erfuhr etwas von deren gewaltiger Ausdehnung, vom Staatswesen, von den Sitten und Gebräuchen – man konnte sich erstmals eine konkrete Vorstellung machen.

Marco Polos Bericht bedeutete eine gewaltige Osterweiterung des europäischen Weltbildes; die erste wirkliche Ausdehnung des geografischen Horizonts von Europäern seit dem Alexanderzug. Natürlich immer noch vage – aber wie viel konkrete

Anschauung von China oder Indien hat ein heutiger Fernseh-
zuschauer trotz Reportagen und Live-Berichten, wenn er selbst
noch nie in diesen Ländern war?

Jedenfalls waren China und Indien durch Marco Polos weit-
verbreiteten Bericht fester im europäischen Bewusstsein verankert als je zuvor. Insofern war seine Reise eine echte Entdeckungsreise und steht auf einer Stufe mit den späteren
Entdeckungsfahrten zur See – nur dass Marco Polo eben zu
Lande reiste.

Die sehr reichen Stunden des Herzogs von Berry

Überaus anschauliche Weltbilder präsentierten neben den Karten eine besondere Kunstgattung des Spätmittelalters, die Stundenbücher. Die meisten zeigen entsprechend der Funktion als
Gebetbuch biblische Szenen. Anders jedoch die schönste dieser
kostbar illustrierten Handschriften, das weltberühmte Stundenbuch des Herzogs von Berry, die *Très Riches Heures*. Es entstand
um 1415 und wird heute im Musée Condé in Chantilly bei Paris aufbewahrt.

Dieses Stundenbuch des Herzogs von Berry mit seinen Monatsbildern liefert ein immer wieder bewundertes Abbild des
Lebens im Kreislauf des Jahres. Über jedem Monatsbild befindet sich ein halbrunder Kalender mit den Tierkreiszeichen des
jeweiligen Monats in einem dunkelblauen Sternenhimmel, in
einem weiteren Kreis der Monatsname, die Anzahl seiner Tage,
Mondphasen. Im innersten Bogenfeld erscheint stets der Son-
nengott Phöbos, der täglich in seinem Wagen mit geflügelten
Rossen über den Himmel zieht. Die Welt, wie sie auf den sze-
nischen Monatsbildern dargestellt wird, ist überwölbt von der
kalendarischen und himmlischen Ordnung des Jahreszyklus. Die
Bilder in den *Très Riches Heures* brechen mit der Tradition der
Bibelszenen in den Andachts- und Gebetbüchern. Mit fast mo-

dern anmutendem Realitätssinn und großer Weltzugewandt-
heit zeigen die Monatsbilder nicht nur das üppige Hofleben des
reichen Herzogs, sondern auch den Alltag der einfachen Land-
leute: wie sie sich im Februar die Füße am Kaminfeuer wär-
men, das Pflügen im März, die Schafschur im Juli, die nackten
Schwimmer im Fluss auf dem Augustbild, die Weinlese im September, die Eichelmast der Schweine im November. So entstanden in den *Très Riches Heures* in der Verbindung aus realistischer
Wiedergabe, monatstypischen Alltagsverrichtungen und kalen-
darisch-kosmischer Einbindung die repräsentativen Welt-Bilder
ihrer Zeit auf höchstem künstlerischen Niveau.

Die ausführenden Künstler arbeiteten direkt im Auftrag des
Herzogs von Berry, einem Mitglied der französischen Königsfamilie. Sie gehörten zu dessen Hofstaat. In Italien, Flandern
und Burgund, den reichsten Ländern Europas, erreichte die hö-
fische und städtische Kultur im »Herbst des Mittelalters« ihren
Höhepunkt. Die Stundenbücher sind ein spezifischer Ausdruck
dieser Welt und dieser Epoche.

Astronomische Uhren

In den Städten des Spätmittelalters mit ihrem regen Handels-
verkehr und ihrem differenzierten Gewerbeleben bestand nicht
nur ein Bedürfnis zur Vereinheitlichung von Maßen und Ge-
wichten, sondern auch der Zeit.

Aus den Jahren vor 1300 haben sich keine mechanischen
Uhren erhalten, wohl aber Beschreibungen davon. Eine der frühesten bekannten Uhren wurde um 1326 von Abt Richard von
Wallingford in der nördlich von London gelegenen Abtei St. Al-
bans eingebaut (in der Reformation zerstört).

Die Zifferblätter solcher frühen Uhren zeigten zunächst alle
Zahlen von I bis XXIV; erst ab 1375 ging man zu der Zwölf-
Zahlen-Einteilung auf dem Zifferblatt über. Seit dem Spätmit-
telalter gab es in Kirchen und an Rathäusern weithin sichtbare

Uhren, etwa die Straßburger Münsteruhr 1394, die Berner Zytglogge 1405/1540 oder die Prager Rathausuhr ab 1410. Diese Wunderwerke zeigen nicht nur die Uhrzeit, sondern auch die Stellung der Planeten und von Sonne und Mond. Sie sind kleine Weltmaschinen, nachgerade Kopien des Himmels: Weltbilder.

Peter Henlein, ein Nürnberger Metallhandwerker um 1500, wird mit dem Bau erster Taschenuhren in Verbindung gebracht. Das ist aber nur urkundlich belegt; einzelne Stücke wie die sogenannten »Dosenuhren« um 1510 sind ihm nicht zuschreibbar. Die älteste Darstellung einer Taschenuhr findet sich 1532 auf dem bekannten Porträt des aus Danzig stammenden, in London tätigen Kaufmanns Georg Gisze von Hans Holbein dem Jüngeren (heute: Gemäldegalerie Berlin).

Weltbilder unmittelbar vor Kolumbus

Die Fra-Mauro-Karte

Die berühmte Fra-Mauro-Karte von ca. 1459 ist die genaueste Weltkarte kurz vor der Entdeckung der Neuen Welt und zugleich die letzte große Radkarte. Ihr Schöpfer war ein venezianischer Mönch des Eremitenordens der Kamaldulenser namens Mauro. Die kreisrunde Karte entstand in Venedig im Auftrag des damaligen portugiesischen Königs. Sie befindet sich heute noch in Venedig in der Biblioteca Marciana direkt am Markusplatz. Ihr Durchmesser beträgt fast zwei Meter.

Das geografische Wissen auf dieser Weltkarte ist auf dem neuesten Stand: Afrika ist bis zu seiner Südspitze zu erkennen. Die Portugiesen waren im 15. Jahrhundert mittlerweile an der afrikanischen Küste weit nach Süden vorgedrungen. Die Umrundung des Kaps stand allerdings noch aus. Die Proportionen von Ostasien, insbesondere Chinas, sind wesentlich besser erfasst als auf früheren Weltkarten. Hier wurden zweifellos die durch Marco Polo und möglicherweise noch andere Reisende erlangten Informationen verwertet. Die farbig gemalte *Mappa mundi* ist im Original noch nach alter Sitte gesüdet, man blickt also vom Nordpol Richtung afrikanische Südspitze. Doch man muss sie nur »auf den Kopf« drehen und erhält das für unsere Sichtweise gewohnte Kartenbild mit den leicht erkennbaren Umrissen von Europa, Afrika (seitlich etwas gedrungen, was dem kreisrunden Grundformat geschuldet ist), Arabien, Indien (etwas zu klein) und Ostasien.

Die Begründung der Trigonometrie

Der Unterfranke Johannes Müller, bekannt unter dem Gelehrtennamen Regiomontanus, war trotz seines kurzen Lebens ein europaweit prominenter Mathematik-Gelehrter. Er starb 1476 in Rom im Alter von vierzig Jahren. Kurz zuvor, von 1471 bis 1475, hatte er noch als Astronom in Nürnberg gearbeitet und hauptsächlich mit selbst gebauten, besseren Instrumenten Ephemeridentafeln aktualisiert. Regiomontanus ist zwar nicht der Erfinder, aber der wesentliche Begründer der Trigonometrie, der Winkelmessung in Dreiecken. Diese Rechenkünste sind die Grundlage für die mathematisch exakte Vermessung, die Triangulation. Sie wurde in mehreren Schritten im folgenden Jahrhundert entwickelt. Auch für die Schiffsnavigation auf hoher See ist die Beherrschung der Trigonometrie von großer Bedeutung. Dafür interessierte sich alsbald die damals führende Schifffahrtsnation Portugal. Regiomontanus schrieb das richtungsweisende und alle seit der Antike bereits entwickelten Methoden zusammenfassende Werk *De triangulis omnimodis*. Es entstand 1462 bis 1464 bei seinem ersten Studienaufenthalt im Gefolge des gelehrten Kardinals Bessarion in Italien. Der griechischstämmige Bessarion war eine der Schlüsselfiguren der italienischen Renaissance.

Der Behaim-Globus

Den ersten erhaltenen Erdglobus, auch Erdapfel genannt, entwarf der Nürnberger Martin Behaim 1492, also im Jahr von Kolumbus' Amerikaentdeckung. Folglich sind Amerika, Australien und der Pazifik dort noch nicht verzeichnet. Der Behaim-Globus zeigt daher auf optimale Weise, wie die Europäer und vor allem Kolumbus selbst damals die Welt sahen.

Nach Behaims Anweisungen wurde die Kugel aus Holzstreifen zusammengeleimt und mit Papiermaschee überzogen. Darüber spannte man die farbig auf Pergament gezeichnete und gemalte Weltkarte. An der Bemalung und wohl auch mit geografischen Angaben beteiligte sich Hartmann Schedel, der Verfasser der *Weltchronik*, die 1493 ebenfalls in Nürnberg erschien.

Behaim, geboren 1459 und damit knapp zehn Jahre jünger als Kolumbus und gut zehn Jahre älter als Dürer, entstammte einer patrizischen Tuchhändlerfamilie. Als junger Mann ging er wohl in eine Tuchhandelslehre in den Niederlanden und entschloss sich 1484 zu einer Reise nach Lissabon.

Am portugiesischen Hof führte er sich ein, weil er von seinem Lehrer in Nürnberg, dem weltberühmten Mathematiker und Astronomen Regiomontanus, berichten konnte. Behaim wurde Mitglied der *Junta dos Mathematicos*, einem Beratergremium des Königs, das ihn und seine Kapitäne bei ihren Entdeckungsfahrten vor allem in Fragen der Navigation unterstützen sollte. Die verbesserten Sterntafeln des Regiomontanus waren sowohl für Kolumbus als auch für Vasco da Gama sehr hilfreich. Behaim wurde von König Johann zum Ritter geschlagen und heiratete eine portugiesische Adelige.

Von 1490 bis 1493 hielt er sich zur Regelung von Erbschaftsangelegenheiten wieder in Nürnberg auf. Zu jener Zeit entstand der Globus. Darauf erstreckt sich Asien entsprechend den Vorstellungen von Kolumbus sehr weit nach Osten, weshalb »der Ozean« zwischen Europa und Ostasien entsprechend schmal wirkt. Die Vermutung liegt nahe, dass Behaim einen ähnlichen Plan wie Kolumbus verfolgte, den Ozean in westlicher Richtung zu überqueren, um nach Indien zu gelangen, und mit diesem anschaulichen Weltmodell deutsche Geldgeber zur Finanzierung dieses Vorhabens überzeugen wollte.

Die Schedelsche Weltchronik

Der Behaim-Globus (1492) und die Schedelsche Weltchronik (1493) entstanden zur selben Zeit und am selben Ort: in

Nürnberg, wo auch Albrecht Dürer lebte. Die sehr wohlhabende Handelsstadt hatte eine überragende Bedeutung. Sie war ein geistiges und kulturelles Zentrum des Reiches.

Hartmann Schedel (1440–1514) war ein vielseitig gebildeter Renaissancehumanist: Er hatte sowohl Jura als auch Medizin studiert, Letzteres in Italien, und lernte als einer der ersten Deutschen Altgriechisch. Wie Behaim stammte er aus betuchtem Haus, sonst wäre eine solche Ausbildung nicht möglich gewesen. Nach seiner Rückkehr aus Italien praktizierte Schedel als Arzt; in Nürnberg wohnte er in derselben Straße, in der Dürers Elternhaus stand.

Die Schedelsche Weltchronik, ein immens aufwendiges Werk der frühen Druckkunst, ist berühmt für ihre 1800 Illustrationen, für die überwiegend Holzschnitte, aber auch schon Kupferstiche als Druckvorlagen angefertigt wurden. Sie enthält eine Weltkarte, eine Europakarte und 29 Stadtansichten. Hundert Setzer und Drucker arbeiteten anderthalb Jahre lang in der Druckerei Anton Kobergers an einer Vielzahl von Pressen. Die Illustrationen stammten aus der Werkstatt des Dürer-Lehrers Michael Wohlgemut und seines Stiefsohnes Wilhelm Pleydenwurff.

Ein so ungeheuer bildhaltiges Werk wie dieses mit Stadtansichten, Stadtplänen, Porträts, kosmografischen, biblischen und mythologischen Szenen lieferte dem Betrachter eine denkbar umfassende Vorstellung von der Welt. Zwar ist die Geschichtsdarstellung in der Chronik altmodisch und keineswegs originell: eine Mischung aus damaligem Faktenwissen und religiös motivierter, legendenhafter Überlieferung, aber die Bilder machen die Bedeutung dieser Inkunabel aus.

Erhard Etzlaubs Romweg-Karte

Eine echte kartografische Ausnahme fertigte der wohl aus Erfurt stammende Nürnberger Bürger Erhard Etzlaub (1460–1532) mit seiner Romweg-Karte für die Pilgerschaften zum

Heiligen Jahr 1500. Eine Ausnahme insofern, als es sich um eine für diese Zeit ganz praktische Orientierungskarte handelt, ähnlich wie die modernen Straßenkarten. Mit gepunkteten Linien werden die Hauptrouten aus verschiedenen Teilen des *Romisch reych* (Deutschland, Böhmen, Österreich) entlang einer Vielzahl von eingezeichneten Städten markiert. Die wichtigsten Gebirgszüge (Harz, Alpen, Appenin) sind durch eingemalte Berge kenntlich gemacht. Die Karte ist gesüdet, zeigt also vom unteren Rand, von »Denmarck« und »Schotlant« (Großbritannien) über »das pomersch mer« (Ostsee) und »das groß deutsch mer« (Nordsee) den Überblick über das ganze Reich und die Alpen bis nach Italien mit Rom am oberen Bildrand. Der Titel lautet: *Das ist der Rom-Weg von meylen zu meylen mit puncten verzeychnet von eyner Stat zu der andern durch deutzsche lantt.*

Diese Deutschland-Italien-Wegekarte war als Holzschnitt mit dreißig Zentimetern Breite und vierzig Zentimetern Höhe eine praktische Übersicht, so wie die Karten heute vorne im ADAC-Autoatlas. Die Punktierungen geben nicht nur die Routen an, sondern die Abstände entsprechen 7,5 Kilometern, sodass sogar eine gewisse Maßstäblichkeit gewahrt ist. Etzlaub übernahm alle Informationen dafür aus bereits vorhandenen Karten und Reiseberichten, die er sorgfältig auswertete. Im Grunde bediente er sich der bewährten ptolemäischen Methode – ohne Vermessung. Gleichwohl war sein Werk erstmals streng an einen Zweck – den der Orientierung – gebunden. Von einer echten Neuerung kann man dennoch nicht sprechen. Erst Apian brachte mit seinen Vermessungsbemühungen einen kartografischen Fortschritt. Sebastian Münster und Martin Waldseemüller berücksichtigten in ihren Werken die Etzlaub-Karten; Etzlaub selbst stand in Nürnberg mit den Behaims in Kontakt.

Dürers *Melencolia I*

Albrecht Dürers Kupferstich aus dem Jahr 1514 gehört zu den drei großen grafischen Meisterwerken, die er auf dem Höhepunkt seines Schaffens ausführte. Das war vierzehn Jahre vor seinem Tod. Als Druckwerke ließen sie sich vervielfältigen, was in Dürers Absicht lag. Mit *Ritter, Tod und Teufel*, dem *Heiligen Hieronymus* und *Melencolia I*, die in vielfältiger Weise aufeinander bezogen sind, wurde er europaweit bekannt.

Insbesondere *Melencolia I* zeigt in einem überaus komplexen Weltbild das symbolbeladene kosmische Denken, wie es aus der Antike im Mittelalter und bis in die Renaissance hinein übernommen wurde. Erst im 18. und 19. Jahrhundert wurde es durch die Tendenzen der modernen Naturwissenschaften verdrängt.

Als Weltbild zeigt *Melencolia I* jedoch keineswegs eine Weltkarte oder einen Globus, wie man es zunächst erwarten würde, sondern eine quasi menschliche Figur, einen geflügelten weiblichen Genius. Die Gestalt kauert dumpf brütend, eben »melancholisch«, vor einem Rohbau auf einer Steinstufe. Wie in einem unaufgeräumten Kinderzimmer ist sie umgeben von allerlei Gegenständen, vor allem Handwerkszeug, wie es beim Hausbau verwendet wird. Im Hintergrund sieht man eine Uferlandschaft am Meer unter einem düsteren Himmel, der von einem Kometen mit Kometenschweif dramatisch erhellt wird. Kometen galten seit der Antike als Unheil verkündende Vorzeichen von Katastrophen oder gar dem herannahenden Weltende. Denn: Ihr plötzliches Erscheinen passte nicht in die prästabilisierte Welt von ideal kreisförmigen Planetenbahnen und unveränderlichem Fixsternhimmel. Sie störten die Harmonie.

Direkt vor den Füßen der Figur liegt eine vollkommen glatte, sphärische Kugel: ein Weltsymbol. Nach damaliger Auffassung hatte Gott die Welt, die kugelförmige Erde, als vollkommene Form geschaffen.

Dürer sah, in Übereinstimmung mit den gelehrten Weltbild-Vorstellungen seiner Zeit, einen engen Zusammenhang zwischen Melancholie und Geometrie; insofern ist das *Melencolia*-Bild eben auch ein geometrisches Bild. Die perfekte sphärische Kugel, der Zirkel in der Hand der Gestalt, ein magisches Quadrat an der Hauswand (die Welt als Zahl!) sind Hinweise auf die Erkenntnis der Welt durch Vermessung. Nur scheint die antriebslos wirkende Gestalt angesichts des nahenden Weltendes (Komet!) und der ablaufenden Zeit (Sanduhr an der Hauswand über ihrem Kopf) keine rechte Lust mehr dazu zu verspüren, wie es eben dem melancholischen Typus eigen ist.

Die Seewege nach Indien

Die Suche nach dem »vierdten Erdteil«

Das große Aufbruchsprojekt der Europäer, die Suche nach dem Seeweg nach Indien, führte zu einer völligen Umwälzung des geografischen Bildes der Erde und damit auch des Weltbildes. Zunächst konnte man es gar nicht fassen. Kolumbus selbst glaubte fest, in Indien gewesen zu sein. Es dauerte mehr als zehn Jahre, bis allein die gut informierten Kreise verarbeitet hatten, dass hier zufällig und unabsichtlich ein bis dahin allen Kulturvölkern der Alten Welt unbekannter »vierdter Erdteil« entdeckt worden war.

Das Projekt »Seeweg nach Indien« wurde von Anfang an von rein kommerziellen Interessen getrieben. Forschungsinteressen wie 150 Jahre später in der Kapitän-Cook-Zeit waren weder bei Portugiesen noch bei den Spaniern und auch nicht bei den ihnen nachfolgenden Holländern im Spiel. Es ging nur um Geschäfte, vor allem natürlich um die Monopolisierung des äußerst lukrativen Gewürzhandels auf einer neuen Route. Die geografischen und kartografischen Errungenschaften, die bessere Kenntnis der Küstenlinien Afrikas und Indiens, fielen sozusagen automatisch an. Sie gehörten zur seemännischen Routine. Der Wissensvorsprung lag zunächst bei den Portugiesen. Sie hüteten ihren Kartenschatz wie ein Staatsgeheimnis, denn er sicherte ihnen – hundert Jahre lang – das Monopol. Die ausschließlich merkantile Fixierung ist auch eine Frage des Bewusstseins: In der Spätrenaissance und im Barockzeitalter, als die ersten Entdecker die Weltmeere befuhren, bildete sich erst allmählich ein Begriff von naturwissenschaftlicher Forschung und Erkenntnis im modernen Sinn.

Portugal, damals das modernste Land Europas, ging das Indien-Projekt systematisch an, so wie man heutzutage ein großes Wirtschaftsunternehmen plant. Die Portugiesen schoben sich zunächst Schritt für Schritt an der afrikanischen Küste vor. Kolumbus selbst sammelte bei diesen Afrika-Küstenfahrten auf portugiesischen Schiffen seine ersten seemännischen Erfahrungen. Die portugiesischen Bemühungen führten dann auch zum gewünschten und erwarteten Ergebnis, 1498 tatsächlich in Indien zu landen. Bedingt durch viele Zufälle wurden jedoch die Spanier mit dem unerwarteten Ergebnis der Kolumbusfahrt weltgeschichtlich gesehen die großen Abstauber des »indischen Projekts«.

Angesichts des Ruhms, den Kolumbus mit der Entdeckung einer ganz neuen Welt für Spanien einheimste und der in der Nachbetrachtung die portugiesischen Leistungen ein wenig zu Unrecht überstrahlt, wird leicht übersehen, dass es die Portugiesen waren, die für ein Jahrhundert die erste und einzige globale Seemacht wurden. Die erste Globalisierung überhaupt.

Doch bereits vor ihnen suchten und fanden auch die Chinesen ihren Seeweg nach Indien.

Da Ming Hun Yi Tu

Im Reich der Mitte war das Bedürfnis nach Weltkarten trotz des hohen Niveaus der chinesischen Zivilisation mit all ihrer Gelehrsamkeit, ihren vielen praktischen Erfindungen und dem regen Gewerbe- und Handelsbetrieb über lange Zeit offenbar nicht so ausgeprägt wie im europäischen Mittelalter.

Erst kurz vor 1390 entstand unter dem ersten Ming-Kaiser Hongwu die älteste erhaltene chinesische Weltkarte *Da Ming Hun Yi Tu* (»Zusammengestellte Karte des Großen Ming-Reiches«). Ihr Urheber ist unbekannt. Sie zeigt, wenn auch schwer entzifferbar, den gesamten eurasischen Kontinent bis nach Spanien und Teile Afrikas. Die Angaben westlich von China dürften auf arabischen Karten und Angaben beruhen. Man nimmt an, dass sie auf einer älteren Karte aus der vorangegangenen Yüan-Dynastie beruht.

Die Yüan waren jene mongolische Dynastie auf dem chinesischen Kaiserthron, deren dritten Kaiser, Kublai Khan, Marco Polo besucht hatte. Die Mongolen, die gleichzeitig einen Großteil des eurasischen Kontinents beherrschten und auf ihren Eroberungszügen das islamische Kalifat-Reich schwer in Mitleidenschaft gezogen hatten, verfügten über einen viel weiteren geografischen Horizont als die früheren »einheimischen« chinesischen Dynastien. So gelangten vermutlich schon zur Yüan-Zeit arabische Karten nach China, die auch in die Weltkarte des Kaisers Hongwu eingeflossen sind. Dank der Mongolen war die Seidenstraße sicherer geworden. Dadurch wurde auch der arabisch-chinesische Kulturaustausch leichter und intensiver.

Sicherlich haben die mongolischen Yüan den chinesischen Ming auf diese Weise einen weiteren geografischen Horizont »vererbt« und das Interesse der Ming-Kaiser an der Welt außerhalb ihres angestammten ostasiatischen Umfeldes verstärkt. Die alsbald erfolgte Ausrüstung und Aussendung der gewaltigen Cheng-Ho-Flotte legt seit 1405 dafür beredtes Zeugnis ab.

Kaiser Hongwu, der aus einfachsten bäuerlichen Verhältnissen stammte und es als Rebellenführer und Vertreiber der »fremdländischen« Mongolendynastie bis auf den Kaiserthron geschafft hatte, regierte dreißig Jahre lang bis 1398. Yongle, der dritte Ming-Kaiser und Auftraggeber der Cheng-Ho-Flotte, war, wie sein Vorgänger, ein Sohn von Hongwu.

Die Schatzschiffe des Cheng Ho

Das Kaiserreich China mit seiner hoch entwickelten, jahrtausendealten Kultur und seiner insgesamt stetigen wirtschaftlichen Prosperität war dem alten Europa in zivilisatorischer Hinsicht global gesehen stets überlegen – bis zur Industriellen

Revolution. Spätestens seit der Ming-Dynastie ab 1368 war das Reich der Mitte eine unangefochtene, selbstgewisse Großmacht mit großer kultureller Ausstrahlung in Ostasien.

Der Beginn der Ming-Periode entsprach in Europa der Regierungszeit von Kaiser Karl IV. auf der Prager Burg, die Päpste residierten noch in Avignon, in der Kunst war es die Zeit der Spätgotik. Die Portugiesen wagten gerade ihre ersten Fahrten auf den Atlantik hinaus, wobei sie 1341 die Kanarischen Inseln wiederentdeckten. Madeira und die Azoren, auch sie bereits den Phöniziern in der Antike bekannt, folgten 1419 und 1427.

Seit 1402 regierte in China Kaiser Yongle. Der bedeutendste Ming-Kaiser ist einer der wichtigsten chinesischen Kaiser überhaupt. Er war es, der die Hauptstadt nach Peking verlegte und die Kaiserresidenz völlig neu aufbauen ließ mit der Verbotenen Stadt im Zentrum sowie dem Himmelstempel als religiösem Mittelpunkt für den Staatskult. Kaum hatte er den Thron bestiegen, befahl er den Bau einer Dschunkenflotte. Das Kommando übertrug er einem zwei Meter großen Hofeunuchen muslimischer Abstammung, der von 1405 bis 1433 sieben große Erkundungs- und Entdeckungsfahrten durchführte, die ihn nach Indien, Arabien und sogar nach Ostafrika führten.

Von Osten, von China her, wurde der Seeweg nach Indien also viele Jahrzehnte vor Vasco da Gama »entdeckt«. Cheng Hos »Schatzschiffe« waren beladen mit Geschenken für ausländische Fürsten und mit Handelswaren. Es war das genaue Gegenteil des Schacherns um Ausrüstung, wie Kolumbus es jahrelang betreiben musste. Bei einigen dieser Reisen gehörten bis zu sechzig Schiffe mit bis zu 30 000 Mann Besatzung zu Cheng Hos Flotte. Cheng Hos Reisen brachten den Chinesen eine große Ausweitung ihres geografischen Horizonts nach Westen, denn in das Arabische Meer waren sie bisher noch nicht vorgedrungen. Man spekuliert sogar, Cheng Ho könnte das historische Vorbild für Sindbad den Seefahrer gewesen sein.

Nach Yongles Tod nahmen die Hofbeamten die Entdeckungsreisen wieder von der politischen Agenda. Sie galten als zu teuer und brachten zu wenig Ertrag. Am Kaiserhof fürchtete man vielleicht auch fremde Einflüsse, welche die himmlischen Harmonien – oder die Machtstrukturen – stören könnten. China begnügte sich fortan mit dem Ostasienhandel in heimischen Gewässern, schickte keine Schiffe mehr auf die Meere und schottete sich zunehmend vom Rest der Welt ab. Es war genau die gegenteilige Entwicklung, die Europa alsbald nehmen sollte.

Der »Seefahrer«, der nie Kapitän war

1434, im Todesjahr von Cheng Ho, umrundete der portugiesische Seefahrer Gil Eanes das Kap Bojador in Südmarokko. Kap Bojador, auch Kap des Schreckens oder Kap ohne Wiederkehr genannt, galt während des Mittelalters als südliches Ende der Welt. Man stellte sich vor, dass südlich dieses Breitengrades die See zu kochen anfängt, die Sonne alles Leben auslöscht und die Haut sich schwarz färbt – sofern man nicht einfach von diesem Rand der Welt herunterfällt. Nach fünfzehn von Prinz Heinrich initiierten Anläufen gelang es dem Portugiesen Gil Eanes schließlich, über das Kap hinauszusegeln. Von den Schrecken des Meeres war weit und breit nichts zu sehen.

Die Portugiesen befuhren den Senegal- und den Gambia-Fluss. Zum ersten Mal interessierten sich Europäer für diesen Teil Afrikas – oder vielmehr für die Handelswaren dieser Küsten: schwarze Sklaven und Goldstaub. 1460, im Todesjahr von Prinz Heinrich, wurde »Guinea« erreicht, damals ein großzügig gehandhabter geografischer Begriff, nicht identisch mit dem heutigen westafrikanischen Staat.

Treibende Kraft dieser Unternehmungen war Prinz Heinrich der Seefahrer (1394–1460), der große Administrator der portugiesischen Seefahrt. In seinem Hauptquartier am Kap von St. Vincent in der Algarve sammelte er systematisch Karten. Technisch möglich wurde das Ausgreifen auf den Atlantik und nach Afrika durch einen neuen Schiffstyp, die Karavelle.

Heinrich der Seefahrer war der vierte Sohn des portugiesischen Königs Johann I., des Begründers des portugiesischen Herrscherhauses Avis. Heinrich, in der Thronfolge nicht sehr weit vorne, blieb sozusagen im Hauptberuf Gouverneur der Algarve. Nach dem Tod des Vaters regierte für einige Jahre sein Bruder Eduard, danach sein Neffe Alfons V., der die afrikanischen Aktivitäten seines Onkels Heinrich unterstützte.

Alfons erreichte beim Papst die formelle Anerkennung der überseeischen Besitzungen Portugals, die Souveränität »über ganz Afrika« – und die Erlaubnis, Ungläubige als Sklaven zu erwerben.

Der Seeweg der »Guten Hoffnung«

Nach Prinz Heinrichs Tod im Jahr 1460 übernahm Alfons' Sohn König Johann II. von 1481 bis 1495 selbst die Rolle der treibenden Kraft bei den afrikanischen Unternehmungen. Unter Johann entwickelte sich Portugal rasch zu einem frühabsolutistischen Staat. Das Ständeparlament wurde praktisch ausgeschaltet und alle Macht am Hof konzentriert. Auch andere Mitglieder der Königsfamilie nahmen regen Anteil an den Entdeckungsfahrten, selbst Prinzessinnen gaben welche in Auftrag.

In Portugal gingen die Initiativen und Aufträge für die Fahrten und Entdeckungen im Wesentlichen vom Herrscherhaus aus, nicht von Kaufmannsvereinigungen wie später in Holland und England. Der Hof, im absolutistischen Staat Quell aller Privilegien, glich auf diese Weise einem Staatskonzern, man erhoffte sich von den Investitionen in Schiffe und Ausrüstungen Einkünfte. Als schließlich der indische Seeweg entdeckt und der Handel mit den Gewürzinseln etabliert war, wurde er in der Casa da India, in Lissabon gleich neben dem Königspalast gelegen, wie ein Staatsmonopol organisiert. Hier wurden die Warenströme kontrolliert, Steuern erhoben und übrigens auch ständig die Karten aktualisiert. Die Spanier übernahmen später dieses Muster.

1488 gelangte der portugiesische Seefahrer Bartolomeu Diaz bis zur Südspitze Afrikas, ans Kap der Guten Hoffnung. Nicht aus Abenteuerlust, sondern auf Geheiß des portugiesischen Königs Johann II., der dem Kap den berühmten Namen gab: *Boa Esperanza* – »Gute Hoffnung«. Gemeint war die Hoffnung, endlich den Seeweg nach Indien zu finden.

Auch Kolumbus sprach in jener Zeit zweimal bei Johann II. vor. Dann wandte er sich an Spanien.

Europa kurz vor 1500

Als sich das 15. Jahrhundert der christlichen Zeitrechnung seinem Ende näherte, herrschte in weiten Teilen Europas politisch gesehen Endzeitstimmung. Die osmanischen Türken hatten im Jahr 1453 Konstantinopel erobert, ein weltgeschichtlicher Wendepunkt. Das mit sich selbst beschäftigte und zerstrittene Abendland war nicht imstande gewesen, wirksame Hilfe für Byzanz zu organisieren. Die Medici in Florenz und die Renaissancepäpste in Rom hatten zwar viel für die Kunst getan, doch gerade das Ansehen des Papsttums war wegen des despotischen und weltlichen Gebarens der Herrscher auf dem Stuhl Petri auf einen Tiefpunkt gesunken.

Das byzantinische Kaiserreich am Bosporus, jahrhundertelang das Bollwerk gegen die arabische und zuletzt die osmanische Expansion, war nun Geschichte. Nach dem Fall von Konstantinopel brachten die Osmanen den Balkan südlich der Donau unter ihre Herrschaft, vor allem Serbien, Albanien, Griechenland. Keine hundert Jahre später würden sie erstmals Wien belagern.

Mit der Eroberung von Konstantinopel riss für die Seerepubliken Venedig und Genua der Schwarzmeer- und Ägäishandel schlagartig ab und damit ihre wesentliche wirtschaftliche Existenzgrundlage. Damit setzte ihr langsamer, aber unaufhaltsamer Niedergang ein.

England und Frankreich hatten sich in einem Hundertjäh-
rigen Krieg gegenseitig niedergerungen, den erst das Eingreifen der Jungfrau von Orléans 1429 wie durch ein Wunder zugunsten Frankreichs wendete. Anschließend zerfleischte sich
Englands Adel in den Rosenkriegen; dort versuchte seit 1485
Heinrich VII., der erste König der neuen Tudor-Dynastie, das
zerrüttete Gemeinwesen zu konsolidieren. Frankreich taumel-
te unter Karl VIII., dem schwächlichen letzten König der Va-
lois-Hauptlinie, in spätmittelalterlichem Gewand, noch ohne die
geistigen Erfrischungen der Renaissance dem Jahrhundertende
entgegen. Das glänzende, relativ selbstständige Burgund wurde
nach dem Schlachtentod seines letzten Herzogs Karl der Kühne 1477 zwischen Frankreich und den Habsburgern aufgeteilt.
Die damaligen Niederlande (einschließlich Belgien) gingen an
Habsburg. Das Reich wurde, ebenfalls noch ganz in spätmittel-
alterlichen Lebensformen, seit fünfzig Jahren von Kaiser Friedrich III., genannt »des Reiches Erzschlafmütze«, friedfertig, aber
ohne Glanz regiert. Es war zum Gähnen.

Nur an der westlichen Peripherie tat sich etwas, in Portugal
und in Spanien.

Kolumbus – Der erste Weltenentdecker

Cristóbal Colón, geboren im Spätsommer 1451, entstammte einer Familie, die seit mehreren Generationen Wollweber und
Tuchmacher waren. Da sein Vater nicht wirklich wohlhabend
war, kam eine gediegene Schul- oder gar Universitätsausbildung
für die Söhne nicht infrage.

Cristóbal kam als Kartenzeichner mit Anfang zwanzig mit
der Seefahrt in Kontakt. Die von ihm entdeckten Seegebiete
und Küsten in der Karibik hat er als der hervorragende Kartograf, der er war, dann auch als Erster aufgenommen. In diesem
Gewerbe war seine Heimatstadt Genua führend, auch die Portugiesen ließen hier Karten der von ihnen befahrenen Küsten Afri-

kas herstellen. Cristóbal kam zunächst als Kartenzeichner nach Lissabon. Hier traf man neben portugiesischen, spanischen und italienischen Seeleuten auch englische, flandrische und skandinavische Matrosen, italienische und jüdische Geldhändler und sogar Mauren, Berber und Afrikaner. Die Hafenstadt verfügte damals über ein in Europa einzigartiges internationales Flair. In Portugal absolvierte Cristóbal als Mittzwanziger ein gewaltiges Lernpensum. Bisher war er wohl Analphabet, doch nun lernte er Portugiesisch und Kastilisch (seine Aufzeichnungen verfasste er später auf Spanisch), ferner Latein; die alten geografischen Werke, aufgrund deren er seine kühne Reise konzipierte, waren natürlich auf Lateinisch abgefasst. Außerdem erwarb er Kenntnisse der Mathematik, Astronomie, Navigation und des Schiffsbaus.

Als 1481 König Johann II. den Thron bestieg, florierte der portugiesische Afrikahandel bereits bis zur Elfenbeinküste. Die Portugiesen waren dahintergekommen, dass sie ihre Schiffe nur mit Falkenglöckchen, billigen Glasperlen, rotem Filz und allerlei anderem Tand beladen mussten und bei den schwarzen Afrikanern dafür bereitwilligst Gold, Elfenbein, eine afrikanische Pfefferart (ebenfalls ein in Europa sehr begehrtes Handelsgut) und Sklaven eintauschen konnten. Anfang der 1480er-Jahre fuhr auch Cristóbal Colón, der inzwischen geheiratet hatte, auf portugiesischen Afrika-Schiffen mit, wobei ihn der leichte und so gewinnbringende Tauschhandel tief beeindruckte. Er nahm in seinen späteren Aufzeichnungen darauf Bezug und stellte sich vor, dass sich mit den »Indern« oder »Indianern« ebenso leicht unermessliche Schätze tauschhandeln ließen. Doch zunächst lernte er auf jeder Fahrt auch etwas über das Navigieren – und nicht zuletzt das Verproviantieren – von Schiffen für längere Fahrten.

Wieder in Lissabon arbeitete Cristóbal Colón in der Kartenwerkstatt seines jüngeren Bruders Bartolomeo, der inzwischen ebenfalls in Lissabon ansässig war. Nun reifte in Kolumbus das Projekt der Indienfahrt in westlicher Richtung. Grundlage war das von Renaissancegelehrten wiederentdeckte ptolemäische Weltbild. Selbstverständlich war die Annahme der Kugelgestalt der Erde. Unbekannt oder umstritten war lediglich die Ausdehnung Asiens. Laut Ptolemäus bedeckte der eurasische Kontinent »die halbe Welt«. Eine typische fiktive Weltbild-Vorstellung, die Ptolemäus in eine kartografische Angabe umgesetzt hatte: Für ihn endete Asien am 180. Längengrad.

Neuere Informationen hatte indes der Reisebericht von Marco Polo geliefert. Marco Polos Bericht hat Kolumbus zutiefst inspiriert; nachweislich führte er ein persönliches Exemplar auf seiner ersten epochalen Reise »nach Indien« mit sich. (»Indien«, »Asien«, »Cathay« – China –, »Zipango« – Japan – unterschied man damals nicht so genau.) Die Schilderungen vom »Übermaß an Gold, Perlen und edlen Steinen« und einem Land, in dem »die Dächer der Tempel und königlichen Paläste aus purem Gold« seien, hatten sich Kolumbus tief eingeprägt und er verknüpfte sie mit seinen afrikanischen Erfahrungen: Wie bereitwillig, leicht und billig diese Reichtümer von den Eingeborenen eingetauscht werden konnten.

Marco Polo lieferte neue Angaben über die Größe von Asien; demgemäß dehnte es sich um gut dreißig Längengrade weiter nach Osten aus als bisher angenommen. Bei den etablierten erdkundigen Stubengelehrten war er als Schwindler verschrien, doch der angesehene Florentiner Gelehrte und Kartograf Paolo Toscanelli (1397–1482) vertraute den Angaben Marco Polos. Toscanelli hatte als einer der Ersten um 1470 den Gedanken formuliert, man solle besser über den Ozean nach Westen fahren, um in den asiatischen Osten zu gelangen. Das sei der bessere und kürzere Weg nach Cathay oder »Indien« im Vergleich zu dem offenbar langen Weg um Afrika herum. Schon 1457 hatte er eine Weltkarte gezeichnet, auf der die Ostküste Cathays und die vorgelagerte Inselgruppe Zipango in ziemlich erreichbarer Entfernung von der Iberischen Halbinsel aus zu sehen waren. Kolumbus stand in Briefkontakt mit Toscanelli. Sie bestärkten sich gegenseitig in der Idee einer Westfahrt nach Indien.

Marco Polos Angaben kamen Kolumbus durchaus entgegen, denn sie verkürzten den westlichen Seeweg nach Indien oder Zipango. Außerdem rechnete er sich den Erdumfang schön, indem er ihn, von fehlerhaften Annahmen ausgehend, 25 Prozent geringer veranschlagte als Eratosthenes und zehn Prozent geringer als Ptolemäus. Zur weiteren Verkürzung lokalisierte er das auf der Toscanelli-Karte verzeichnete Zipango noch einmal auf dreißig Längengrade vor der Küste Cathays gelegen. Alles in allem verkleinerte er den Ozean zwischen Europa und Asien auf sechzig Längengrade und kam so zu dem Schluss, dass die Ostküste von Zipango (oder »Indien« oder »Asien«) zehn bis zwölf Tagesreisen westlich der Azoren liegen müsse.

Kolumbus glaubte inbrünstig an die Statistiken, die er selbst gefälscht hatte. Für sein Vorhaben suchte er zweimal bei König Johann II. um Unterstützung nach, 1484 und 1488, wurde aber jedes Mal abschlägig beschieden. Die geografischen Berater des Königs gingen richtigerweise von einer viel größeren Erdkugel aus und erklärten Kolumbus' Projekt für undurchführbar. Für den Seeweg nach Indien setzten sie lieber auf die Umsegelung Afrikas und schickten 1487 Bartolomeu Diaz auf die Reise.

Nach dem ersten abschlägigen Bescheid in Lissabon segelte Kolumbus 1485 nach Spanien, unternahm einiges, um sich am spanischen Königshof Gehör zu verschaffen, und wurde am 1. Mai 1486 im Alcázar von Córdoba tatsächlich erstmals den Katholischen Königen Ferdinand von Aragón und Isabella von Kastilien vorgestellt. Insbesondere Isabella versprach, das Vorhaben durch ihre »Experten« prüfen zu lassen. Auch sie glaubten nicht, dass der Ozean zwischen Spanien und Indien so schmal sei, wie Kolumbus behauptete (womit sie ja recht hatten), doch sie vertagten sich.

Die sechs Jahre des Wartens von der ersten Vorsprache am spanischen Hof bis zur Ausfahrt im Sommer 1492 wurden die schwersten im Leben von Kolumbus. Er ging mittlerweile auf die vierzig zu. 1488 kam Bartolomeu Diaz vom Kap der Guten Hoffnung zurück: Ein Portugiese war um die Südspitze Afrikas herumgesegelt, König Johann und die Portugiesen sahen sich bereits auf einem gutem Weg, bald nach Indien zu gelangen. Sie brauchten kein auf Spekulationen beruhendes Abenteuer dafür. Am 2. Januar 1492 nahm Kolumbus am Triumphzug zur Schlüsselübergabe der Alhambra an die Katholischen Könige nach dem Fall der letzten maurischen Festung Granada teil. Kurz danach erhielt er den abschlägigen Bescheid für sein Projekt. Das war für Kolumbus das niederschmetternde Ergebnis sechsjährigen Wartens. Er machte sich umgehend auf den Weg zu seinem Bruder Bartolomeo nach Frankreich, wo dieser inzwischen als Kartenzeichner am Königshof arbeitete.

Am Tag seiner Abreise sprach ein mit Kolumbus befreundeter Hofbeamter bei Königin Isabella vor, redete das Risiko der Reise klein und die Aussichten, neue große, reiche Länder für Spanien und die Christenheit zu gewinnen, groß. In den zahlreichen Audienzen, die sie ihm gewährte, hatte Isabella stets einen positiven Eindruck von Kolumbus gewonnen. Nun ließ sie sich umstimmen. Santángel, der Hofbeamte, versprach, die Hälfte der Kosten für die Expedition aufzubringen.

Am 17. April 1492 wurden die Vertragsurkunden zwischen den Königen und Kolumbus unterzeichnet, in denen er zum »Admiral der Weltmeere« ernannt und ihm vizekönigliche Regierungsrechte über die von ihm entdeckten Inseln und Länder übertragen wurden, ferner Eigentumsrechte daran für ihn und seine Nachkommen. Die Steuern und Abgaben an die königliche Schatulle wurden geregelt, Pässe und Beglaubigungsschreiben für die fremden Fürsten ausgestellt.

Die Entdeckung Amerikas

Abfahrt in Palos war am 3. August 1492 mit drei Schiffen. Wegen Ruderbruchs der *Pinta* musste auf den Kanaren ein einmonatiger Reparaturaufenthalt eingelegt werden. Die Weiterfahrt begann am 6. September. Statt der von Kolumbus »berechneten«

maximal zwölf Tage dauerte die Atlantiküberquerung 33 Tage. Unterwegs meuterte die Mannschaft. Am 12. Oktober kam Land in Sicht – die Bahamainsel Guanahani, von Kolumbus San Salvador genannt. Das war die erste Landberührung – der später glorifizierte Tag.

Bei der Weiterfahrt entdeckte Kolumbus Kuba und Hispaniola (heute Dominikanische Republik und Haiti). Auf Hispaniola wurde die erste spanische Kolonie gegründet. Am Weihnachtstag des 25. Dezember strandete die *Santa María* auf Hispaniola und musste aufgegeben werden.

Eigentümer dieses berühmten, aber wenig hochseetauglichen Flaggschiffs der Expedition (sie war keine Karavelle, im Gegensatz zur *Pinta* und *Niña*) war Juan de la Cosa, von dem Kolumbus die *Santa María* nur gemietet hatte. Cosa fuhr unter dessen Kommando auf seinem eigenen Schiff mit, er verursachte auch die Havarie von Hispaniola, und von ihm stammt die erste jener Weltkarten (1500), welche zur für Amerika namengebenden Waldseemüllerkarte führen sollten.

Am 16. Januar 1493 begann die Rückreise nach Spanien, teilweise unter fürchterlichen Atlantikstürmen. Ankunft in Palos war am 15. März. In der gelungenen Rückreise bestand die eigentliche nautische Leistung von Kolumbus als der hervorragende Navigator, der er war. Nach »Westindien« hatten ihn seine unbedingte, nie erlahmende Zielstrebigkeit zu Lande und Glück und gute Winde zu Wasser gebracht. Aber er hatte keinen konkreten topografischen Zielpunkt. Wäre es ihm nicht gelungen, die *Niña* und die *Pinta* punktgenau nach Spanien zurückzubringen, wäre ein im Atlantik verschollener Kolumbus eine Fußnote der Geschichte geblieben.

Von Palos aus zog Kolumbus im Triumphzug durch Spanien nach Barcelona zum Königspaar. Er erhielt den Auftrag für eine zweite Reise, die noch im selben Jahr startete und bis 1496 dauerte – mit 17 Schiffen, Soldaten, Siedlern und Missionaren. Die von ihm entdeckten Inseln fand Kolumbus problemlos wieder.

Kolumbus unternahm noch eine dritte (1498–1500) und eine vierte Reise (1502–1504), während der er den Golf von Mexiko weiter erkundete und die Inseln und Küsten der Karibik kartierte. Als Vizekönig und Generalgouverneur scheiterte er hingegen vollständig, denn es gelang ihm nicht, der Gewalt, den Rivalitäten und Versklavungen unter den weißen Siedlern Herr zu werden.

Die Entdeckung der Neuen Welt löste einen Ansturm spanischer Konquistadoren aus, die von keinem Entdecker- oder Forscherinteresse und von keinerlei simpler Abenteuerlust getrieben waren, sondern einzig von Beutegier und Ruhmsucht. Es waren mehr als die Handvoll bekannter Gestalten aus Romanen, Film und Fernsehen, und es herrschte ein unglaublich reger transatlantischer Verkehr. Allein Juan de la Cosa, der Haupteigner der *Santa María*, segelte 1493 und 1500 fünfmal zwischen der Alten und der Neuen Welt hin und her. An den Küsten des Golfs von Mexiko suchte er gemeinsam mit Kumpanen wie Hojeda, Amerigo Vespucci und Núñez de Balboa mordend und plündernd nach Edelmetall und Perlen. Entdeckungen wurden eher nebenbei gemacht – beispielsweise die Orinoco-Mündung, wo man Eingeborenensiedlungen auf Pfählen vorfand, die den europäischen Namen Venezuela (»Klein-Venedig«) erhielten.

Der Vertrag von Tordesillas

Die Kunde von Kolumbus' Entdeckung drang schnell nach Italien, aber nur langsam über die Alpen. Vor allem in Rom war man bestens informiert, denn auf dem Stuhl Petri saß seit 1492 ein Spanier, Papst Alexander VI., vormals Rodrigo Borgia, einer der berüchtigtsten Päpste überhaupt. Borgia erkannte sehr schnell und mit sicherem politischen Instinkt, zu welchen Rivalitäten die maritimen Aktivitäten der beiden iberischen Nationen auf den Weltmeeren führen könnten, und drängte Spanier und Portugiesen zu Verhandlungen, die 1494 im spanischen

Städtchen Tordesillas stattfanden. Am Ende stand ein Vertrag, bei dem der Papst mithilfe eines Zirkels einen Federstrich auf einer Landkarte zog. Die Linie verlief 370 spanische Meilen (1170 Kilometer) westlich der Kapverden. Die Einigung besagte: Alle Gebiete östlich dieser Linie gelten als portugiesischer Einflussbereich; damit waren die afrikanischen Küsten und alles, was eventuell in östlicher Richtung jenseits davon liegen könnte, für die Portugiesen reserviert. Die Gebiete westlich davon standen den Spaniern zu. Es war der erste derartige Federstrich auf einer Landkarte, der Welten teilte.

Alexander glaubte 1494, über ein atlantisches Inselarchipel zugunsten der Spanier entschieden zu haben. Dass damit der ganze südamerikanische Kontinent, Mittelamerika sowie Nordamerika an die Spanier fielen, konnte niemand ahnen. Aus heutiger Sicht vergisst man leicht, dass auch Nordamerika jahrhundertelang spanischer Besitz blieb.

Für England liegt der erste Nachweis von der Kenntnis über Kolumbus' westindische Entdeckung erst 1496 vor. Als detailliertere Nachrichten eintrafen, glaubte man diese sogleich. Berichte über mehr oder weniger nackte »Indianer«, die friedfertig waren und ohne wirksame Waffen inmitten einer üppigen Natur lebten, entsprachen nur allzu sehr dem Bild, das man sich während des gesamten Mittelalters, gerade auch auf den Weltkarten von »Indien« gemacht hatte. Für die Europäer bedeuteten die Entdeckungen von Kolumbus also keineswegs den grundsätzlichen Wandel ihres Weltbildes, wie man das heute in der verkürzten Betrachtung und mit erst später erworbenem Wissen sieht.

Als der Portugiese Vasco da Gama 1498 das wahre Indien entdeckte, traf er auf eine sehr viel weiter entwickelte Zivilisation, die mehr den durch Marco Polo genährten Träumen entsprach und wo man tatsächlich die erhofften Gewürze handeln konnte. Da Gama hatte das Glück, in Kalikut gelandet zu sein, einem der Haupthandelsplätze an der Malabarküste (heute der indische Bundesstaat Kerala). In den Augen der unmittelbar Beteiligten war das ganze aufwendige Kolumbus-Unternehmen nach der letzten Fahrt 1504 krachend gescheitert. Von Kolumbus wollte niemand mehr etwas wissen. Er starb verarmt und vergessen 1506 in Valladolid.

Wie Amerika
auf die Landkarte kam

Erste Karten von der Neuen Welt

Natürlich wurde die Neue Welt so schnell wie möglich auf Karten verzeichnet. Eines der ersten Exemplare ist eine Karte etwa aus dem Jahr 1500 von Juan de la Cosa. Seine Weltkarte war lange verschollen und wurde erst 1832 wiederentdeckt. Der aus dem Baskenland stammende Cosa war kein Kartengrafiker im stillen Kämmerlein irgendwo im Kastell des Schiffs, sondern einer der Hauptakteure von Kolumbus' Reisen und der unmittelbar nachfolgenden Eroberungszüge. Er war selbst Kapitän und der wesentliche Miteigentümer der *Santa María*. Auf der zweiten Reise (1493–1496) war Cosa Kapitän der *María Galante*, und auch an der dritten Reise (1498) nahm er teil. 1499 plünderte er mit Alonso de Hojeda und anderen Kumpanen rücksichtslos die Venezuelaküste. Ein weiterer Teilnehmer dieser Reise war Amerigo Vespucci, ebenfalls ein Kartograf, von dessen Unterlagen wohl auch wichtige Informationen in die Cosa-Weltkarte einflossen. 1509 war Cosa erneut mit Hojeda und dem späteren Inka-Bezwinger Pizarro unterwegs, dieses Mal im Golf von Darién, wo er an einem Giftpfeil starb.

Die Cosa-Karte ist auf Pergament gezeichnet und gemalt im Format 93 mal 183 Zentimeter; sie befindet sich heute im Marinemuseum in Madrid. Es ist die älteste erhaltene Karte mit Teilen von Amerika. Kuba ist als Insel verzeichnet – im Gegensatz zur Auffassung von Kolumbus, der Kuba für eine Halbinsel des asiatischen (!) Festlandes hielt.

Die Cantino-Karte

Die nächste überlieferte Karte stammt aus dem Jahr 1502. Sie dokumentiert das erweiterte Weltbild der Zeit um 1500: Europa und Afrika sind recht genau erfasst; die Umrisse Afrikas sind seit Vasco da Gamas Indienfahrt gut bekannt. Ferner natürlich die karibischen Inseln. An der Küste des 1500 von Cabral entdeckten Brasiliens tummeln sich unter Bäumen die Papageien. So etwas ist nicht nur ein entzückendes Detail der »Dekoration«, sondern auch Aspekt eines exotischen »Weltbildes«. Grönland ist vorhanden, ebenso das als Insel dargestellte Neufundland. Von Nordamerika ist eigentlich nur Florida zu sehen, dieses aber in annähernd richtiger Zuordnung gegenüber Kuba. Das ist für die Geschichte des geografischen Weltbildes eine wichtige Information. Im Bewusstsein der Europäer der Frühen Neuzeit existierte der in der Ausdehnung seiner Landmassen riesige nordamerikanische Kontinent für längere Zeit noch gar nicht. »Amerika« war für sie gleichbedeutend mit der Karibik.

Recht ungenau sind hingegen die Umrisse der Arabischen Halbinsel, Indien ist viel zu klein, Hinterindien viel zu groß und Ostasien, vor allem China und sein Küstenverlauf, erkennbar unbekannt.

Die sogenannte Cantino-Karte (218 mal 102 Zentimeter), das vollständigste, aktuellste geografische Weltbild seiner Zeit, war ein Staatsgeheimnis der portugiesischen Krone. Sie wurde vermutlich in der Casa da Índias aufbewahrt. Dem ferraresischen Gesandten am portugiesischen Königshof Graf Alberto Cantino gelang es, einen Kartenzeichner mit zwölf Golddukaten – damals sehr viel Geld – zu bestechen. Diese Kopie sandte Cantino an Herzog Ercole d'Este nach Ferrara, und nur sie ist überliefert. Daher auch die Bezeichnung.

Angesichts der zu Anfang des 16. Jahrhunderts schnell folgenden weiteren Entdeckungen (man denke nur an das Inka-

Reich) und genauerer geografischer Angaben war die Karte allerdings bald überholt.

Das Ausspionieren des nautischen und kartografischen Knowhows der Portugiesen war wohl von Anfang an der Hauptzweck von Cantinos Gesandtschaft. Er schickte an seinen Herzog mehrere Berichte über die portugiesischen Entdeckungen. Die Episode um die Kopie der portugiesischen Weltkarte führt zum einen die absolute Vormachtstellung Portugals auf den gerade erst entdeckten Weltmeeren deutlich vor Augen. Die Routen nach Südamerika und um Afrika herum bis nach Indien waren damals nur ihnen bekannt. Die Weltumsegelung des Portugiesen Magellan 1519 bis 1522 unterstrich zum anderen diese herausragende Stellung als einzige maritime Weltmacht für die nächsten hundert Jahre.

Die neuen Informationen aus der Cantino-Karte wurden in Italien umgehend in die Caveri-Karte (um 1504) eingearbeitet. Diese wiederum stellte höchstwahrscheinlich die wesentliche Grundlage für die Waldseemüllerkarte von 1507 dar. Zur Entstehung der Caveri-Karte ist nichts weiter bekannt, als dass sie ihren Namen dem genuesischen Kartografen Nicolo de Caveri verdankt. Sie ist hauptsächlich als Bindeglied zwischen der Cantino-Karte und der Waldseemüllerkarte von Bedeutung. Entzückend die auf dem afrikanischen Kontinent eingezeichneten Löwen, Giraffen und Elefanten – diese Großsäugetiere waren also schon damals ein Inbegriff von Afrika, wie heute noch in jedem Afrika-Film und in jeder einschlägigen *Traumschiff*-Folge. Zoologische Weltbilder eben.

Wie lückenhaft die geografischen Informationen in jener Zeit dennoch waren, zeigt die Contarini-Rosselli-Karte von 1506. Es ist die erste *gedruckte* Weltkarte (ein Kupferstich), auf der die Neue Welt erscheint, allerdings noch nicht unter dem Namen »Amerika«. Außerdem bleibt die kartografische Darstellung des nordamerikanischen Kontinents mehr als vage: Grönland wird als westlicher Ausläufer von Asien begriffen, südlich davon liegt ein weites offenes Seegebiet, erst die karibischen

Inseln sind wieder richtig eingezeichnet. Vom eigentlichen Nordamerika ist auf dieser Karte ebenfalls nichts zu sehen. Die karibischen Inseln werden als Cuba, Zipango (Japan), die mittelamerikanische Küstenlinie als Asien bezeichnet. Die Contarini-Rosselli-Karte spiegelt also ungefähr die Vorstellung wider, die Kolumbus von seinen Entdeckungen gehabt haben mochte.

Amerigo Vespucci – Der Namensgeber für Amerika

Der Florentiner Amerigo Vespucci (ca. 1450–1512, in etwa gleich alt wie Kolumbus) war als Leiter der Medici-Bank in Sevilla 1492 an der Finanzierung der Ausrüstung für die erste Kolumbus-Reise beteiligt. So kam er in Kontakt mit der spanischen Entdeckerbranche und fuhr vermutlich erstmals 1497, spätestens in den Jahren 1499/1500 selbst in die Neue Welt. Gesichert ist seine Teilnahme an der Reise Alonso de Hojedas und Juan de la Cosas rund um die Orinocomündung in Venezuela.

Gleich anschließend folgte eine zweite Fahrt im Auftrag der portugiesischen Königin oder der Medici-Bank an die nordbrasilianische Küste. Wegen des Vertrags von Tordesillas stand Brasilien den Portugiesen zu. Vespucci hatte den ausdrücklichen Auftrag, Karten und Berichte anzufertigen. Auf dieser Reise erreichte er 1502 den Rio de Janeiro, den er so benennt, und auf dieser Reise muss ihm endgültig klar geworden sein, dass Südamerika ein Kontinent ist, keine Insel.

Wie gelangte Vespucci zu dieser Erkenntnis? Durch die Beobachtung von Mondfinsternissen. Die damals schwierige Bestimmung des Längengrades wurde unter anderem mit Differenzen der Ortszeit von Ein- und Austritten des Mondes aus dem Erdschatten im Vergleich mit verschiedenen, weit entfernten Beobachtungsorten einigermaßen genau bestimmt. Eine solche Längengradbestimmung brachte Vespucci zu der Erkenntnis, dass er sich in Brasilien und keinesfalls in Indien befinden konnte. Dessen Längengradposition, etwa von Vasco da Gamas Landungsort Kalikut, war ja inzwischen hinlänglich bekannt. Vespuccis Bericht ist unter dem Titel *Mundus Novus* (»Neue Welt«) bekannt geworden. Die etwa 15-seitige Broschüre, ursprünglich ein Brief an einen der Medici, zirkulierte seit 1503 rasch in mehreren Übersetzungen und hohen Auflagen in ganz Westeuropa. Nach Gelehrtenart erschien Vespuccis Vorname Amerigo in der lateinischen Fassung als *Americus*.

Europa hörte anschauliche Details über die Tiere und Pflanzen sowie über »die freundlichen und angenehmen« Ureinwohner, »die vollkommen nackt einhergehen«, erstmals aus seinem Munde: »Ihre Hautfarbe wirkt rötlich, sie haben dichtes, schwarzes Haar … Sie durchbohren ihre Wangen, Lippen, Nasen und Ohren. Weder sind diese Löcher klein noch haben sie nur eins davon. Ich habe Männer gesehen, die sieben derartige Löcher im Gesicht haben, und durch jedes konnte man eine Feder stecken.« Dann schildert er, wie viele dieser Piercings mit »blauen Steinen« und Ähnlichem ausgefüllt werden oder dass sie die Ohren dreifach durchstechen und »an Ringen weitere Steine hängen«. Vespucci kommentierte: »Das ist alles sehr erstaunlich.« Die Frauen durchstechen nur ihre Ohren, nicht das Gesicht. Da sie sehr wollüstig seien, ließen sie »die männlichen Organe ihrer Partner durch den Biss giftiger Tiere zu enormer Größe anschwellen, wodurch sie deformiert wirken und abscheulich anzusehen sind. Als Folge dieser Sitte brechen die Organe bei Unachtsamkeit oft ab, und die Männer werden zu Eunuchen.« Es war auch von Kannibalismus die Rede: »Ich sah eingesalzenes menschliches Dörrfleisch von Dachbalken hängen wie bei uns die Schweineschinken.« Aber er beobachtete auch, dass die Bewohner »vollkommen im Einklang mit der Natur leben«, »man könnte sie eher als Epikureer denn als Stoiker bezeichnen. Sie treiben keinen Handel. Sie haben kein Privateigentum, allen gehört alles gemeinsam. Auch leben sie ohne König, ohne Regierung und jeder ist sein eigener Herr. Sie heiraten so viele Frauen, wie sie wollen …« Schöne neue Welt.

Waldseemüllerkarte –
Die Taufurkunde Amerikas

Der *Mundus Novus* und weitere Sendschreiben, oder vielleicht würde man heute sagen: Reportagen, zirkulierten in Europa, gaben als Erste anschauliche Landeskunde von der Neuen Welt und wurden nicht angezweifelt. So verband sich die Neue Welt mit Vespuccis Namen, der somit zum ersten Berichterstatter oder Propagandisten der Neuen Welt wurde. Er formte das (Welt-)Bild seiner Zeitgenossen vom karibischen Amerika.

Der aus der Umgebung von Freiburg im Breisgau stammende Kartendrucker Martin Waldseemüller (ca. 1475–1520) erstellte damals gemeinsam mit seinem Studienfreund, dem Gelehrten Matthias Ringmann, in St. Dié eines jener beliebten, im wörtlichen Sinne weltanschaulichen, kosmografischen Werke mit dem Titel *Universalis Cosmographia* (1507). St. Dié war ein lokales Gelehrtenzentrum, das vom lothringischen Herzog finanziert wurde. René II. war stark an Kartografie interessiert und sammelte selbst Karten.

Waldseemüller und Ringmann hatten in Freiburg Mathematik und Geografie studiert. Ringmann war eher für die Texte, Waldseemüller eher für die Karten in dieser Kosmografie zuständig. Sie nahmen eine Zusammenstellung von Vespuccis Reiseberichten unter dem Titel *Quatuor Americi Vesputii Navigationes* (»Die vier Seereisen des Amerigo Vespucci«) als Beschreibung der Neuen Welt darin auf. Nach dem damaligen Kenntnisstand nicht ganz zu Unrecht hielt Waldseemüller Vespucci für den Entdecker Amerikas und setzte dessen Namen auf die dazugehörige Weltkarte in der *Cosmographia*. Mehrere Jahre nach der Entdeckung des Seeweges nach Indien durch Vasco da Gama dürfte auch in St. Dié vollends klar gewesen sein, dass Kolumbus' Inseln nichts mit »Westindien« zu tun hatten.

Ringmann schrieb dazu in der Einführung zum Abdruck der Vespucci-Texte, dass dieser »vierte Weltteil« nach »seinem

Entdecker« benannt werde, »als ob es das Land des Americus sei, daher America«.

Die Waldseemüllerkarte spiegelt die geografischen Kenntnisse der Welt auf dem seinerzeit aktuellsten Wissensstand. Von ihr existieren mehrere Fassungen. Durch den herzförmigen Rahmen sollte der Betrachter an die Kugelgestalt der Erde erinnert werden. Die Wandkarte misst 128 mal 233 Zentimeter und wurde aus zwölf einzelnen Platten in einer Auflage von tausend Exemplaren gedruckt. Sie war also in Gelehrtenkreisen recht weit verbreitet, und dementsprechend groß war eben auch ihr Einfluss auf die Verbreitung des Namens Amerika. Niemand dachte mehr daran, die Neue Welt eventuell nach dem mittlerweile verstorbenen und vergessenen Entdecker »Columbia« zu nennen.

Am unteren Rand wird ausdrücklich gesagt, die Karte sei eine »Universale Weltbeschreibung in der Tradition von Ptolemäus« *(Universalis cosmographia secundum Ptholomaei traditionem)* »und weiterer Bilder von Amerigo Vespucci«. Am oberen Rand sind sowohl Ptolemäus als auch Vespucci porträthaft dargestellt; zwischen ihnen befinden sich noch einmal zwei Darstellungen jeder Erdhälfte als Nebenkarten. Auf dieser Nebenkarte ist der gesamte südamerikanische Kontinent schon beinahe mit den richtigen Umrissen auch zur Pazifikseite hin zu sehen (anders auf der Hauptkarte). Worauf das beruht, ist bis heute nicht geklärt.

Ferner gab es eine Segmentkarte (die Segmente sehen aus wie Orangenscheiben), die man auf einen Globus aufbringen konnte. Davon gibt es noch fünf Exemplare, zwei in den USA, zwei in Deutschland sowie eine dritte, leicht abweichende Version, die erst Anfang Juli 2012 in der Universitätsbibliothek von München gefunden wurde.

Das einzige erhaltene Exemplar der repräsentativen Wandkarte wurde 1901 in der Bibliothek von Schloss Wolfegg in Oberschwaben in der Nähe des Bodensees entdeckt, in gutem Zustand. Diese schönste und größte Waldseemüllerkarte blieb während des gesamten 20. Jahrhunderts unter Verschluss im Besitz der Fürstenfamilie Waldburg-Wolfegg und Waldsee. Der Fürst verkaufte sie 2001 an die amerikanische Library of Congress, die sich sehr lange um den Erwerb bemüht hatte, für zehn Millionen Dollar – der höchste Preis, der je für eine Karte gezahlt wurde. Als »Taufurkunde Amerikas« (selbstverständlich Bestandteil des Weltdokumentenerbes der UNESCO) ist sie heute in der Library of Congress auf dem Kapitolshügel in Washington ausgestellt.

Vasco da Gama und der Seeweg nach Indien

Vasco da Gama (1469–1524), ein Graf aus dem Süden Portugals, verfügte durch seine Familie bereits über gute Beziehungen zum Königshof. Er musste sie also nicht wie der Bittsteller Kolumbus mühsam herstellen. In den Jahren von Kolumbus' erster und zweiter Karibikfahrt bekämpfte da Gama im Auftrag von Johann II. französische Piraten vor der Küste der Algarve, die es auf portugiesische Schiffe abgesehen hatten, welche aus Westafrika heimkehrten. Hierbei sammelte er erste nautische Erfahrungen. Johanns Nachfolger König Manuel I. und da Gama standen sich offenbar recht nahe. Sie waren gleichaltrig, beide Ende zwanzig.

Manuel I., der von 1495 bis 1521 regierte, beauftragte jedenfalls ihn und nicht den Kap-Entdecker Diaz, den entscheidenden Vorstoß nach Indien zu wagen. Da Gama segelte wie Kolumbus mit drei Schiffen Anfang Juli 1497 von Lissabon ab. An Bord befanden sich die erfahrensten portugiesischen Seeleute in den afrikanisch-atlantischen Gewässern. Die kleine Flotte erreichte im April 1498 Mombasa, den damals arabisch dominierten Hafen am Indischen Ozean im heutigen Kenia. Die Araber waren alles andere als begeistert. Doch der Sultan der benachbarten Mombasa-Konkurrentin Malindi stellte da Gama einen Lotsen für die Überquerung des Indischen Ozeans zur Verfügung. Am 20. Mai 1498 landete der Portugiese nahe Kalikut im heutigen südindischen Bundesstaat Kerala. Kalikut, Hauptstadt eines Hindu-Königreichs, war längst ein Zentrum des chinesisch-indisch-arabischen Handels und eine kosmopolitische Metropole an der Malabarküste, der Pfefferküste. Kalikut wurde schon seit dem Mittelalter von Herrschern regiert, die den Titel »Samurin« trugen. Zu der Zeit, als Vasco da Gama dort landete, stand das Reich der Samurinen auf dem Höhepunkt seiner Entwicklung, und erst 1766 ging es in dem von den Engländern unterstützten Königreich Mysore auf. (Heute ist Bangalore, das boomende Zentrum der indischen Computerindustrie, die Hauptstadt des modernen Bundesstaates Mysore.) Die Portugiesen hatten Eingeborene erwartet in der Art, wie sie Kolumbus in der Karibik tatsächlich antraf. Sie hatten sich gedacht, man könne diese wie in Afrika mit ein bisschen Tand, Zucker, Honig, Baumwolltuch und Hüten für sich einnehmen. Doch sie hatten sich ein falsches *Bild* von Indien gemacht. Hier gab es entwickelte Zivilisationen und selbstbewusste Herrscher, die bereits seit Langem vom florierenden indonesisch-indisch-arabischen Seehandel profitierten. Für den regierenden Samurin waren solche Gaben, wie da Gama sie anbot, eher eine Beleidigung. Den Portugiesen wurde beschieden, selbst der ärmste Händler aus Mekka hätte mehr zu bieten.

Da Gama durfte daher keinen Handelsposten errichten, aber es gelang ihm, seine Schiffe mit Pfeffer, Zimt, Ingwer, Tamarinde, Teak- und Sandelholz zu beladen. Allein der Verkauf dieser Ladung in Europa soll das Sechzigfache der Kosten der Expedition eingebracht haben. Im Herbst 1499 wurde ihm in Lissabon ein triumphaler Empfang bereitet. Seit 1502 durfte er sich »Admiral des Indischen Meeres« nennen. Eine zweite Reise nach Indien mit 21 schwer bewaffneten Schiffen folgte im selben Jahr. Die Portugiesen brachen den Widerstand der Araber und lokaler indischer Fürsten, bauten ein Fort und sicherten sich über hundert Jahre lang das Monopol auf den Gewürzhandel und die

Seemacht in dieser Region. Die Kenntnis des Seewegs nach Indien war sorgsam gehütetes Know-how der Portugiesen.
Die Portugiesen hatten den Wettlauf nach Indien gewonnen. Allerdings konnte man damals noch nicht ermessen, was Kolumbus durch seine Reisen gewonnen hatte. Im Jahr 1500 entdeckte die zweite portugiesische Indienflotte unter dem Kommando von Pedro Álvares Cabral durch Zufall Brasilien. Dessen Flotte war von Lissabon nach Indien unterwegs, doch es verschlug die Schiffe an eine unbekannte Küste, die Cabral zunächst für eine Insel hielt. Auf der Weiterfahrt durch den Südatlantik gingen einige Karavellen im Südatlantik im Sturm unter. Dabei starb auch der Entdecker des Kaps der Guten Hoffnung, Bartolomeu Diaz. 1502 bis 1504 fuhr Kolumbus zum vierten und letzten Mal nach »Indien«.

Durch die Entdeckungen seiner Seefahrer wurde Manuel I. zum Begründer des ersten europäischen Weltreiches und, dank des Handelsmonopols, zum reichsten Monarchen Europas. Portugal erlebte ein Goldenes Zeitalter und eine kulturelle Blüte. Manuel nutzte den Reichtum für innenpolitische Reformen, vor allem des Justiz- und Bildungswesens. In der Folgezeit verbesserten sich die geografischen Kenntnisse, was in wiederum verbesserten Karten seinen Niederschlag fand. Insbesondere die Portugiesen verlangten von allen heimkehrenden Kapitänen, Aufzeichnungen und Logbücher abzugeben, damit diese ausgewertet werden konnten. Zentrale Sammelstelle war die Casa da Índia, das portugiesische Gegenstück zur spanischen Casa de Contratación in Sevilla. Dort wurden die Karten aktualisiert und wieder an Lotsen und Kapitäne herausgegeben. In beiden Institutionen wurden auch Kartenzeichner geschult. Das geschah auch außerhalb von Lissabon. Goa entwickelte sich zu einem kartografischen Zentrum der Portugiesen in Indien.

Die Portugiesen blieben jedoch keineswegs in Kalikut und Goa stehen. Im ziemlich düsteren Glanz der bekannten Erzählungen von den Taten und Untaten der spanischen Konquistadoren wird oft übersehen, wie rasch die Portugiesen den asiatischen Raum erschlossen: die Inselwelt des heutigen Indonesien, das eigentliche Zentrum der Gewürzinseln, damals Molukken genannt; anschließend die chinesische Küste bis hinauf nach Japan. Wenn nötig auch mit militärischen Mitteln. Dabei gingen sie durchaus nicht immer zimperlich vor, strebten aber insgesamt mehr nach gegenseitigem Handelsaustausch.

Schon 1505 segelte der Adelige Francisco de Almeida als »Vizekönig von Indien« mit einer großen Flotte, in der auch Magellan als 25-Jähriger mitfuhr, nach Indien. Bisher hatten vor allem die Araber den Orienthandel beherrscht. Anfang Februar 1509 besiegte Almeida eine ägyptisch-arabisch-indische Flotte. Dadurch errangen die Portugiesen nur zehn Jahre nach ihrer Entdeckung des indischen Seewegs die Herrschaft im gesamten Indischen Ozean. Die orientalischen Anrainer unterbrachen bis zum endgültigen Rückzug der Briten »östlich von Aden« im Jahr 1967 nie mehr die europäischen Schifffahrtsrouten. Der traditionelle Levantehandel zwischen Persischem Golf, Rotem Meer und Mittelmeer kam endgültig zum Erliegen. Auch der arabisch-indische Seehandel, der ebenfalls seit der Antike florierte und vor allem für Ostarabien (die heutigen Golfstaaten) und Südarabien (Jemen und Oman) immer eine Quelle des Wohlstandes war, war damit unterbrochen. Die Welt von Sindbad dem Seefahrer war untergegangen. Arabien geriet in den Windschatten der Geschichte.

Almeidas Nachfolger als Gouverneur, Afonso de Albuquerque aus dem portugiesischen Hochadel, eroberte 1511 das blühende Malakka. Der dortige Sultan Mahmud musste die Stadt verlassen. Nun war die wichtige Seestraße zwischen Malaysia und Sumatra gesichert. (An der Südspitze Malaysias liegt heute Singapur.) Die erste portugiesische Landung in China erfolgte 1516 am Perlflussdelta, nahe dem heutigen Hongkong. Eine erste diplomatische Gesandtschaft erreichte den Hof der chinesischen Ming-Kaiser 1520. Im Jahr 1557 wurde den Portugiesen gestattet, in Macao, etwas östlich des späteren Hongkong, eine Niederlassung zu errichten. Macao blieb noch bis 1999 eine portugiesische Kolonie. Bis 1590 waren die Portugiesen über die Küsten und Randmeere des Pazifiks gut »im Bilde«.

Ihr Staatsgeheimnis, die Kenntnis der Seewege, wurde den Portugiesen 1592 durch Verrat entrissen. J.H. van Linschoten, ein holländischer Sekretär in portugiesischen Diensten, kopierte heimlich die Karten und brachte sie in die Niederlande. Umgehend rüsteten die Niederländer erste Expeditionen aus, insgesamt fünfzehn Flotten innerhalb weniger Jahre. 1600 gründeten die Briten die Englische Ostindien Companie (BOC), anschließend die Niederländer die Vereinigte Ostindische Compagnie (VOC), die erste Aktiengesellschaft. Die portugiesische Vormachtstellung war gebrochen. Nach einem längeren Krieg gegen die Niederländer, der auch Brasilien und sogar das Mutterland mit einschloss (niederländische Seeblockade Lissabons), verloren die Portugiesen alle wichtigen Stützpunkte in Ostasien, wie Ceylon, die Gewürzinseln und die Malabarküste (außer Goa).

Nun brach das Goldene Zeitalter der Niederlande an und damit auch ein goldenes Zeitalter der Kartografie.

DIE UMWÄLZUNG
DES WELTBILDES

Nikolaus Kopernikus

Nikolaus Kopernikus (1473–1543) war ein geistlicher Herr. Die meiste Zeit seines Berufslebens arbeitete er als hochrangiger fürstbischöflicher Verwalter im Ermland. Das Fürstbistum Ermland war ein relativ autonomes, souveränes Gebiet, umgeben vom alten Herzogtum Preußen östlich der Weichsel. Über Elbing am Südrand des Frischen Haffs bestand ein Zugang zur Danziger Bucht und damit zur Ostsee. Am Nordrand des Haffs liegt Königsberg. Danzig befindet sich etwa fünfzig Kilometer weiter westlich direkt an der Ostsee. Schutzherren des Fürstbistums Ermland waren im Mittelalter der Deutsche Orden, seit 1466 die Könige von Polen. Polen-Litauen war zu der Zeit ein sehr großes Reich. Da die Bischöfe von Ermland als Fürstbischöfe auch Landesherren waren, war Koppernigk – so der eigentliche Name – also eine Art Minister und amtete an verschiedenen Orten, hauptsächlich aber in Frauenberg, dem geistlichen Zentrum des Ermlandes. Koppernigk war sogar für den Posten des Fürstbischofs vorgesehen; dazu kam es aber nicht. Außerdem praktizierte Koppernigk zeit seines Lebens als Arzt. Seine astronomischen Studien waren – modern gesprochen – eine Freizeitbeschäftigung.

Niklas Koppernigk stammte aus der von der norddeutschen Backsteingotik geprägten Hansestadt Thorn an der Weichsel, knapp zweihundert Kilometer nördlich von Warschau. Die wohlhabenden Eltern kamen aus der deutschsprachigen Bürgerschaft, die Stadt selbst hatte sich der Schutzherrschaft der polnischen Krone unterstellt.

Nach dem frühen Tod der Eltern sorgte der Bruder der Mutter für die Ausbildung von Niklas und seinem Bruder. Dieser Onkel, Lucas Watzenrode, wurde 1489 Fürstbischof und ebnete damit beiden Brüdern den Berufsweg in diese Art von kirchlichem Staatsdienst. Fürstbischof Watzenrode bewahrte die Unabhängigkeit des Ermlandes zwischen Deutschem Orden und Polen. Als Kulturmäzen schickte er die beiden Koppernigk-Brüder zur Ausbildung an die Universität Krakau, später nach Bologna, Padua und Ferrara. Niklas studierte dort Kirchenrecht, Medizin und Astronomie. Seit 1503 stand er in fürstbischöflichen Diensten und führte nach dem Tod seines Onkels unter dessen Nachfolgern die ermländische Unabhängigkeitspolitik erfolgreich fort.

Das heliozentrische Modell des Sonnensystems

In den Jahren, als Kolumbus starb (1506), Hernán Cortés noch Verwaltungsbeamter auf Hispaniola war und Francisco de Almeida die portugiesische Seeherrschaft in Ostindien organisierte, also in der Frühphase der spanischen und portugiesischen Kolonien, muss sich Kopernikus ausgiebiger mit seinen Ideen über die »Bewegungen der Himmelskörper« beschäftigt haben. Jedenfalls zirkulierten spätestens seit 1509 Abschriften einer kleinen, etwa zehnseitigen Broschüre, des *Commentariolus*, in seinem Freundeskreis. Der auf Latein geschriebene *Commentariolus* enthält bereits die wesentlichen Grundzüge von Kopernikus' Hauptwerk. Die wichtigsten Sätze darin lauten:

»Alle Bahnkreise umgeben die Sonne, als stünde sie in aller Mitte, und daher liegt der Mittelpunkt der Welt in Sonnennähe.«

»Die Erde also dreht sich mit den ihr anliegenden Elementen in täglicher Bewegung einmal ganz um ihre unveränderlichen

Pole. Dabei bleibt der Fixsternhimmel unbeweglich als äußerster Himmel.«

Kopernikus' heliozentrisches Modell stellte die Annahmen des aristotelisch-ptolemäischen Weltbildes auf den Kopf, welches die Erde seit babylonischen Zeiten als Mittelpunkt eines Planetensystems ansah, zu dem auch Sonne und Mond gehörten. Die Anschauung passte hervorragend zu dem biblischen Schöpfungsbericht, wonach Gott zuerst (!) »Himmel und Erde« schuf, dann Tag (Licht) und Nacht (Finsternis), dann das Firmament, das er Himmel nannte, dann trennte er das trockene Land vom Wasser, am dritten Tag kommen die Pflanzen und erst am vierten Tag die Leuchten am Firmament des Himmels, Sonne, Mond und Sterne. Das war das Praktische am ptolemäischen Weltbild: Es stand nicht im Widerspruch zu den Aussagen in der Bibel. Die antike, die chinesische und die islamische Kultur sahen es im Übrigen genauso, auch ohne biblischen Schöpfungsbericht.

Kopernikus machte seine Überlegungen zunächst nur einem kleinen Freundeskreis zugänglich, weil er sich angesichts der Übermacht der herrschenden Lehre in der Fachwelt der astronomischen Gelehrten nicht lächerlich machen wollte. Diese Freunde waren, wie er selbst, hochrangige Kleriker und sie schrien keineswegs: »Ketzerei!« Im Gegenteil. Bischof Giese, Bischof Danticus (beide später Fürstbischöfe von Ermland) und vor allem Georg Joachim Rheticus und Kardinal von Schönborn drängten Kopernikus geradezu zu einer Ausarbeitung und Veröffentlichung. Kardinal Schönborn, der zweimal zur Papstwahl anstand, bot sogar an, die Druckkosten zu bezahlen und hielt vor seinen Kardinalskollegen und Papst Clemens VII. schon seit 1520 Vorträge über Kopernikus' Theorie. Niemand regte sich darüber auf. Die weltanschauliche Brisanz des heliozentrischen Modells für die kirchliche Lehre wurde etwas entschärft, indem man es als mathematisches Modell deklarierte, das gewisse astronomische Berechnungen erleichterte.

Erst im Jahr seines Todes, 1543, ließ Kopernikus sein inzwischen ausgearbeitetes Hauptwerk *De revolutionibus orbium coeles-*

tium (»Über die Umwälzungen der Himmelskörper«) in Nürnberg veröffentlichen, nachdem aus kirchlichen Kreisen kein nennenswerter Widerspruch zu hören gewesen war. Mit »Revolution« war damals keineswegs die Umwertung aller astronomischen Erkenntnisse gemeint, sondern, modern gesprochen, die »Umlaufbahnen« der Planeten.

De Revolutionibus wurde in Fachkreisen interessiert zur Kenntnis genommen, insbesondere von Tycho Brahe, der in der zweiten Hälfte des 16. Jahrhunderts der bedeutendste Astronom Europas war. Johannes Kepler, ein enger Mitarbeiter Brahes, bestätigte das heliozentrische Kopernikus-Modell und präzisierte es später, indem er feststellte, dass sich die Planeten auf elliptischen Bahnen um die Sonne bewegen.

Die Wirkung und Bedeutung dieser revolutionären Erkenntnisse setzte nicht gleich ein, sondern erst im Lauf des nachfolgenden Jahrhunderts, als Kepler das Modell bestätigte und Newton die dafür maßgeblichen physikalischen Gesetze formulierte. Erst damit war das Kopernikanische Modell unter den Gelehrten anerkannt. Aber selbst ein Mann wie Kepler sah die Dinge noch nicht so nüchtern wie wir heute. Für ihn waren seine Entdeckungen noch Ausdruck einer göttlichen Weltharmonie, und um ihn herum waberte noch sehr viel *Mysterium Cosmographicum*, so ein anderer Buchtitel von ihm. Auch Brahe war durchaus offen für Kopernikus' Gedanken und verfügte über wichtige Daten, tat aber wohl aus alteingeschliffenen weltanschaulichen Gründen nicht den entscheidenden Schritt, den Kepler dann unbefangener vollzog. Selbst ein Mann wie Newton beschäftigte sich noch intensiv mit Alchimie. Auch die Protestanten verspotteten Kopernikus' Modell oder betrachteten seine Theorien als mathematische Spielerei (Melanchthon). In den Dreißigerjahren des 17. Jahrhunderts führte dann der greise Galilei seinen berühmten persönlichen Kampf um die Anerkennung des heliozentrischen Weltbildes gegen die Inquisition, den er zunächst verlor. Doch die Wahrheit ließ sich nicht unterdrücken. *Eppur si muove* – »die Erde bewegt sich doch«.

KONQUISTADOREN UND WELTUMSEGLER

Die Suche nach Eldorado

Während sich die Portugiesen in Südostasien zwar mit militärischer Gewalt Stützpunkte sicherten, ansonsten aber mit den örtlichen Sultanen, Königen und sogar mit den Kaisern von China und Japan Handelsverträge schlossen, gingen die Spanier in Mittel- und Südamerika wesentlich weniger zimperlich vor. Die Konquistadoren interessierten sich nur für Beute und Eroberung und zerstörten die indigenen Kulturen. Die wichtigsten Episoden wie die Eroberung Mexikos und des Inka-Reiches sind gut bekannt. Man darf nur nicht übersehen, dass damals auch Dutzende und Aberdutzende weniger bekannter Konquistadoren unterwegs waren. Das Vordringen ins Inland brachte natürlich auch neue geografische Erkenntnisse der eroberten Gebiete.

1508, also gut fünfzehn Jahre nach der Entdeckung von Kolumbus, fiel am spanischen Hof die Entscheidung, neben den karibischen Inseln auch das Festland zu besiedeln. Kolumbus hatte die mittelamerikanische Karibikküste vom heutigen Honduras, Nicaragua, Costa Rica, Panama im Jahr 1502 auf seiner letzten Reise erstmals erkundet. Dabei entstand auch der Name »Honduras«: Kolumbus war an einem Kap, das heute an der Grenze von Honduras und Nicaragua liegt, in einen tropischen Sturm geraten. Als sich Wetter und See plötzlich beruhigten, soll er ausgerufen haben: *Gracias a Dios que hemos salido de estas honduras* (»Gott sei Dank, dass wir diesen Untiefen entkommen sind«). So kam Honduras auf die Landkarte.

Am Ende dieser Küste, dort, wo Mittelamerika auf den süd-amerikanischen Kontinent trifft, liegt der Golf von Darién, heute die Südprovinz von Panama. Darién lautete der Name der Sprache der dortigen Cueva-Indianer, die alsbald von den Spaniern ausgerottet wurden. Hier entstand die erste spanische Festlandsiedlung »Neu-Andalusien«. Ihr erster Gouverneur war Alonso de Hojeda. Hojeda, wie viele der frühen Konquistadoren ein verarmter spanischer Adeliger, hatte an Kolumbus' zweiter Reise teilgenommen und 1499 zusammen mit Cosa und Vespucci die Venezuelaküste geplündert. Zwei Jahre später war er wieder zurück in der Karibik und gründete eine kurzlebige Siedlung im Golf von Maracaibo. Wegen der Grausamkeiten gegen die Einheimischen und einer Meuterei seiner eigenen Leute ging sie rasch zugrunde. Hojeda wurde der Veruntreuung von Abgaben an die Krone beschuldigt und in Spanien ein Prozess gegen ihn angestrengt; er wurde freigesprochen, doch er war in jeder Hinsicht ruiniert. Praktisch alle Konquistadoren waren derartige aus gröbstem Holz geschnitzte Beuteunternehmer mit maximalem Ehrgeiz und nichts zu verlieren. 1508 gelang es Hojeda noch einmal, eine Expedition auszurüsten und sich in dem Ausschreibungsverfahren, bei dem es um die Besiedlung von »Neu-Andalusien« ging, von König Ferdinand belehnen zu lassen. Einer seiner Mitreisenden war Francisco Pizarro, der spätere Eroberer des Inka-Reiches.

Zum Nachfolger von Hojeda als Gouverneur von »Neu-Andalusien« wurde 1510 der ebenfalls verarmte galicische Adelige Vasco Núñez de Balboa bestimmt, der sich schon seit 1500 in der Karibik aufhielt und wegen seiner Spiel- und Wettleidenschaft wenige Jahre später eine gescheiterte Existenz war. Auf der Flucht vor seinen Gläubigern war er Pizarro begegnet und unter bizarren Umständen an die Moskitoküste sowie nach Darién gelangt.

Die kleinen spanischen Siedlungen befanden sich nur am Küstensaum Mittelamerikas. Núñez erkundete – natürlich auf der Suche nach Gold – auch das Landesinnere. 1513 wurde er von dem mächtigen Kaziken (Häuptling) Comagre, der an einem Bündnis mit Núñez interessiert war, eingeladen. Comagre überreichte Núñez und dessen Begleitern als Gastgeschenk viertausend Unzen Gold – für Comagre ein schlichtes Metall unter anderen. Die Szene, wie die Spanier im Angesicht ihres erstaunten Gastgebers sofort übereinander herfielen, zählt zu den bekanntesten und charakteristischsten der Eroberungsgeschichte Lateinamerikas. Von Comagre hörte Núñez die Kunde von einem »großen See« jenseits der Berge und viel Gold führenden Flüssen. Eldorado!

Mit 190 spanischen Freiwilligen, darunter Pizarro, indianischen Lastenträgern und Bluthunden, die Núñez gern auf Eingeborene hetzte, machte er sich Anfang September auf eine gut dreiwöchige Gewalttour durch den gebirgigen panamaischen Dschungel mit allen Schikanen, welche eine wilde Regenwaldlandschaft für völlig unerfahrene Eindringlinge bereithält: feuchte Hitze, tropische Regengüsse, Sümpfe, Wildwasserflüsse, Moskitos nebst anderen Insekten und Skorpionen, Schlangen und Alligatoren. Dramatischer kann es in keinem *Indiana-Jones*-Film sein. Die Expedition war grausam – für die Spanier wie für die Eingeborenen. Innerhalb der ersten drei Wochen kamen 140 der 190 Spanier ums Leben.

Vor einem Berg, von dessen Gipfel man laut der einheimischen Führer den großen See sehen konnte, ließ Núñez anhalten. Allein erklomm er dessen Gipfel und war am Vormittag des 25. September 1513 der erste Weiße, der den Pazifik vom amerikanischen Kontinent aus erblickte, das *Mar del Sur*, die »Südsee«. (Die Bezeichnung »Pazifik« stammt von Magellan.)

Núñez stellte fest, dass es sich bei dem Wasser des »Sees« um salziges Meerwasser handelte, und er nahm das *Mar del Sur* für Spanien in Besitz. Hier an der Südmeerküste, wo sie in der Tat reichlich Gold und Perlen einheimsten, hörten die Spanier von Einheimischen auch erstmals von *Biru*, dem sagenhaften Goldland Peru, dem Inka-Reich.

Todkrank kehrte Núñez im Januar 1514 nach Darién zurück,

erholte sich aber wieder. Zwar wurde seine Leistung und Entdeckung in Spanien anerkannt, und er erhielt vom König den Titel eines Generalkapitäns, doch inzwischen hatte sein Schwiegervater Pedro de Ávila erfolgreich am spanischen Hof gegen ihn intrigiert und sich selbst zum Gouverneur von Darién ernennen lassen. Núñez erhielt einen anderen Posten. Der äußerst intrigante und grausame de Ávila sorgte dafür, dass Núñez aufgrund falscher Verschwörungsanschuldigungen ohne Prozess mit vier anderen enthauptet wurde. Solche Intrigen waren unter all den Konquistadoren in der Neuen Welt an der Tagesordnung. Die Beute- und Machtgier waren unermesslich.

De Ávila wiederum gründete 1519 die Siedlung Panama an der Pazifikküste der Landenge Mittelamerikas. Es war die erste richtige Stadt der Neuen Welt. Panama entwickelte sich zum Hauptumschlagspunkt für die begehrtesten Kolonialgüter Gold und Silber. Wegen der günstigen Lage kamen hier die Transporte aus dem Inneren Südamerikas an und wurden über einen *Camino Real* genannten, achtzig Kilometer langen Transportweg mit Maultieren in die Karibik gebracht, um auf die Schiffe verladen zu werden, die nach Spanien abgingen.

Das moderne Panama verdankt seine heutige Bedeutung natürlich dem Panamakanal, der Ende des 19. Jahrhunderts als geostrategisch wichtige Schifffahrtsstraße von den Amerikanern durch das Urwaldgebirge gebaut wurde.

Mexiko

Mexihco, davon spanisch »México«, ist die Eigenbezeichnung der Azteken in ihrer Indianersprache Nahuatl, die zu einer verbreiteten Sprachfamilie in Zentralamerika gehört und auch heute noch gesprochen wird. (Während der gesamten spanischen Kolonialzeit sprach man im Hinblick auf die eingesessene Bevölkerung nur von Mexiko und Mexikanern; »Azteken«, auch von einem Nahuatl-Wort abgeleitet, kam erst durch Alexander von

Humboldt auf. (*Atzlán* bezeichnet den mythischen Ursprungsort der *Mexihcos*.)

Das aztekische Großreich bestand erst seit rund 150 Jahren, als es von Hernán Cortés 1520 vernichtet wurde. Die Azteken zählten hier also nicht zur Urbevölkerung, sondern sie waren als Nomaden- und Kriegervolk zugewandert. Die viel älteren, ortsansässigen Bauernkulturen wurden unterworfen. Schwerpunkt war die Gegend rund um den Texcoco-See mit der im See gelegenen Hauptstadt Tenochtitlán (heute: Mexiko-Stadt).

Hernán Cortés, aus niederem Adel aus den öden Weiten Westkastiliens stammend, hatte Jura studiert und hielt sich seit 1504 als Verwaltungsbeamter in Hispaniola und ab 1511 in Kuba auf. Dort hatte er als Richter ein kleines Vermögen verdient. Auf seine Kosten und unter Aufnahme immenser Schulden rüstete er einige Schiffe aus. Nach der Landung an der mittelamerikanischen Küste mit etwa 1200 Mann ließ er die kleine Flottille versenken. Cortés setzte alles auf eine Karte, schnitt sich und seinen Männern bewusst jede Rückzugsmöglichkeit ab.

Der von Kundschaftern über die Ankunft der Weißen vorgewarnte, völlig verunsicherte Aztekenherrscher Moctezuma II. empfing Cortés in seiner Hauptstadt Tenochtitlán wie einen Staatsgast. Als die Spanier im Palast zufällig auf eine Schatzkammer stießen, nahmen sie Moctezuma als Geisel. Sie wurden von den Azteken eingeschlossen und belagert, Moctezuma von seinen eigenen Leuten gesteinigt. Danach war keine Verhandlungslösung mehr möglich. Cortés fehlte sein Faustpfand. In der Nacht zum 1. Juli 1520 gelang ihm der Ausbruch, dabei verlor er zwei Drittel seiner Männer. Dennoch gelang es ihm im darauffolgenden Jahr, gegen den erbitterten Widerstand der Azteken ganz Mexiko zu erobern. Cortés regierte als königlicher Statthalter Kaiser Karls V. von »Neu-Spanien« bis 1528. Zu Neu-Spanien gehörten seit 1535 die heutigen Länder Mexiko und alle heutigen Staaten südlich davon bis Venezuela. Dazu die karibischen Inseln in spanischem Besitz, vor allem Hispaniola und Kuba. Im Norden kamen die heutigen US-amerikanischen Bundesstaaten Kalifornien, Arizona, Neu-Mexiko, Texas, Nevada, Colorado, Utah hinzu – mithin der gesamte US-amerikanische Westen und Südwesten, inbegriffen die Rocky Mountains, und außerdem in der Karibik noch Florida. Die politische Landkarte Nordamerikas sah von 1535 bis zum Beginn des 19. Jahrhunderts völlig anders aus, als wir es gewohnt sind.

Die ersten Weltumsegelungen

Zur gleichen Zeit, als Cortés das Aztekenreich niederrang, war der Portugiese Ferdinand Magellan (1480–1521), allerdings in spanischem Auftrag, auf der ersten Weltumsegelung unterwegs. Dieser Meilenstein der Seefahrt brachte den endgültigen Beweis, dass der Planet Erde eine (annähernd) runde Kugel ist. Zum Zeitpunkt seiner Reise war Magellan gerade Anfang vierzig. Er wurde unterwegs auf den Philippinen getötet.

Der Sohn verarmter portugiesischer Adeliger kam als zwölfjähriger Waise als Page an den Königshof. 1492, im Kolumbusjahr, regierte dort noch der maritim besonders engagierte König Johann II., der Kolumbus zweimal abgewiesen, aber Diaz nach Südafrika geschickt hatte, was Vasco da Gama acht Jahre später den Weg nach Indien ebnete. Schon als sehr junger Mann war Magellan in »Ostindien« gewesen; an der Eroberung von Malakka 1511 hatte er teilgenommen.

Er kannte sein Ziel also bereits. Dann fiel er beim Johann-Nachfolger, König Manuel, in Ungnade und bot 1517 seine Dienste dem sehr jungen spanischen König Carlos I. an; zwei Jahre später, 1519, sollte Carlos als Karl V. zum Kaiser des Heiligen Römischen Reiches gewählt werden. (1517 war das Jahr des lutherischen Thesenanschlags.)

Im September jenes Jahres segelte Magellans Flotte auf fünf Schiffen von Sevilla aus den Guadalquivir hinab. Eine Nachricht über eine angeblich schiffbare Südwestpassage durch den südamerikanischen Kontinent vom Atlantik in den Pazifik hatte den Ausschlag für die aufwendige Expedition gegeben. Magellan war es gelungen, diese strategisch höchst bedeutsame angebliche Geheiminformation, die aus der portugiesischen Casa da Índia stammen sollte, einflussreichen Persönlichkeiten am spanischen Hof schmackhaft machen. Es ging wieder einmal um einen »kurzen« Seeweg zu den Gewürzinseln. Kaiser Karl, aber auch die Fugger – eine der bedeutendsten Kaufmanns- und Bankiersfamilien jener Zeit – finanzierten die Weltumsegelung. Weder die Flussmündung des Rio de Janeiro noch die des Río de la Plata erwiesen sich als die erhoffte Durchfahrt. Im Spätherbst 1519 gelang die stürmische Passage durch die nach ihm benannte Magellanstraße, also nicht um Feuerland herum, die äußerste Südspitze des Kontinents. Dann fuhr Magellan endlich in die ruhigeren Gewässer (spanisch *pacífico*, »ruhig, friedlich«) dieses Ozeans ein, daher die Bezeichnung »Pazifik«.

Die Magellanstraße liegt ungefähr auf dem 53./54. Breitengrad, das entspricht im Norden ungefähr der Breite von Hamburg, auf dem nordamerikanischen Kontinent der Breite des nördlichen Neufundland. Damit war erstmals die südliche Ausdehnung Südamerikas annähernd festgestellt. Zu den Ausläufern der Antarktis ist es vom Süden Südamerikas nicht mehr weit.

Die Durchquerung des riesigen, fast insellosen Pazifiks nahm vier Monate in Anspruch. Ohne frische Nahrung und ohne frisches Wasser war es für die Seeleute eine Qual. Im März 1521 erreichte die kleine Flotte die Marianen und die Philippinen. Diese wurden spanischer Besitz (bis 1898!) und etwas später nach dem Sohn von Kaiser Karl, dem spanischen König Philipp II., benannt. Hier wurde Magellan nach anfänglich friedlichen Begegnungen mit den lokalen islamischen Herrschern nach einem gewaltsamen Bekehrungsversuch bei einem Rückzugsgefecht zu den Schiffen getötet.

Der Baske Juan de Elcano übernahm das Kommando für die Heimreise um Afrika herum, zuletzt nur noch mit einem Schiff. Nur achtzehn Männer kehrten im September 1522 von der ersten Weltumsegelung nach Spanien zurück. Damit wurde im Übrigen nicht nur die ungeheure Ausdehnung des Pazifiks deutlich, sondern auch der wahre Umfang der Erde erstmals richtig festgestellt. Die meisten bisherigen »offiziellen« Angaben, die auf Ptolemäus beruhten, hatten ihn zu gering eingeschätzt.

Bis zur zweiten Weltumsegelung nach Magellan sollte es über fünfzig Jahre dauern. Auf diese Fahrt schickten die Engländer 1577 die Galionsfigur ihrer Kaperfahrer gegen die Spanier im Atlantik, Francis Drake (ca. 1540–1596). 1577 regierte die damals 54-jährige Elisabeth I. England seit fast zwanzig Jahren. Für Drake wurde mit Unterstützung hochgestellter Hofkreise eine zunächst geheim gehaltene Expedition von fünf Schiffen ausgerüstet, die im Dezember in See stach. Der eigentliche Zweck dieser Seefahrt, die in die zweite Weltumrundung mündete, ist bis heute nicht bekannt. Drake entdeckte angeblich Kap Hoorn, die südlichste Insel südlich von Feuerland. Auf der Rückfahrt von Java aus fuhr Drake in einem Stück quer durch den Indischen Ozean um das Kap der Guten Hoffnung herum bis nach Sierra Leone in Westafrika. Diese Fahrt von fast zehntausend Seemeilen (18 000 Kilometer) innerhalb von vier Monaten von Ende März bis Ende Juli 1580 gilt als große seemännische Leistung in dieser Zeit mit ihren nicht perfekten navigatorischen Mitteln, noch ohne Sextant und mit wenig hilfreichem Kartenmaterial. Ende September war Drake wieder in Plymouth. 1581 wurde Drake zum Ritter geschlagen.

England war damals keine Seemacht und hatte noch keine einzige Kolonie. Aber die Engländer machten sich gegen die Spanier bemerkbar, indem sie deren bis dahin völlig ungehinderte Gold- und Silberfrachten störten. Deswegen schickten die Spanier 1588 ihre Armada – und wurden zurückgeschlagen. Auch die dritte Weltumsegelung unternahm von 1586 bis 1588 ein Engländer, Thomas Cavendish.

Die Entdeckung und Eroberung der Anden

Nicht weniger blutig, hinterhältig und rücksichtslos gegenüber den einheimischen Völkern und Kulturen als die meisten anderen bisherigen Begegnungen verlief die Eroberung des Inka-Reiches durch Francisco Pizarro (1476–1541). Der Analphabet und Abenteurer war seit 1502 in der Karibik und schloss sich 1513 der Núñez-Expedition zum Pazifik an, auf der die Spanier erstmals Kunde vom angeblich besonders goldhaltigen Reich *Biru* (»Peru«) vernahmen. 1519 wohnte und amtete Pizarro als Richter in der neu gegründeten Stadt Panama und verband die Nachrichten über die mexikanischen Eroberungen seines entfernten Cousins Cortés mit seinen eigenen Ambitionen. Er verbündete sich mit dem Konquistador Diego de Almagro (1479–1538) und begann die zehnjährige Vorbereitung ihrer Expedition. Bei einem Zwischenaufenthalt in Spanien ließ er sich 1529 von Karl V. vorsorglich zum Generalkapitän von Peru ernennen.

1532 erschienen er und Almagro mit etwa zweihundert Spaniern in Peru. Das Schicksal des Inka-Reiches entschied sich gleich zu Anfang in der Stadt Cajamarca, tausend Kilometer von der Inka-Hauptstadt Cusco entfernt. Pizarro nahm den gottgleichen Inka Atahualpa gefangen, ließ als Lösegeld einen ungeheuren Kulturschatz an silbernen und goldenen Tempelgeräten, Kultgegenständen und Schmuck einschmelzen, anschließend den Inka trotzdem erdrosseln und Zehntausende seiner unbewaffneten oder schlecht bewaffneten Krieger niedermetzeln. Mühelos erreichte Pizarro 1533 die Hauptstadt Cusco.

Dann aber kam es zwischen Pizarro und Almagro zum Streit über die Beute und die Teilung der Herrschaft in dem großen Neu-Kastilien. Almagro machte sich Hoffnungen auf ein eigenes Gouvernement in dem südlich gelegenen Chile, das er 1535 bis 1537 als erster Europäer erkundete. Almagro ging dabei sehr systematisch vor, deshalb gilt er als der europäische Entdecker des Landes. Doch statt der erhofften Hochkultur fand er nur armselige Bauerndörfer.

Nach seiner Rückkehr lieferten sich Almagros und Pizarros Anhänger eine Schlacht, die Almagro verlor. Er wurde von Pizarros Bruder des Hochverrats beschuldigt, verurteilt und sofort hingerichtet. Almagros Anhänger rächten sich und ermordeten Pizarro.

Die Entdeckung des Mississippi

Im selben Jahr 1513, als Núñez den Pazifik entdeckte, wurde am 27. März erstmals von einem Europäer Florida gesichtet. Das war sozusagen die europäische Entdeckung Nordamerikas von Süden her. Der Spanier Juan Ponce de León (1460–1521), der auf der zweiten Kolumbusreise in die Karibik kam, hielt die Küste allerdings für den Teil einer Insel, wie die übrigen bisherigen karibischen Entdeckungen auch. Er und sein Navigator entdeckten bei der Gelegenheit den »Floridastrom«, der erst von Benjamin Franklin »Golfstrom« genannt wurde. 1521 nahm Ponce die Halbinsel in Besitz. (Florida blieb bis 1763 Teil von Neu-Spanien, dann übernahmen die Briten. Die USA existierten noch nicht.) Ponce starb etwas später an einem vergifteten Pfeil.

1538 wurde das spanische Florida zum Ausgangspunkt der allerersten Expedition von Weißen ins nordamerikanische Landesinnere. Von dessen gewaltiger Ausdehnung hatte man damals noch keine Ahnung. Noch kein spanischer, holländischer oder englischer Seefahrer war bisher an der amerikanischen Ostküste, irgendwo zwischen den späteren Städten Boston und Charleston gelandet, die heute so dicht besiedelt ist. Zwischen Neufundland und Florida befand sich ein kartografisches Vakuum.

Der spanische Adelige Hernando de Soto aus der Extremadura (ca.1500–1542) erwarb sich rasch den Ruf, ein hervorragender Militär und extrem brutal zu sein, vor allem gegenüber den Einheimischen. Ebenso rasch erwarb er ein Vermögen mit Sklavenhandel, das er in Landgütern, Minen und Schiffsanteilen anlegte. De Soto war zusammen mit Pizarro führend an der Eroberung des Inka-Reiches beteiligt. Dies bescherte ihm so viel Ruhm und Reichtum, dass er als Held nach Spanien zurückkehrte.

Der erste Versuch, Florida zu erobern, war 1527/1528 unter dem gleichfalls für seine Brutalität bekannten, Indianervölker regelrecht ausrottenden Konquistador Pánfilo de Narváez in einer nicht enden wollenden Katastrophe an Hunger, Seuchen und Indianerpfeilen in den Sümpfen von Florida gescheitert. Von vierhundert Mann überlebten nur vier. Ein später entdeckter fünfter überlebte als Sklave bei den Indianern und diente de Soto als Dolmetscher.

Einer der Überlebenden, Cabeza de Vaca, erlebte eine jahrelange, geradezu wahnwitzige Odyssee durch den Süden Nordamerikas bis nach Mexiko. Darüber verfasste er einen Bericht (mit wertvollen Hinweisen über Nordamerika in dieser kolonialen Frühzeit), den de Soto gierig verschlang. Er schloss daraus, dass es im Süden Nordamerikas Goldreichtümer gab. Nach Konquistadorenart ließ er sich von Kaiser Karl V. vorab zum Gouverneur der von ihm entdeckten Länder ernennen und setzte alles auf eine Karte, indem er seinen gesamten Besitz verkaufte und damit seine Expedition ausrüstete.

De Soto stellte 1538 auf Kuba eine Expeditionsarmee von sechshundert bis siebenhundert Mann zusammen, darunter nicht nur Soldaten, sondern auch Handwerker und Bauern sowie über zwei Dutzend Priester. Über zweihundert Pferde, Vieh und tonnenweise Material waren außerdem dabei: De Soto wollte gleich auch eine Kolonie gründen.

Die genaue Route der Expedition, auch »Soto-Trail« genannt, ist umstritten; es gibt kaum gesicherte Anhaltspunkte. Doch sie führte nördlich in die angrenzenden heutigen Bundesstaaten Georgia, die Carolinas, nach Alabama, Mississippi, Arkansas,

Louisiana und bis an den Ostrand von Texas. Alles unter erheblichen eigenen Verlusten, aber noch größeren Verlusten der vielen verschiedenen Indianerstämme. Die Spanier wurden von einer unersättlichen Goldgier getrieben, die durch immer neue Gerüchte immer wieder Nahrung erhielt und sie weitertrieb. Die erste dokumentierte Entdeckung des Mississippis am 8. Mai 1541 durch weiße Europäer wurde nicht als Besonderheit oder Grund zum Feiern erlebt, sondern als Hindernis. Der Strom wurde überquert, die Expedition irrte weiter ziellos umher, kehrte schließlich erschöpft um. De Soto starb ein Jahr später, im Mai 1542 direkt am Ufer des Mississippis an einer Fieberkrankheit. Die Expedition war gescheitert, nur rund dreihundert Teilnehmer fuhren den Fluss hinab zum Golf und kehrten auf spanisches Territorium nach Mexiko zurück.

Relaciones Geográficas

Mit den von ihm in Auftrag gegebenen *Relaciones Geográficas* wollte sich der spanische König Philipp II. um 1580 einen Überblick über seine Kolonien verschaffen: Territorien, Grenzen, Völker und ihre Kultur, zu erwartende Steuern und Abgaben. Philipp hatte von seinem Vater den spanischen Thron, die spanischen Niederlande und das spanische Weltreich geerbt, aber nicht den Kaisertitel. Da dieser an die deutsche Königswahl gebunden war, zumindest als formeller Akt, blieb dieser bei den österreichischen Habsburgern in Wien.

In der bürokratischen Art, die charakteristisch für Philipps Regierungsstil in den Jahren 1556 bis 1598 ist, wurden von Juristen Fragebögen mit etwa fünfzig Fragen erarbeitet, ausgefüllt und ausgewertet, weniger geografische Karten gezeichnet. In jener Zeit stellte dies eine neuartige, geradezu moderne Form von Datenerhebung dar. Juristen eigneten sich für diese neuartige Aufgabe besonders, da sie in der Methode der unvoreingenommenen prozessualen Wahrheitsermittlung geschult waren.

So entstand die Sammlung einer Fülle von empirischen Daten aus der Neuen Welt – methodisch gesehen ein modernes, rationales Element, sich in dieser Hinsicht ein genaues, aktuelles Weltbild zu verschaffen.

Geistesgeschichtlich gesehen brachte die »Konfrontation« mit den neuen Welten und der Neuen Welt eine Wende zur unvoreingenommenen Naturbetrachtung: Man war gezwungen, sich mit neuen Ländern, anderen Menschen, neuen Pflanzen, neuen Tieren, geografischen und geologischen Phänomenen zu befassen, für die es keine »Blaupausen« in den antiken Enzyklopädien oder in der Bibel gab. (Noch bei der Einführung der Kartoffel in Europa leisteten viele Bauern deshalb Widerstand, weil diese neue Frucht keine »Paradiespflanze« war – sie wird in der Bibel nicht erwähnt. Auch in den muslimischen Ländern hat sie sich hauptsächlich deswegen nicht durchgesetzt.) Der Schock der Entdeckungsreisen und der Neuen Welt, die mit überkommenen Kategorien und Methoden nicht mehr zu erfassen waren, mag die frische Herangehensweise beflügelt haben und längerfristig den Weg zur empirischen Naturauffassung und zum rationalen Denken geebnet haben.

Matteo Ricci in China

Chinesisches und europäisches Kartenwissen flossen erstmals zusammen, als der Jesuiten-Missionar Matteo Ricci (1552–1610) nach China reiste.

Diese ungewöhnliche Begegnung zwischen China und Europa ereignete sich aus chinesischer Sicht noch unter der Herrschaft der Ming und aus europäischer Sicht im Zuge der portugiesischen Expansion in Ostasien. Ricci bescherte den Chinesen die erste wirklich zuverlässige Weltkarte, und zwar bereits unter Einschluss der beiden Amerika.

Die Jesuiten legten stets Wert auf universale Bildung, daher war der aus Macerata in den Marken nahe der Adria stammende

Ricci in Rom auch in Astronomie und Kosmografie ausgebildet worden. Nach einem ersten Missionsaufenthalt in Goa, dem portugiesischen Hauptstützpunkt in Indien um 1580, traf Ricci 1582 in Macao ein, der portugiesischen Enklave an der südchinesischen Küste.

Ricci lernte dort nicht nur die Landessprache und chinesische Sitten und Gebräuche kennen; er entwickelte ein so großes Verständnis für die Kultur seines Gastlandes, dass er sich quasi zum Chinesen wandelte, nicht nur weil er chinesische Gewänder trug. Zunächst hielten ihn die Chinesen für einen buddhistischen Mönch. Über Nanking, die alte chinesische Hauptstadt, gelangte Matteo Ricci 1601 nach Peking – natürlich nicht allein, aber er war der maßgebliche Kartograf im Kreis seiner Missionarskollegen. Diese »Wanderung« nahm fast zwanzig Jahre in Anspruch; Ricci wohnte mehrere Jahre an verschiedenen Orten in China.

Am Kaiserhof – aber nicht vom Kaiser selbst – wurde Ricci als Botschafter des Papstes empfangen und anerkannt. Am liebsten hätte er natürlich Kaiser Wan Li selbst zum Christentum bekehrt und damit nach Möglichkeit das ganze Reich der Mitte für die Kirche gewonnen, wie das in der Zeit der Völkerwanderungsbekehrungen bei den germanischen Völkern, etwa den Franken Chlodwigs, so schön geklappt hatte. Mit kaiserlicher Erlaubnis durfte Ricci aber in China missionieren. Da er sich sehr gut in die chinesische Mentalität und die kulturellen Traditionen des Landes einfühlte, hatte er damit bescheidenen Erfolg in seinem unmittelbaren Umfeld. Mit konfuzianischen Gelehrten und Dichtern pflegte er freundschaftliche Kontakte und bekehrte in der Tat auch einige hochgestellte Persönlichkeiten. Selbst kaiserliche Minister ließen sich taufen.

Er beeindruckte den Kaiserhof speziell dank seiner überlegenen mathematischen, geografischen und astronomischen Kenntnisse. Nachdem zunächst ein portugiesisch-chinesisches Wörterbuch angelegt worden war, übersetzte Ricci Euklids *Elemente* ins Chinesische.

Auf Reisen nahm Ricci, wenn möglich, Bestimmungen der Längen- und Breitengrade der jeweiligen Standorte vor und ordnete China nun auch in das damals in Europa bekannte globale Koordinatensystem ein. Danach befand sich China ungefähr zwischen dem 20. und dem 40. Breitengrad und dem 110. und 130. östlichen Längengrad.

Auf dieser Grundlage konnte Ricci für den chinesischen Kaiserhof eine Weltkarte zeichnen, auf der das Reich der Mitte tatsächlich einigermaßen im Zentrum lag; Eurasien und alle anderen Kontinente sind nach dem damaligen Kenntnisstand ebenfalls stimmig, einschließlich Nord- und Südamerika und die nach wie vor unvermeidliche riesige *Terra australis*. Von der Existenz Amerikas wussten die Chinesen bis dahin nichts.

Ricci übermittelte ihnen um 1602 also das europäische geografische Weltbild auf dem aktuellen Stand des damaligen Wissens. Seine *Kunyu Wango Quantu* (»Karte der unzähligen Länder der Welt«) ist vier Meter lang und zwei Meter hoch.

Ricci war somit der erste Europäer nach Marco Polo, der länger in China lebte und ein umfassendes Bild des Landes gewann. Der Respekt, den die frühen christlichen Missionare in China genossen, war so groß, dass sie etwa zwanzig Jahre nach Riccis Tod mit einer Reform des chinesischen Kalenders beauftragt wurden.

GROSSE ENTDECKERNAMEN AUF DER LANDKARTE I

Die Suche nach der Nordwestpassage

Die Suche nach der Nordwestpassage, wie »Eldorado« eine Obsession der ersten Entdeckerphase, gehört in den Kontext, den kürzesten Seeweg nach »Indien« zu finden. Sie begann 1496 mit John Cabot. Nach vielen vergeblichen Anläufen wurden diese Ambitionen 1631 für zweihundert Jahre aufgegeben. Im 19. Jahrhundert war die Nordwestpassage dann noch einmal ein großes Thema.

Zum Berufsrisiko der Konquistadoren gehörten Sumpffieber, Intrigen und Indianerpfeile. Zum Berufsrisiko der Polarmeerfahrer zählten Schnee und Kälte. Viele fanden einen eisigen Tod.

Für die zeitgenössischen Erdkundigen war inzwischen klar geworden, dass die Karibik und das größtenteils noch unerforschte und in seinen Ausdehnungen noch unbekannte Amerika nicht »Westindien« oder »China« waren. Die schöne Idee, auf Westkurs nach »Indien« zu fahren, hatte dennoch nichts von ihrer Faszination eingebüßt. Im Gegenteil: Den genauen Weg nach Indien um Afrika herum kannten bisher nur die Portugiesen. Es war ihr Staatsgeheimnis und Handelsmonopol.

Magellans Reise, die in eine Weltumsegelung mündete, war anfangs auch lediglich mit dem Ziel unternommen worden, eine Durchfahrt durch (Süd-)Amerika zu finden. Inzwischen war das Ergebnis bekannt: Der südamerikanische Kontinent erstreckte sich sehr weit nach Süden. Alsbald beflügelte die Anrainer des Nordatlantiks die Idee, man könne den Weg nach

Ostasien statt um Afrika herum westwärts und nordwärts um Nordamerika herum »abkürzen«. Von der gewaltigen Ausdehnung des nordamerikanischen Kontinents hatte man keine Vorstellung.

John Cabot entdeckt das nördliche Amerika

John Cabot versuchte als Erster, dieses Vorhaben in die Tat umzusetzen. Das geschah im Auftrag des englischen Königs Heinrichs VII., des Begründers der Tudor-Dynastie.

Geboren als Giovanni Caboto, vermutlich in Genua, und seit 1476 in Venedig eingebürgert, bekam er bei Handelsfahrten an die Levanteküste zu spüren, wie schwierig und teuer der Gewürzhandel aus Arabien geworden war. (Zu dieser Zeit schipperte sein Landsmann Kolumbus noch vor der Küste Afrikas herum.) Auch Caboto wandte sich Anfang der 1490er-Jahre an den spanischen Königshof mit dem Vorschlag einer Westreise nach Indien, aufgrund derselben Berechnungen und Vorstellungen vom Erdumfang wie Kolumbus. Doch dieser war ihm zuvorgekommen. 1493 wurde Kolumbus triumphal in Spanien empfangen.

Caboto ging mit Frau und Kindern nach England. 1496 erhielt er – nunmehr John Cabot – vom englischen König einen ähnlichen Vertrag wie Kolumbus über den Besitz neu entdeckter Länder und segelte mit nur einem Schiff von Bristol aus mit einer englischen Besatzung los. 1496 kehrte Kolumbus erst von seiner zweiten Karibikfahrt zurück, und Nordamerika war aus europäischer Sicht überhaupt noch nicht auf der Landkarte! Den Erdumfang und die Erde selbst stellte man sich damals noch so vor wie auf dem Behaim-Globus: ohne Nordamerika und ohne die Weiten des Pazifiks. Da wurde die Annahme, man bräuchte nur ein bisschen mehr nordwestlichen Kurs steuern, um nach China oder Indien zu gelangen, verständlich.

33 Tage nachdem sie Irland hinter sich gelassen hatten, stieß

Cabot auf der Höhe des 50. Breitengrades auf Land – eine öde, menschenleere, klippenreiche Küste. Das vermeintliche Asien – aber wohl eher Neufundland oder Labrador (über Cabots Reisen gibt es kaum konkrete Angaben). Begünstigt vom Wind war er gut zwei Wochen später mit der sensationellen Nachricht zurück in England. Heinrich VII. war noch skeptisch, ob es sich um einen Kontinent oder nur um eine Insel handelte, und sprach vorsichtshalber von *new found land*. 1498 fuhr eine ganze Flotte von fünf Schiffen unter Cabots Kommando erneut nach Westen, die meisten ausgerüstet von Kaufleuten aus Bristol. Sie kehrte nicht zurück und blieb verschollen. Immerhin gilt John Cabot als der erste Europäer, der nach den Wikingern nordamerikanisches Festland erreichte.

Verrazano Bridge

Nicht in Manhattan, sondern etwas weiter südlich, aber immer noch auf dem Stadtgebiet von New York überspannt die Verrazano Bridge die Meerenge zwischen Staten Island und Brooklyn, die den eigentlichen Hafen von New York gegen den offenen Atlantik abschirmt. (Die Verrazano Bridge wurde 1959 bis 1964 gebaut und ist höher als die Golden Gate Bridge, welche eine ähnliche Meerenge am Eingang der Bucht von San Francisco überspannt.)

Auch der Toskaner Giovanni da Verrazano wurde – dieses Mal – vom französischen König Franz I. 1524 mit dem ausdrücklichen Auftrag ausgesandt, über den Nordwestatlantik nach China zu fahren. Die erste Küste, auf die Verrazano traf, gehört zum heutigen North Carolina (südlich von Washington). Nichtsahnend erkundete Verrazano diese Küste nordwärts, häufig mit Indianerkontakt. Er hielt die schmale Inselkette der Outer Banks vor North Carolina für so etwas wie die Landenge von Panama und den dahinterliegenden Pamlico Sound, eine riesige Lagune, bereits für den Pazifik – man sah eben das, was man sehen wollte.

Aufgrund dieser Angabe zeichneten vor allem französische Kartografen noch hundert Jahre lang den nordamerikanischen Kontinent auf den damaligen Karten ungefähr an dieser Stelle zweigeteilt ein. Auch diese falsche Kartenangabe trug dazu bei, dass sich die Vorstellung von einer Nordwestpassage Amerikas lange hielt.

Bei der Weiterfahrt nach Norden sah Verrazano als erster Europäer die Buchten des späteren New York. Aber er ankerte dort nur – eben an der Stelle, wo sich heute die Fahrbahn der nach ihm benannten Brücke in fast siebzig Metern Höhe schwingt. Dann fuhr er weiter an der amerikanischen Ostküste entlang und kehrte über Neufundland nach Frankreich zurück.

Nach Kanada

Die nächsten Nordatlantiküberquerungen im Auftrag des französischen Königs Franz I. unternahm Jacques Cartier (1491–1557) aus dem bretonischen Saint-Malo. Er entdeckte die riesige Trichtermündung des Sankt-Lorenz-Stroms und erforschte diese 1534.

Auf seiner zweiten Reise nach »Neufrankreich« im darauffolgenden Jahr mit drei Schiffen und insgesamt 110 Mann drang Cartier tief ins Landesinnere vor bis zu der imposanten Irokesensiedlung Hochelaga, die von einem Berg überragt wurde; Cartier nannte ihn *Mont Real* (»königlicher Berg«): Montréal.

Kurz hinter Hochelaga konnte die Fahrt wegen der Stromschnellen vorerst nicht fortgesetzt werden. Natürlich war Cartier überzeugt, die Nordwestpassage gefunden zu haben: Schließlich war er relativ mühelos über sechshundert Kilometer und weit über die Sankt-Lorenz-Trichtermündung hinausgekommen. Nur die Stromschnellen hinderten ihn, »alsbald« den Pazifik zu erreichen.

Ebenfalls auf dieser zweiten Reise ankerten Cartier und seine Leute am Ufer des Stroms. Bei der Gelegenheit ergab sich ein Kontakt mit den Irokesen, die ihn in ihr Dorf, in ihr *kanata* oder *canada* einluden. *Canada* ist in der Irokesen-Sprache das Wort für »Dorf, Siedlung«. Cartier verstand das Wort als Bezeichnung für die gesamte Umgebung, nannte die gastfreundlichen Irokesen *Canadiens* und trug die Bezeichnung in seine Karte für dieses Gebiet ein. Schon bald tauchte es auch auf den zeitgenössischen Landkarten auf und dehnte sich sozusagen mit der weiteren (umrisshaften) Kartierung des ganzen Landes nördlich des Sankt-Lorenz-Stroms immer weiter aus. Bei dem *canada*, das Cartier besuchte hatte, handelte es sich übrigens um das spätere Québec.

Vom Sankt-Lorenz-Strom aus erschlossen die späteren französischen Siedler über den Ottawa-Fluss und die Großen Seen als erste Europäer den Mittleren Westen. Sie gelangten über das riesige Einzugsgebiet des Mississippi und Missouri bis hinunter an die Mississippimündung in die Karibik beim heutigen New Orleans. Die führende Figur dieser »zweitgrößten Entdeckung nach Kolumbus« gut 150 Jahre nach Cartiers nordamerikanischen Pioniertaten war der Franzose Robert de La Salle (um 1670/1680). Er erschloss dieses ganze Gebiet im Auftrag des Sonnenkönigs und benannte es nach diesem »Louisiana«.

Davisstraße

Die Engländer hatten den Gedanken an eine Nordost- beziehungsweise Nordwestpassage nach Cabots erstem Vorstoß nicht vergessen. Im Shakespeare-Zeitalter, unter Königin Elisabeth, der von 1558 bis 1603 regierenden fünften Tudor-Monarchin, war England auf den Weltmeeren inzwischen sehr viel präsenter als noch zu Zeiten ihres Großvaters Heinrich VII. 1588 hatten die Engländer die Armada besiegt und damit die Vormachtstellung der Spanier auf dem Mittelatlantik unterminiert. 1585, wenige Jahre zuvor, gelang es dem englischen Seefahrer John Davis (1550–1605) mit Unterstützung der Krone eine Expedition für einen erneuten Anlauf zur Suche nach der Nordwestpassage auszurüsten.

Die geistig treibende Kraft hinter den englischen Unternehmungen Richtung Nordwest- oder Nordostpassage war der Mathematiker und Gelehrte John Dee (1527–1608), eine der bizarrsten Gestalten der englischen Geistesgeschichte. Auf sein Betreiben hin waren zwei Expeditionen ins östliche Nordpolarmeer unterwegs gewesen, doch sie waren an Schnee, Kälte und Eis gescheitert. (Willoughby und Chancellor, 1553–1554 und Borough 1556–1557, beide ausgerüstet von englischen Kaufleuten, die sich von einer direkten Route vom Nordkap nach China lukrativen Seiden- und Gewürzhandel versprachen.)

Auch John Davis war mit John Dee gut bekannt. Dee war am englischen Königshof ein einflussreicher Berater. Politisch setzte er sich für die Expansion Englands und die Gründung von Kolonien ein. Angeblich prägte er den Begriff »Britisches Empire« schon zu einer Zeit, als noch kein einziger Brite einen Fuß nach Nordamerika gesetzt hatte, geschweige denn nach Indien. Damals bestand die britische »Seemacht« aus einigen von Drake und Raleigh befehligten Kaperschiffen.

Dee betätigte sich auch als Astronom und Kartograf. Er schulte englische Seeleute in Navigation, vor allem in nördlichen Gewässern, und war mit seinen Kollegen auf dem Kontinent bestens vernetzt: So unterhielt er freundschaftliche Beziehungen zu Gerhard Mercator, Tycho Brahe und kannte und schätzte das Werk von Kopernikus.

Andererseits beschäftigte er sich intensiv mit Okkultismus, Alchimie, hermetischer Philosophie, magischen Praktiken – also eine Art englischer Doktor Faustus mit besonderem Interesse für die Seefahrt. Die ranghöchsten politischen Figuren am elisabethanischen Hof zählten zu seinen Patronen, die Königin selbst lauschte seinen Ratschlägen. Bei solch einem Mann war John Davis in die Navigationsschule gegangen.

Die ersten kühnen, aber gescheiterten englischen Vorstöße Richtung Nordwestpassage hatte 1576 und 1578, in der mittleren Phase von Elisabeths Herrschaft, der Kaperer Martin Frobisher mit freundlicher Unterstützung der Londoner Kaufmannschaft unternommen.

Zehn Jahre später war nun John Davis mit zwei Schiffen unterwegs. Ende Juli 1585 erreichten sie Grönland, ankerten an der untergegangenen Wikingersiedlung Godthab (heute die Grönland-Hauptstadt Nuuk) und wurden von den Inuit mit großem Geschrei begrüßt. Anfang August segelte Davis an der Ostküste Grönlands weiter und querte die Meeresstraße – die in der Tat eine breite Einfahrt ins Nordpolarmeer hätte sein können, wäre sie nicht so vereist gewesen – hinüber zu der großen Baffin-Insel. Diese Meeresstraße ist die Davisstraße.

Auf dieser und zwei weiteren Reisen erfasste Davis die Gegend und die Grönland gegenüberliegende Küste Labradors und Neufundlands so gut, dass seine Karten noch zweihundert Jahre lang den Kapitänen zur Orientierung dienten. Auf seiner dritten Fahrt 1587 gelangte Davis in der Davisstraße so weit nördlich wie vorher noch kein Europäer, nämlich bis nach Upernavik. Doch mit Segelschiffen war angesichts der Witterung und der Eismassen kein weiteres Durchkommen möglich.

Übrigens war John Davis nicht nur in nördlichen Gewässern unterwegs. 1591 begleitete er den dritten Weltumsegler Thomas Cavendish Richtung Südspitze von Südamerika und entdeckte bei der Gelegenheit die Falklandinseln. Nach 1600 nahm Davis an einer der ersten Ostindien-Expeditionen der holländischen VOC teil. Am Heiligabend 1605 wurde er von japanischen Piraten, die Schiffbruch vorgetäuscht hatten, auf Bintang nahe Sumatra getötet.

Davis war der Erfinder des Davisquadranten zur Bestimmung der geografischen Breite.

Barentssee

Nördlich von Skandinavien, im arktischen Teil des Nordatlantiks, zwischen Sibirien und Grönland, kann es sehr kalt sein. Im tiefen Winter, ab November, geht die Sonne nicht mehr auf, dafür scheint sie im Hochsommer 24 Stunden lang. Vegetation gibt es so gut wie keine mehr, nur Eisbären, Schneefüchse und Möwen und was diese eben fressen. Das Seegebiet zwischen Nordskandinavien, Ostgrönland und Nordwestsibirien ist die Barentssee mit den beiden größeren Inseln Spitzbergen und Nowaja Semlja sowie der Inselgruppe namens Franz-Josef-Land. Es ist dasjenige Seegebiet, in dem der niederländische Seefahrer Willem Barents (Barentsz) vor 1600 in drei aufeinanderfolgenden Sommern unterwegs war, stets auf der Suche nach der Nordostpassage.

Seit 1594, also noch bevor Rembrandt geboren wurde (1606), segelten holländische Schiffe ins Nordpolarmeer. Ziel war es, den (kürzesten) Seeweg nach China zu finden. Denn nach wie vor betrieben die Portugiesen unter dem Schutz ihres Staatsgeheimnisses nicht nur den lukrativen Gewürzhandel ganz allein. Inzwischen hatten sie den gesamten asiatisch-pazifischen Küstenraum bis nach Japan erschlossen und profitierten als Einzige vom Ostasienhandel. Die Idee, die lange Fahrt nach Asien um Afrika herum durch die Nordsibirien-Route bedeutend abzukürzen, hatte etwas Bestechendes.

Doch kurz vor 1600 hatte niemand eine Vorstellung, wie das Meer in diesen hohen Breiten nördlich von Norwegen beschaffen war. Willem Barents war an allen drei Expeditionen der Holländer – 1594, 1595 und 1596 – beteiligt. Die erste Reise brachte die Entdeckung von Nowaja Semlja, doch sie musste wie die darauffolgende Fahrt wegen der Witterungsverhältnisse abgebrochen werden. Auf der dritten Expedition mit zwei Schiffen im Jahr 1596 wurde Spitzbergen entdeckt (das die Seefahrer für Grönland hielten). Auch dieses Mal gab es nördlich von Spitzbergen kein Durchkommen. Barents und Jan Rijp, der Kapitän des zweiten Schiffs, zerstritten sich; Barents und sein Schiff unter Kapitän Jan Heemskerck segelte mit siebzehn Mann Besatzung allein nach Nowaja Semlja. Als am Nordkap der Insel Ende August der Winter einbrach, wurde ihr Schiff vom Eis eingeschlossen und die Seefahrer mussten in einer selbst gezimmerten Hütte an Land überwintern. Anfang November verschwand die Sonne, die lange Polarnacht brach an – eine für die Europäer völlig neue Sinneserfahrung. Den meisten Männern gelang es, im Frühsommer 1597 mit zwei Beibooten an der Küste entlang bis in den Süden von Nowaja Semlja zu segeln, wo sie auf Rijp und sein Schiff trafen, mit dem sie nach Holland zurücksegeln konnten. Auf dieser Rückreise starb Barents im Juni 1597 auf Nowaja Semlja.

Seit dieser Zeit rüsteten die Niederländer einzelne Schiffsgeschwader für »Ostindien«-Fahrten aus (»Vorcompagnien«), die 1602 zur Vereinigten Ostindischen Compagnie (VOC) zusammengeschlossen wurden. Die VOC verdrängte die Portugiesen mit brutalen Methoden aus dem Südostasienhandel. So wurden die Niederlande nach den Spaniern und den Portugiesen die dritte globale Kolonialmacht. Der koloniale Reichtum bescherte den geschäftstüchtigen Niederländern ihr Goldenes Zeitalter, dessen Glanz sich noch heute in den Innenstädten von Amsterdam, Leiden, Haarlem oder Delft besichtigen lässt und der sich in den Gemälden von Frans Hals, Vermeer, auch denen Rembrandts, und auf den Prunkstillleben dieser Zeit widerspiegelt.

Hudson Bay

So wie Ende der Neunzigerjahre ein Internetshop nach dem anderen aufmachte, so boomten schon gleich nach der zweiten Kolumbusfahrt die konquistadorischen Unternehmungen. Viele wollten auf diesem neuen Geschäftsfeld möglichst schnell möglichst reich werden, machten sich »selbstständig« oder schlossen sich in wechselnden Kombinationen neuen Expeditionen an und fielen wie die Heuschrecken über Mittel- und Südamerika her. So ähnlich verhielt es sich in den Jahrzehnten um 1600 auch mit den Pionieren der Nordwestpassage, von denen wir hier nur die Namengebenden vorstellen.

Der aus London gebürtige Henry Hudson (1565–1611) fuhr im Auftrag der English Muscovy Company (EMC) ins Nordpolarmeer. Diese englische Handelsgesellschaft hatte sich nach den erfolglosen Versuchen Willoughbys und Chancellors, eine Nordostdurchfahrt nach China an der sibirischen Küste entlang zu finden, gebildet. Chancellor hatte dabei im Jahr 1554 (mit dem Schlitten) einen 1000-Kilometer-Abstecher von Archangelsk nach Moskau gemacht und war von Zar Iwan dem Schrecklichen wohlwollend empfangen worden. Damit waren direkte englisch-russische Handelsbeziehungen unter Umgehung der Hanse etabliert, die dreihundert Jahre anhielten.

Wenn im Eis jenseits von Nowaja Semlja kein Durchkommen war, begnügten sich die Engländer vorläufig statt der erhofften Gewürze und Seide aus China nun auch mit dem Handel von Wolltextilien, Zucker und Waffen im Austausch gegen russische Pelze, Hanf und Kerzentalg. Das war das Geschäft der English Muscovy Company.

1607 und 1608 unternahm Hudson zwei Fahrten für die EMC in die eisigen Gewässer, erneute Versuche, eine Nordwestpassage, danach eine Nordostpassage zu finden. Somit war Hudson ein in den Nordgewässern erfahrener Kapitän. 1609 nahm ihn die niederländische VOC in Dienst. Auch die Holländer, deren Ostindiengeschäft noch in den Anfängen steckte und die sich noch nicht gegen die portugiesischen Platzherren auf der afrikanischen Indienroute durchgesetzt hatten, wollten die möglicherweise schnelleren Routen nach Fernost kennenlernen und schickten Hudson von Amsterdam aus erneut auf die Suche nach einer Nordsibirienpassage. Da vor Nowaja Semlja die Mannschaft meuterte, änderte Hudson den Kurs nach Westen und Süden, bis er an der nordamerikanischen Küste entlangfuhr.

Im September 1609 erreichte er die Bucht, an deren Eingang bereits Verrazano geankert hatte. Er fuhr hinein, betrat als erster Europäer die Insel, welche von den dort lebenden Algonquin-Indianern *Mannahatta* genannt wurde, und segelte weiter den Fluss hinauf, der nun seinen Namen trägt: Hudson River.

Hudson war ein Forscher und Entdecker, kein Siedlerpionier. Er erkundete den Fluss gut 250 Kilometer landeinwärts bis in die Höhe der heutigen Hauptstadt des Bundesstaates New York, Albany. Immerhin »gehörte« die Kenntnis der Lage von Mannahatta jetzt den Holländern, da Hudson im Auftrag der VOC gesegelt war.

1625 erschienen hier weitere Holländer, gründeten an der Südspitze von Mannahatta eine Siedlung namens Neu-Amsterdam und kauften den Indianern die ganze Insel für Waren im Wert von sechzig Gulden ab. Die umliegenden Gebiete auf dem Festland, heute mehrere Bundesstaaten, sind auf den Karten jener Zeit als »Neu Niederland« oder »Neuholland« eingezeichnet. Doch es kamen zu wenige holländische Siedler aus der Heimat, um diese Gebiete wirklich nachhaltig zu kolonisieren. Sie wurden 1664 von den Niederländern an die Briten abgetreten, seitdem heißt der Ort New York, nach dem damaligen englischen Thronprätendenten, der den Titel »Herzog von York« führte, dem späteren König James II.

Hudson hatte mit dieser Nachgeschichte nichts zu tun, denn er befand sich 1610 schon wieder auf See – zu seiner vierten und letzten Entdeckungsreise; wieder im Auftrag englischer Kaufleute. Sein Schiff hieß *Discovery*, der Auftrag lautete erneut die Nordwestpassage. Auf dieser Reise erfüllte sich sein Schicksal.

Ende Juli, Anfang August fand er eine Durchfahrt zwischen Labrador (nordamerikanisches Festland) und der Baffin-Insel, der größten des kanadisch-arktischen Archipels, immerhin der fünftgrößten Insel der Erde: Sie ist doppelt so groß wie Großbritannien. Als Hudson daran vorbeifuhr, hieß sie natürlich noch nicht »Baffin-Insel«. Die Durchfahrt wurde nach ihrem Entdecker »Hudson-Straße« genannt. Nach ihrer Durchquerung segelte dieser am 2. August in eine riesige Bucht, die dreimal größer ist als die Ostsee – und wähnte sich natürlich im Pazifik. Die Nord-Süd-Ausdehnung der »Hudson-Bay« beträgt 1400 Kilometer, insofern ist dieser Irrtum verständlich. Hudson segelte drei Monate forschend und kartierend nach Süden an der vermeintlichen Küste Asiens entlang. Im November schloss das Eis das Schiff ein. Es folgte ein Winter der Entbehrungen und des Hungers. 1611, nach dem Ende der Eiszeit, wollte Hudson seine Erkundungen fortsetzen, doch da meuterte die Mannschaft. Hudson, sein etwa 15-jähriger Sohn John und sieben weitere Besatzungsmitglieder wurden Ende Juni in einem Beiboot ausgesetzt. Sie sind seither verschollen.

Wichtig und sehr bedeutend für die Frühgeschichte Nordamerikas und insbesondere Kanadas ist die 1670 gegründete Hudson's-Bay-Company (HBC), mit der Henry Hudson gar nichts zu tun hat. Diese Handelsgesellschaft spielte eine enorme Rolle bei der Erkundung und Erschließung des Hinterlandes der Hudson Bay zu den Großen Seen hin. In diesem weitgehend unerforschten Gebiet waren Händler, Jäger, Trapper, Fallensteller auf wahrhaft abenteuerlichen Pfaden unterwegs und besorgten den Handel mit den Indianern. Die HBC verfügte über ein weitverzweigtes Netz von Handelsposten und erlangte im Lauf der Zeit eine fast regierungsamtliche Stellung. Das Unternehmen existiert noch heute.

Baffin Bay

Auch William Baffin (1584–1622) stand in Diensten der English Muscovy Company und war folglich beinahe zwangsläufig an einer erneuten Expedition auf der Suche nach der Nordwestpassage in den Gewässern um Spitzbergen und Grönland beteiligt.

1615 und 1616 fuhr er an Bord der *Discovery,* eben jenes Schiffes, das Hudson befehligt hatte. Die Überlebenden von Hudsons dritter Reise waren 1611 nach England zurückgekehrt, entgingen aber einer Anklage wegen Meuterei, die unweigerlich mit dem Tod bestraft worden wäre. Man brauchte wohl diese wichtigen Informationsträger und stellte sie nur wegen geringfügigerer Vergehen unter Anklage. Die Rückführung des Schiffes nach England war Robert Bylot, einem der Offiziere Hudsons, gelungen.

Mit eben jenem Kapitän Bylot und mit Baffin als Steuermann und Lotse durchfuhr die *Discovery* 1615 erneut die Hudsonstraße, wobei der Südteil der Baffin-Insel genauer kartiert wurde. Dann bogen sie aber nicht wie Hudson südwärts in die Hudson Bay ein, sondern nördlich in das Foxe Bay genannte Seegebiet östlich der Baffin-Insel. Aufgrund der Beobachtung der Gezeiten stellten sie jedoch fest, dass hier nicht die erhoffte Nordwestpassage zu finden sein würde. Für den Winter ging es zurück nach England.

1616 durchfuhr dieselbe Mannschaft auf demselben Schiff die Davisstraße zwischen Grönland und der großen Baffin-Insel und stieß weiter als seinerzeit John Davis in das nördliche Seegebiet zwischen Grönland und Baffin-Insel vor, das heute Baffin Bay genannt wird. Hier entdeckten sie weitere Meerengen in dem zerklüfteten kanadisch-arktischen Archipel bereits in sehr hohen Breiten (knapp unterhalb des 80. Breitengrades) und kartierten dieses Seegebiet und die Nordhälfte der Baffin-Insel. Dabei entdeckten sie neben anderen Meerengen auch den Lancaster Sound, durchfuhren ihn aber nicht. Erst im 19. Jahrhundert entpuppte sich dieser als die lange gesuchte Durchfahrt der Nordwestpassage, die allerdings mit Segelschiffen gar nicht zu bewältigen gewesen wäre.

Obwohl Bylot der nautische Leiter der Expedition war, fiel Baffin als dem Kartierer der Ruhm der Namensgebungen zu. Er wurde auch später für die Genauigkeit seiner astronomischen, geografischen und seiner Gezeitenbeobachtungen gerühmt.

Nach dieser Expedition gab man die Hoffnung auf eine Nordwestpassage für rund zweihundert Jahre auf. Das Thema sollte im 19. Jahrhundert noch einmal eine große Rolle spielen, beginnend 1818 mit dem Vorstoß von John Ross in die Baffin Bay, welcher ebenfalls scheiterte. Um es vorwegzunehmen: Die Nordwestpassage wurde erst 1903 bis 1906 von Roald Amundsen komplett durchfahren. Vorausgesetzt, es besteht Eisfreiheit, ist die Strecke Rotterdam-Tokio nur 15 600 Kilometer lang, die Sues-Strecke (also ohne Afrikaumfahrung) 23 300 Kilometer. Die nackten Zahlen und eher ein Blick auf den Globus als auf eine Landkarte zeigen, wie attraktiv die Nordwestpassage tatsächlich ist. Noch besser ist sogar die Nordostpassage an Sibirien entlang mit nur 14 000 Kilometern. Sie wurde erstmals von Adolf von Nordenskjöld 1878/1879 durchfahren.

Die Karten- und Weltbilder vor dem Zeitalter der Vermessungen

Das goldene Zeitalter der Kartografie

Nach der fast gleichzeitigen Entdeckung von Amerika und dem wahren Ostasien – Letzteres wird leicht übersehen – werden Landkarten, Weltkarten und Globen geradezu ein neues Medium wie zuvor das gedruckte Buch und heute das Internet. Durch die Entdeckungen war das Interesse eines breiten Publikums geweckt. Karten und Globen in Gelehrtenstuben, Bibliotheken und Handelskontoren waren das Mittel der Wahl, sich die neuen Erkenntnisse anzueignen. Holzschnitt und Kupferstich ermöglichten eine weite Verbreitung. Kartendruck wurde im 16. und 17. Jahrhundert ein neuer, eigenständiger Geschäftszweig und viele der durchaus kostspieligen Kartensammelwerke waren kommerziell erfolgreich. Das Kartenbild der Welt wurde nach und nach umfassender und genauer, war aber noch lange nicht das Ergebnis exakter Vermessungen. Vieles blieb der Fantasie überlassen. Gerade die fantastischen Elemente geben diesen Karten einen erzählerischen und ästhetischen Reiz, den sie später verloren, als Karten mathematisch exakter und rationaler wurden – »rational« im Sinne der Aufklärung.

Repräsentative Karten und Globen sind auf den Bildern von Vermeer, Holbein oder Frans Hals gegenwärtig. All diese Karten, zum Teil Prunkkarten, dienten noch keinem unmittelbar praktischen Zweck wie heute, sondern eher als Statussymbol der wohlhabenden Bildungsbürger wie der Fürsten- und Adelshöfe, wo Bildung von jeher eine wichtige Rolle spielte. Nun bildeten sich auch jene Bürger, deren Gesichter und Häuslichkeit uns von den Genreszenen, Porträts und Gruppenporträts der niederländischen Maler so vertraut sind.

Weltlandschaften

In der Spätrenaissance entwickelte sich die Landschaftsmalerei als eigenständiges Genre. Der Goldgrund als Hintergrund in der vergeistigten Tafelmalerei des Mittelalters wurde aufgegeben. An seine Stelle traten Landschaften als Hintergrund biblischer oder mythologischer Szenen oder von Porträts. Allein das zeugt von der tief greifenden geistigen Neuorientierung der Renaissance hin zu mehr Realität. Berühmtestes Beispiel ist die *Mona Lisa*, die vor einem Landschaftshintergrund posiert. Die niederländischen Maler Joachim Patinier und Pieter Bruegel malten die ersten Bilder, auf denen die Landschaft eine dominierende Rolle spielt.

Patinier entwickelt das Grundschema eines dunkelgrün oder bräunlich gefärbten Vordergrunds, eines hellgrün gehaltenen Mittelgrunds und einer in hellem Blau erscheinenden Ferne. Biblische oder mythologische Szenen sind in die Weite der Landschaft eingebettet. Oftmals werden die Landschaften von einem deutlich erhöhten Standpunkt aus der Vogelperspektive gezeigt.

Gleichwohl sind Landschaftsdarstellungen in der Malerei keine Postkartenidyllen, sondern immer Ideallandschaften. Das gilt für die mit allerhöchstem Detailreichtum und feinmalerischem Glanz ziselierten Landschaftsausblicke und Stadtlandschaften von Jan van Eyck (seit etwa 1420) bis zu den Bildern von Canaletto (ca. 1750). Jedes Landschaftsbild von künstlerischem Wert stellt auch »eine Welt« dar.

Die Darstellung einer autonomen Landschaft war Ausdruck

davon, dass die Europäer begannen, Natur als ein objektives Gegenüber zu begreifen. Ein vergleichbarer Vorgang prägte die zeitgenössische Botanik: Nach 1500 betrachteten humanistische Gelehrte Kräuter und Blumen erstmals analytisch nach ihrer Gestalt und ihren Bestandteilen (Blätter, Staubgefäße etc.) und ordneten sie entsprechend ihren natürlichen Merkmalen einander zu. Dafür hatte man vorher keinen Sinn, man hatte es gar nicht »gesehen«, weil man sich dafür nicht interessierte und weil es dafür kein geistiges Konzept gab. Während des Mittelalters beschränkte sich »Kräuterkunde« auf das Wissen um die angenommene oder tatsächliche pharmakologische Wirksamkeit von Pflanzen. Nur das hatte die Menschen interessiert.

Die Entdeckung der Neuen Welt verstärkte die Tendenz zu der neuen Betrachtungsweise der Naturwelt als Gegenstand des forschenden, objektiven Interesses. Über die Pflanzen- und Tierwelt der neuen Kontinente, ihre Geografie und ihre Völker konnte man bei Aristoteles, Plinius oder Ptolemäus nichts mehr nachschlagen. Mit dieser Art von Gelehrtenbequemlichkeit und selbst verschuldeter geistiger Bevormundung war es vorbei. Die Menschen mussten einen empirischen Befund aufnehmen und selbst darüber nachdenken. Nicht zuletzt die neuen Anforderungen der Hochseeschifffahrt beflügelten auch die alte Naturwissenschaft der Astronomie.

Sebastian Münsters *Cosmographia*

Dreißig Jahre lang, von 1962 bis 1991, war in der Bundesrepublik ein Hundert-Mark-Schein mit dem Bild von Sebastian Münster (1488–1552) in Umlauf, nach einem Porträt von Christoph Amberger. Jedermann kannte dieses Gesicht, doch der Humanist und Universalgelehrte blieb ein Unbekannter. Seine *Cosmographia* von 1544 war hundert Jahre lang ein sehr populäres, in ganz Europa verbreitetes Werk, das bahnbrechend für die Entwicklung der Geografie als eigenständiges Wissensgebiet wirkte.

Es zeigt aber auch, dass selbst bei so einem herausragenden Gelehrten wie Sebastian Münster die Kolumbus- und Kopernikus-Wende, die wir an bestimmten Erstentdeckungs- und Ersterscheinungs-Jahreszahlen festmachen, nicht gleich mit einer allgemeinen Weltbild-Wende bei den Zeitgenossen einherging. Münsters *Cosmographia* war ähnlich wie die fünfzig Jahre zuvor zur Zeit der Kolumbus-Entdeckung erschienene *Schedelsche Weltchronik* ein Sammelsurium von allerlei geschichtlichem und erdkundlichem Allgemeinwissen, das die beiden jeweiligen Gelehrten in mühevoller Arbeit zusammengetragen hatten; Schedel hatte zwanzig Jahre lang gesammelt und an der Vorbereitung gearbeitet. Trotz seines verlegerischen Aufwandes war die Schedelsche *Weltchronik* aber kein Erfolgsbuch. Ganz anders Sebastian Münsters *Cosmographia*, deren Erstausgabe sechshundert Seiten umfasste. Die Neuauflage wurde nur ein Jahr später bereits um hundert Seiten erweitert, das aufwendig zu produzierende Buch erlebte bis 1628 siebenundzwanzig Auflagen, allein auf Deutsch 50 000 Exemplare, und Übersetzungen in viele Sprachen. Nach der Bibel war es das meistgelesene Buch seiner Zeit, das erfolgreichste verlegerische Werk des 16. Jahrhunderts überhaupt. Vergleicht man es mit dem im Mittelalter »meistgelesenen Buch seiner Zeit«, dem fabulösen *Alexanderroman*, erkennt man auch den Bewusstseinswandel.

Der außerordentlich sprachbegabte, aus Ingelheim am Rhein stammende Sebastian Münster studierte und lehrte unter der Obhut des Franziskanerordens an den Universitäten Heidelberg, Freiburg und Basel. In Basel konvertierte er zum Protestantismus und konnte sich nach seiner Heirat mit einer wohlhabenden Buchdruckerwitwe ganz seinen umfassenden Studien widmen.

Trotz des lateinischen Titels war die *Cosmographia* auf Deutsch geschrieben – als Zusammenschau des geografischen, astronomischen, geologischen und historischen Wissens, als »Beschreibung der Welt mit allem, was darinnen ist«, wozu auch ethnografische Informationen zählen über »völcker« und ihre

»gebreüch« sowie die Beschreibungen jeder Menge von Fabel-
tieren und Ungeheuern, teilweise aber auch schon über exo-
tische Pflanzen- und Tierwelten. Die *Cosmographia* enthält wie
die Schedelsche *Chronik* eine Vielzahl von Karten und Städte-
ansichten, jedes »Land«, vom »Wallisser landt« über »Engellandt«,
»Behemer landschaft« (Böhmen), »Africe« bis hin zu der »newe
weldt der grossen und vilen Inselen von den Spaniern gefunden« werden eingangs mit einer Karte vorgestellt. Die Karten
hatte Münster überwiegend selbst gezeichnet. Auch wenn sie
nach heutigem Maßstab zwischen ungenau bis fiktiv einzuord-
nen sind, repräsentiert das ganze Werk das Höchstmaß an »Wis-
senschaftlichkeit«, das damals in puncto Weltkenntnis erreichbar
war. Die Holzschnitte stammen von verschiedenen bedeutenden
Renaissancekünstlern wie Hans Holbein d. J., Urs Graf und David Kandel.

Die Popularität der *Cosmographia* beruhte zum einen auf
dem gestiegenen Interesse an den überwiegend geografischen
Themen, zum anderen darauf, dass solche Werke in einer noch
bucharmen, aber inzwischen bildungshungrigen Zeit als Lese-
buch und Nachschlagewerk immer wieder in die Hand genommen wurden. Sebastian Münster starb an der Pest. Auf seinem
Grabmal in Basel wird er als »deutscher Strabo« bezeichnet.

Die »Goldschätze« von Timbuktu

Die 1550 in Rom erschienene *Beschreibung Afrikas* hatte für das
Afrika-Bild der Europäer eine ähnliche Wirkung wie Marco
Polos Bericht über Asien. Der Autor, Leo Africanus (Mohammed al-Wasan, 1490–1550), war berberischer Abstammung und
wuchs in Marokko auf. Er studierte in Fes an derselben Universität namens al-Karaouin wie al-Idrisi. Diese 859 von einer reichen Kaufmannstochter gestiftete islamische Hochschule gilt als
die älteste bestehende Universität der Welt; ihre Gründung fällt
in die Zeit der Karolinger.

Als junger Mann begleitete al-Wasan seinen Onkel während der europäischen Hochrenaissancezeit auf mehreren diplomatischen Reisen, unter anderem in das Niger-Königreich Songhai und nach Konstantinopel. Auf der Rückreise von einer Pilgerfahrt nach Mekka geriet er 1518 im Mittelmeer in die Gefangenschaft genuesischer Piraten. Al-Wasan wurde nach Rom gebracht und zunächst in der Engelsburg gefangen gesetzt. Als man seinen Rang erkannte, stellte man ihn Papst Leo X. vor, und er wurde im Petersdom getauft. Bis 1530 blieb der nunmehr Leo Africanus genannte Berber in Italien, wo er seinen berühmt gewordenen Reisebericht über Afrika verfasste. Dieser erschien 1550 in Venedig bei Ramusio, wo auch Fassungen des Marco-Polo-Berichts und andere wichtige Reisewerke gedruckt wurden. Das Buch war ein Bestseller, erlebte fünf Auflagen und wurde in mehrere Sprachen übersetzt.

Der nachhaltig wirksamste Teil ist derjenige über das Niger-Königreich Songhai. Am Niger bestanden schon in vorislamischer Zeit verschiedene Reiche verschiedener afrikanischer Dynastien. Bereits das Mali-Reich galt als legendär wohlhabend; einer seiner Könige ist im *Katalanischen Atlas* (1375) mit einem Goldklumpen in der Hand dargestellt. Der Reichtum kam aber weniger vom Gold als vom Salz-, Sklaven- und Elfenbeinhandel. Zentrum der Karawanenwege war die Oasenstadt Timbuktu. Die Handelsstadt erlebte ihre Glanzzeit unter den Songhai und blieb lange ein Zentrum islamischer Gelehrsamkeit mit einer Universität und über hundert Koranschulen.

Dieses Gesamtbild von Timbuktu überlieferte Leo Africanus. Es inspirierte die ersten wichtigen Afrikareisenden Mungo Park und Heinrich Barth, wie einst Kolumbus von Marco Polo inspiriert wurde. Dabei waren die »Gold«-Passagen möglicherweise gar nicht authentisch, sondern vom Verleger Ramusio übertrieben worden, um den Buchabsatz anzukurbeln.

Die *Bairischen Landtafeln*

Bisher hatten Karten keinen Maßstab. Ansatzweise maßstabs-gerechte Karten kamen nun verstärkt im 16. Jahrhundert auf. Philipp Apians Atlas von Bayern (1568), auch bekannt als »Bai-rische Landtafeln«, spiegelt den damals fortschrittlichsten Stand der Kartografie.

Die Landtafeln, 24 Holzschnittdrucke, beruhen auf einer fünf mal fünf Meter großen Karte von Bayern, die Apian im Auftrag des bayerischen Herzogs Albrecht V. erstellte, indem er während sieben Jahren im Sommer das Land mit Wegmesser und Kom-pass bereiste und auf diese Weise erstmals ein größeres Land systematisch vermaß – wenn auch noch nicht so mathematisch exakt wie mittels Triangulation.

Die Karte und die darauf basierenden Landtafeln sind genor-det, was damals, vor allem in Süddeutschland, noch keineswegs üblich war. Für Städte und Dörfer gibt es nur noch wiederkeh-rende Symbolbilder statt individueller Stadtansichten, auch ein Merkmal der Rationalisierung des Kartenbildes. (Für Dörfer genügt eine Kirche, für eine Stadt ein Kirchturm mit einer klei-nen Häusergruppe.) Apians Bayern-Karte ist ein frühes Beispiel dafür, wie die subjektiven oder religiös-symbolischen (Welt-) Landschaften gegenüber der maßstabsgetreuen Wiedergabe der physischen Welt in den Hintergrund treten. Vor allem die Ver-läufe der Gewässer sind sehr genau verzeichnet. Für den Druck der Landtafeln wurde der Maßstab deutlich verkleinert. Deren Genauigkeit war bis ins 19. Jahrhundert unübertroffen.

Für die Vermessung bediente sich Apian neben Kompass und Quadrant auch des Jakobsstabs zur Winkelmessung und damit zur Entfernungsbestimmung. Der von sächsischen Eltern in Ingolstadt geborene Philipp Bienewitz/Bennewitz (lateinisch: Apian) war schon mit achtzehn Jahren Student in Frankreich und mit einundzwanzig Jahren Professor in Ingolstadt, wo er neben dem Lehrstuhl auch die Kartendruckerei seines Vaters übernahm, der seinerseits bereits ein so geschätzter Gelehrter, Astronom und Kartograf war, dass er von Kaiser Karl V. in den Reichsritterstand erhoben wurde. So ehrte man damals bedeutende Kartografen.

Der erste Atlas

Den Begriff »Atlas« für eine Sammlung von Landkarten in einer gebundenen Mappe oder in einem Buch hat erst der große Kartograf Mercator eingeführt. Solche Kartenmappen nannte man zunächst *Theatrum Orbis Terrarum* (wörtlich »Darstellung des Erdkreises«). Das erste und wichtigste Werk dieser Art stammt von dem flämischen Kartografen Abraham Ortelius (1527–1598). Die Erstausgabe des *Theatrum* aus dem Jahr 1570 enthielt 53 Karten und wurde in Antwerpen bei Plantin gedruckt, einer der bedeutendsten Buchwerkstätten jener Zeit. Der Ortelius-Atlas zählt zu einem der wichtigsten Werke dieser Offizin. Bei Plantin gab es mehr als ein Dutzend Druckerpressen und Aberdutzende von Mitarbeitern. Der Buchdrucker war mit humanistischen Gelehrten aus ganz Europa vernetzt und erhielt regelmäßig bedeutende Druckaufträge vom Hof Philipps II. aus Madrid, dem Herrscher über die damals spanischen Niederlande.

Das heute noch unverändert existierende Plantin-Gebäude in Antwerpen gibt als Museum einen unvergleichlichen Eindruck von den Wohn- und Arbeitsverhältnissen in jener Zeit, der Rubens-Zeit; mehr noch sogar als das ebenfalls in Antwerpen befindliche Rubens-Haus selbst, das weitgehend entkernt ist. Ortelius war ein Zeitgenosse von Rubens, der ihn auch malte.

Die Familie des Abraham Ortelius war aus Augsburg zugewandert. Die nicht nach Gelehrtenart latinisierte Version des Familiennamens lautete Wortels oder Ortels. Ortelius war kein Universalgelehrter wie Sebastian Münster. Er hatte zwar Latein

01 Der Omphalos in Delphi: für die Griechen der Nabel der Welt.

Die Peutingersche Tafel: ein gezeichnetes Straßennetz der römischen Reichs-
aßen in der Spätantike. Links Konstantinopel mit der Konstantinsäule, unten das Nildelta.

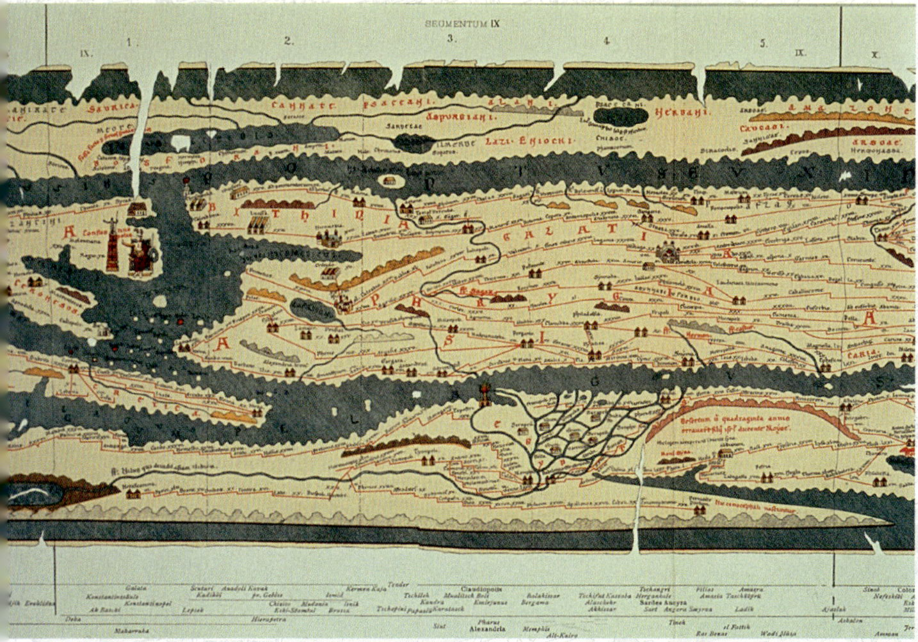

03 Eine für das Mittelalter typische T-O-Karte. Der ringförmige Ozean bildet das O. Der senkrechte T-Balken soll das Mittelmehr darstellen.

04 Die Ebstorfer Weltkart größte bekannte Radkart Mittelalters. Oben, im C thront Christus. Im Zen der Welt befindet sich Jerus

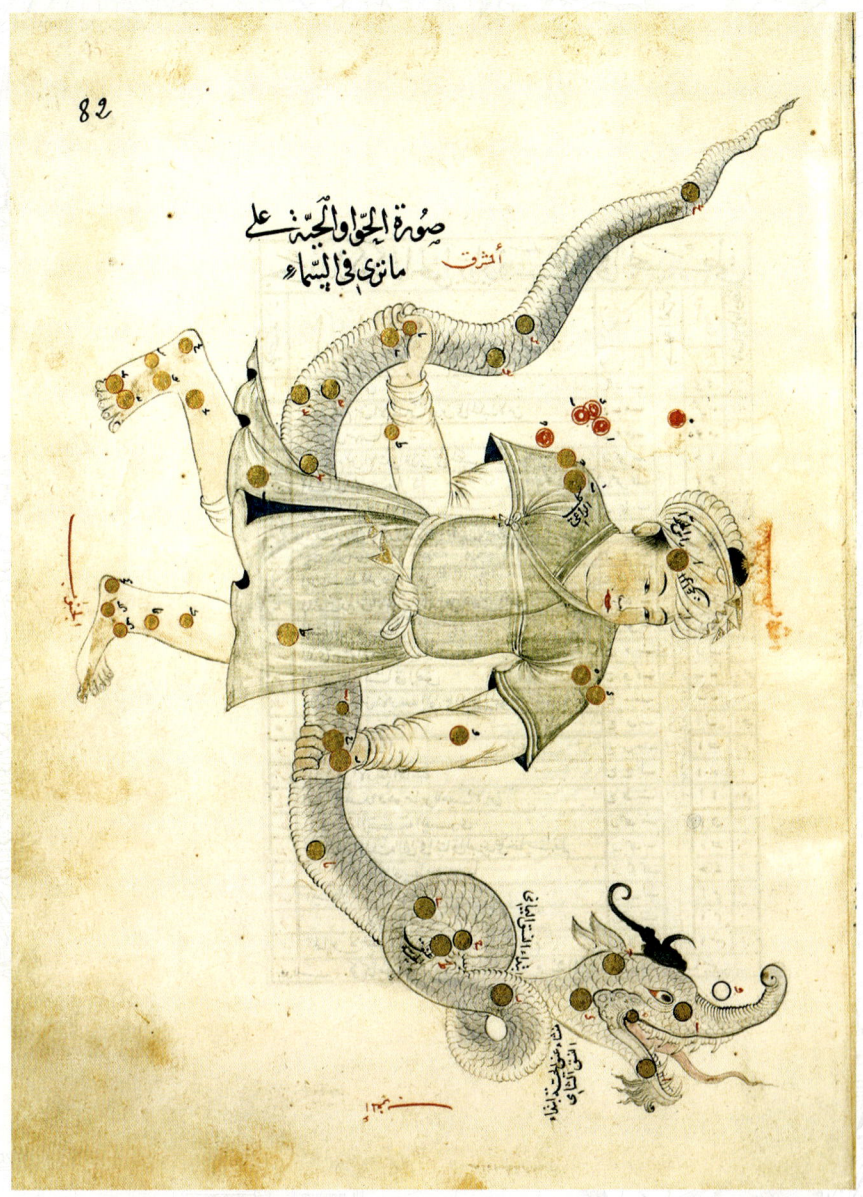

82

صورة الحوا والحية على
ماتري في السماء

أشرق

05 Das Sternbild »Schlangenträger« aus dem *Buch der Fixsterne* von as-Sufi, einem
mittelalterlichen persischen Astronomen des 10. Jahrhunderts.

06 Die Portolankarten de
Spätmittelalt
sind viel prä
als alle frühe
europäischer
Karten und
mals durchg
hend genord

07 Die Fra-
Mauro-Welt
aus Venedig
ca. 1459 zeig
das geografis
Wissen kurz
der Entdeck
Amerikas. D
Karte ist ges
Die Südspitz
Afrikas ist o

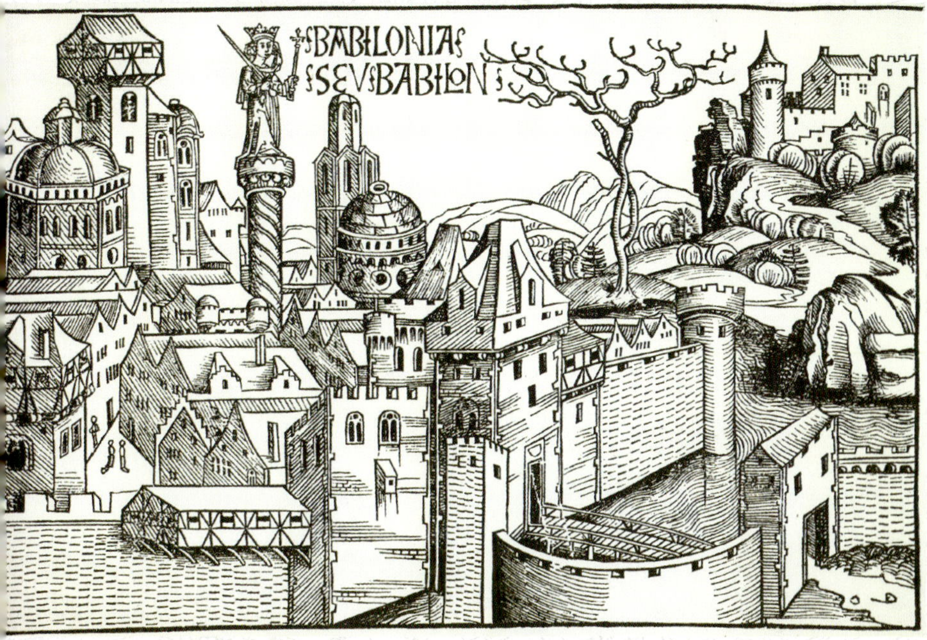

Die Stadtansicht von Babylon aus der *Schedelschen Weltchronik* erinnert an das mittelalterliche Nürnberg, wo die *Weltchronik* 1493 herauskam.

09 Der älteste erhaltene Globus von dem Nürnberger Martin Behaim. Er zeigt die Welt, wie sie sich auch Kolumbus vorgestellt hat – noch ohne Amerika und ohne Pazifik.

10 Die Cantino-Weltkarte von 1502 dokumentiert das erweiterte geografische Weltbild Zeit kurz nach der Entdeckung der neuen Welt. Man sieht die karibischen Inseln und T Südamerikas, aber fast nichts von Nordamerika.

Circulus articus:

Circulus articus:

SINVS PERSIC

Tropicus cancri.

Oceanus orientalis.

Linha equinocialis.

Mare barbaricus:

Oceanus yndicus meridionalis.

Circulus capricorni:

Oceanus yndicus meridionalis:

Circulus antarticus.

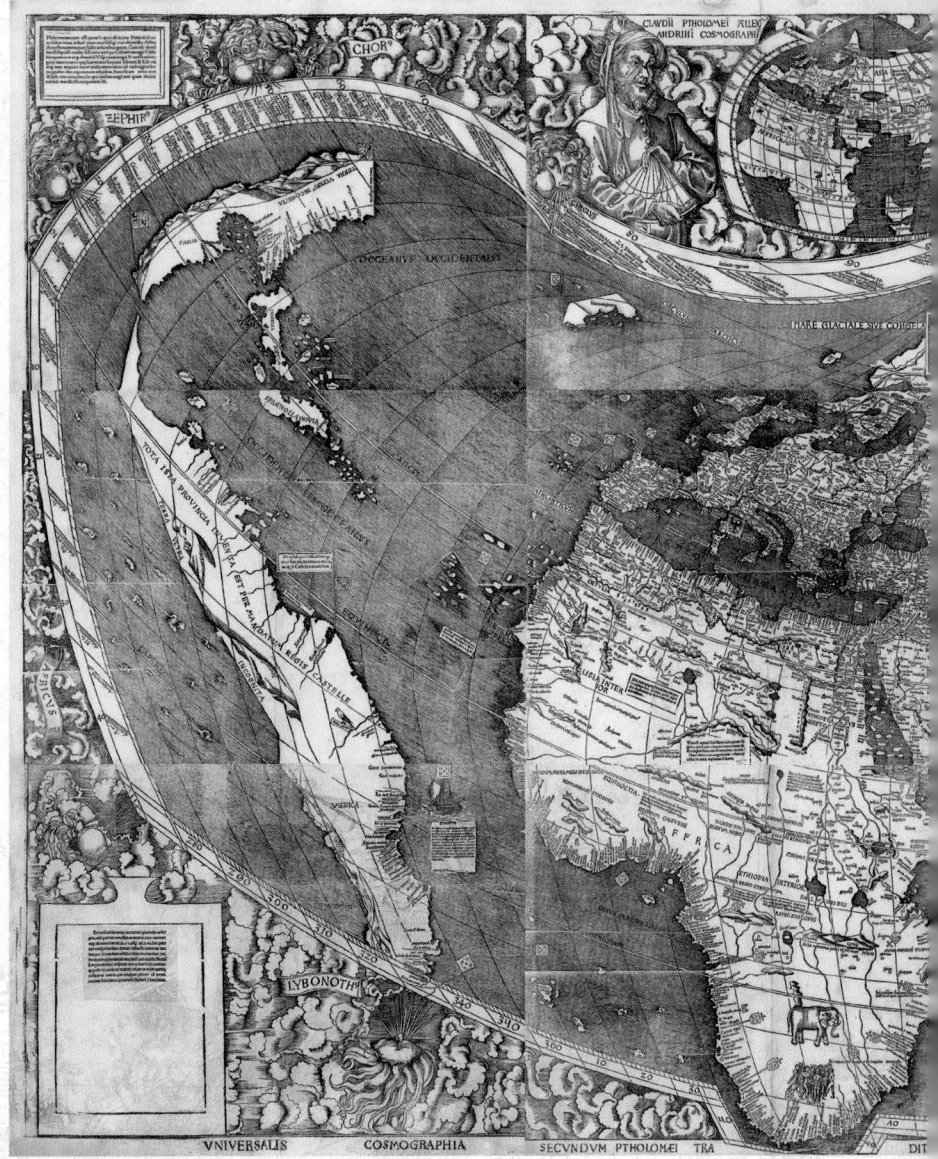

11 Die Waldseemüllerkarte aus dem Jahr 1507 ist die »Taufurkunde Amerikas«. Die erstmalige Bezeichnung »Amerika« auf einer Karte befindet sich hier im unteren Teil Südamerikas.

AMERICI VESPVCII ALIORVQVE LVSTRATIONES

12 Eine Hemisphären-Karte von Mercator mit den beiden Hemisphären Amerika sowie
Welt in Mercatorprojektion. Unten die seit der Antike angenommene, riesige *Terra austra*

13 Ein Ausschnitt der Cassini-Karte von 1784 zeigt die Hauptstadt Paris. Die Cassini-Kart
von Frankreich ist sozusagen die Mutter aller modernen Landkarten.

14 (rechts oben) Der Schweizer Maler Karl Bodmer reiste Anfan
1830er-Jahre in den noch unberührten Mittleren W
Nordamerikas. Er prägte das Nordamerikabild vieler Eur

15 (rechts unten) Die um 1850 entstandene Dufour-Karte der Scl
ist ein Meisterwerk der Kartografie des 19. Jahrhun

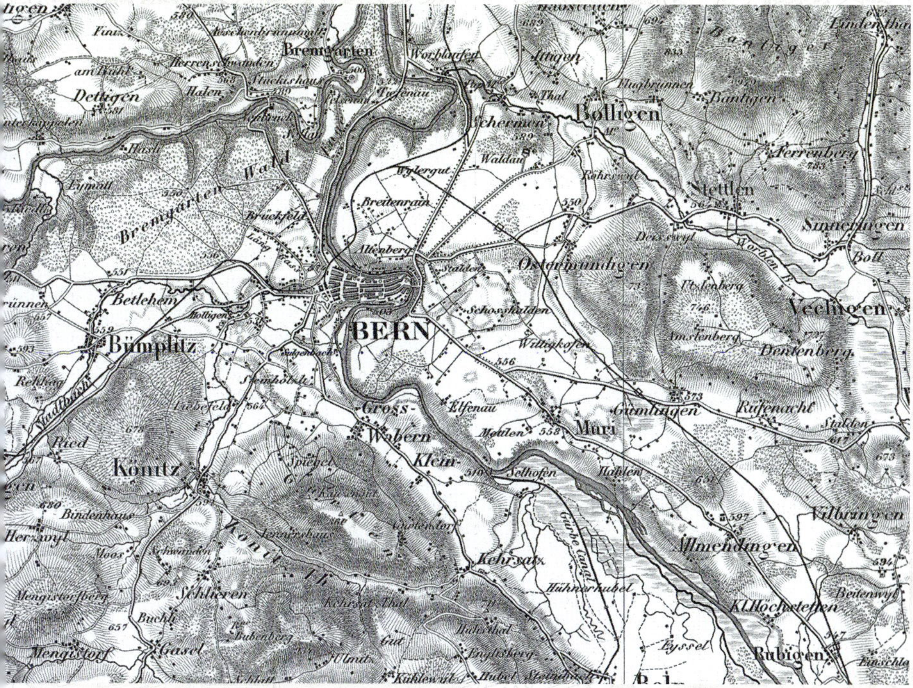
Bremgarten
Herrenschwanden
Worblaufen
Ittigen
Bolligen
Flugbrunnen
Bantigen
Ferrenberg
Stettlen
Sinneringen
Boll
Detligen
Bremgarten Wald
Breitenrain
Wylergut
Altenberg
Ostermundigen
Betlehem
Bümplitz
BERN
Schosshalden
Wittigkofen
Vechigen
Dentenberg
Gümligen
Rüfenacht
Könitz
Gross-
Wabern
Klein
Elfenau
Muri
Kehrsatz
Allmendingen
Vilbringen
Kl. Höchstetten
Rubigen
Schlieren
Gasel
Mengistorf

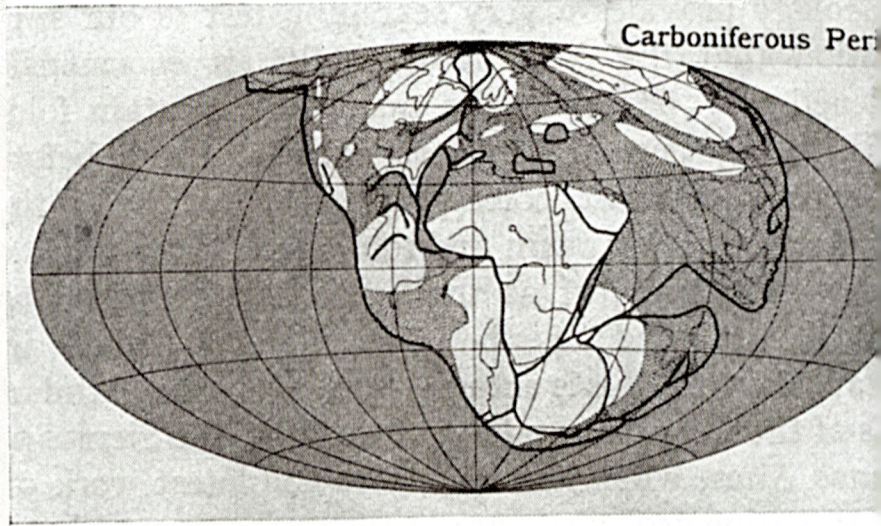

Carboniferous Per

16 In seinem Buch über die Entstehung der Kontinente illustrierte Wegener, wie er sich das Auseinan-
derbrechen des Superkontinents Pangäa und
die Kontinentaldrift vorstellte.

17 1933 erschien mit dem Liniennetzplan der *London Underground* von Harry Beck die erste völlig abstrakte Karte, die auf jegliche topografische Angaben verzichtet.

18 Die Fotos von Apollo 8 zeigten 1968 erstmals die aufgehende Erde von einer Mondumlaufbahn aus als Himmelskörper im Weltraum Unser modernes Weltbild.

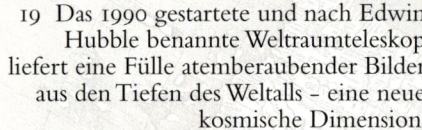

19 Das 1990 gestartete und nach Edwin Hubble benannte Weltraumteleskop liefert eine Fülle atemberaubender Bilder aus den Tiefen des Weltalls - eine neue kosmische Dimension.

20 Seit 2004 sind mehrere fahrbare Geräte auf dem Mars gelandet. Die Entdeckung und Vermessung neuer Welten wird heute vor allem in der Weltraumforschung fortgesetzt.

und Griechisch gelernt, doch er arbeitete zunächst als Karten-illustrator, handelte nebenbei als Karten- und Buchhändler und besuchte viele Jahre lang die Frankfurter (Buch-)Messe. Dort begegnete Ortelius 1554 erstmals dem für die gesamte Karten-geschichte bahnbrechenden Gerhard Mercator. Daraus entstand ein engerer Kontakt bis hin zur Zusammenarbeit und einer ge-meinsamen Reise nach Lothringen.

Antwerpen war damals das wichtigste Handelszentrum nördlich der Alpen und seit 1531 Sitz der zweiten europäischen Börse überhaupt nach der Ur-Börse in Brügge. Im vehemen-ten Religionsstreit, der gerade in Antwerpen hin und her wog-te (Unabhängigkeitsbewegung der nördlichen Niederlande von Spanien), blieb Ortelius auf der katholischen Seite. Dafür und für sein Werk wurde er vom spanischen König mit der Ernen-nung zum königlichen Kartografen belohnt.

Als Kartograf war Ortelius der Erste, der auf die ergänzende Ähnlichkeit der Küstenlinien Afrikas und Südamerikas hinwies und den Gedanken entwickelte, die beiden Kontinente könnten durch »Erdbeben und Fluten« auseinandergerissen worden sein, der richtige Keim der Kontinentaldrifttheorie.

Ortelius wurde durch seine Karteneditionen sehr wohl-habend. Das *Theatrum Orbis Terrarum* war ein ähnlicher kom-merzieller Erfolg wie Sebastian Münsters *Cosmographia*, wur-de in viele europäische Sprachen übersetzt und erlebte in über vierzig Jahren 42 Auflagen, bis über Ortelius' Tod hinaus. Dies zeigt die kontinuierliche große Nachfrage sowie das enorme Interesse des Publikums an Weltdarstellung und Karten im gerade beginnenden Zeitalter der Entdeckungen. Die Karten wurden in den Nachauflagen nach den jeweiligen Kenntnis-ständen verbessert – was nicht selbstverständlich war. Neben Welt- und Regionalkarten enthält das *Theatrum Orbis Terrarum* auch Stadtansichten und »Stadtpläne« aus der Vogelperspektive, wie bereits in der Schedelschen *Weltchronik*.

Derartige Kartenwerke wie die von Münster, Ortelius, Mer-cator und schließlich die Atlanten von Johan Blaeu trugen wesentlich dazu bei, die Geografie als eigenständige Wissenschaft zu etablieren und zu popularisieren.

Ein »Welterfolg« wie das *Theatrum Orbis Terrarum* inspirierte andere Verleger und Kartografen. Von besonderem Reiz und besonderer historischer Bedeutung war das 1572 erschienene sechsbändige Mappenwerk *Civitates Orbis Terrarum* mit über sechshundert Stadtansichten und Stadtplänen aus der Vogelperspektive des flämischen Kupferstechers Frans Hogenberg und weiterer Beteiligter unter der verlegerischen Leitung des gelehrten Kölner Humanisten Georg Braun, der ursprünglich ein Domherr war.

Obwohl sie natürlich nicht vermessen sind, erkennt man viele Städte auf Anhieb wieder, sofern sie ihr Stadtbild einigermaßen bewahrt haben. Diese »Luftbilder« sind viel anschaulicher als Google Maps, weil mit zeichnerisch-darstellerischen Mitteln das Wesentliche besser herausgearbeitet ist – eine hervorstechende Qualität des kartografischen Handwerks seit der zweiten Hälfte des 18. Jahrhunderts und bis in die Gegenwart: die durch lange Erfahrung gewonnene Verbesserung der optischen Informationsführung durch Farben, Hervorheben, Weglassen unwichtiger Details, Schraffieren etc. Aufgrund dieser künstlerischen Vorzüge erfreuen uns diese alten Karten noch heute als Wandschmuck.

Eine witzige und wunderschöne Kartenidee ist der von Hogenberg gestochene *Leo Belgicus* (1558/1583), der die Provinzen der gesamten spanischen Niederlande in den Umrissen eines Löwen darstellt. Eine spielerische Idee des Umgangs mit Karten, die sehr viel Anklang fand und oft nachgeahmt und variiert wurde.

Die Mercator-Projektion

Gerhard Krämer, nach Humanistenart latinisiert zu Gerhardus Mercator, war ein persönlicher Freund von Abraham Ortelius. Bereits bei seinen Zeitgenossen galt der vielseitig gebildete und

ausgebildete, weltberühmte Duisburger Globen- und Karten-
hersteller als »Ptolemäus seiner Zeit«. Er erfand das Wort »Atlas«
und die winkeltreue Mercator-Projektion.

Jede Kartenprojektion ist ein Kompromiss, weil sich bei der
Umsetzung der dreidimensionalen Kugel auf die zweidimensionale Papierfläche zwangsläufig Verzerrungen ergeben. Bei der
Mercator-Projektion wird um den Globus ein gedachter Zylinder gelegt. Die Mitte des Zylinders wird am Äquator an den
Globus angelegt. Die Zylinderhülle entspricht dem zweidimensionalen Kartenblatt einer Weltkarte.

Die parallel zum Äquator laufenden Breitengrade sind dabei nicht das Problem. Die Längengrade des Globus werden auf
die Zylinderfläche projiziert. Um die Winkeltreue am Äquator
zu erhalten, müssen Flächen in einem bestimmten mathematischen Verhältnis vergrößert werden, und zwar zu den Polen hin
immer stärker. Dadurch entstehen die Verzerrungen. Die Mercator-Projektion wurde ursprünglich für Seekarten entwickelt,
und sie ist die bis heute gängige Projektion bei Seekarten. Ihr
Vorteil besteht darin, dass der direkte Kurs eines Schiffes, der
wegen der Kugelform der Erde eigentlich immer eine Kurve
ist, auf der Mercator-Karte als gerade Linie gezeichnet werden kann, die alle Längengrade im gleichen Winkel schneidet
(Winkeltreue). So kann die Strecke, der Kurs, auf der Karte zu-
verlässig abgelesen werden, nicht aber die Entfernung.

Zu den Polen hin werden die Verzerrungen immer stärker.
Das führt dazu, dass wir – auch heute noch – Nordamerika-
Europa-Sibirien-China, die auf dem Globus recht weit nördlich
liegen, als sehr viel größer wahrnehmen als die äquatornahen
Erdteile und Länder. So wirkt in der Mercator-Projektion
Grönland praktisch genauso groß wie Afrika. Afrika hat aber
eine Fläche von dreißig Millionen Quadratkilometern, Grönland, immerhin die größte Insel der Welt, hat hingegen nur gut
zwei Millionen Quadratkilometer Oberfläche. Südamerika verfügt über fast achtzehn Millionen Quadratkilometer und Nordamerika über fast 25 Millionen, sie wirken aber ebenfalls bedeu-

tend größer, vor allem die Flächen, die zu Kanada und Alaska gehören. Australien hat 8,5 Millionen Quadratkilometer; Indien plus Bangladesch, der indische Subkontinent, wirkt mit rund 3,5 Millionen Quadratkilometern in der Mercator-Projektion nur wie ein Pickel am eurasischen Kontinent.

Seit den Weltkarten der Antike lag der Fokus des geografischen Weltbildes zunächst auf dem Mittelmeerraum. Bei Ptolemäus finden wir ihn dann erweitert um die an den Rändern sehr vage wahrgenommenen Kontinente Europa, Asien, (Nord-) Afrika und die Arabische Halbinsel; zur Mercator-Zeit treten die beiden Amerika hinzu.

Weil sich auf der Nordhalbkugel vor allem auch in hohen Breiten durchgehend »mehr« Landmasse befindet als auf der Südhalbkugel, erscheint durch die Verzerrung der Mercator-Projektion der Norden viel gewichtiger, als er in Wirklichkeit ist. Wir sind aber so sehr an die Mercator-Projektion gewöhnt, dass wir seit langer Zeit nur diese als »richtiges« Bild der Welt wahrnehmen. Der bedeutende deutsche Kartograf Arno Peters hat diese Projektion 1974 stark kritisiert und 1989 eine eigene flächengetreue Projektion vorgestellt. Allerdings nehmen wir diese, wegen der langen Prägung auf die Mercator-Projektion, als Verzerrung wahr – obwohl eigentlich die Mercator-Projektion die stärkeren Verzerrungen aufweist. Daher muss man auch eine mit moderner Vermessungstechnik erstellte Mercator-Karte als ein geografisches Weltbild verstehen, das die seit der Kolonialzeit andauernde wirtschaftliche und geistig-kulturelle Dominanz der nördlichen Welt vor allem östlich und westlich des Nordatlantiks in ganz bedeutender Weise zementiert.

Auf den seit der Mercator-Zeit bis heute gängigen Weltkarten kommt außerdem die gewaltige Ausdehnung des Pazifiks kaum zur Geltung, da sich am linken oberen Kartenrand immer die Beringstraße mit Alaska befindet, am rechten Rand die Beringstraße mit dem östlichsten Sibirien. Dadurch wird der Pazifik geteilt, und wir sehen immer nur die Hälften. Der Pazifik gehört eigentlich nicht so richtig und nicht so »ganz« zu unse-

rem Weltbild. Würden die gängigen Weltkarten beispielsweise am linken Kartenrand nicht an der Datumsgrenze (Beringstraße), sondern leicht östlich des Nullmeridians beginnen und
gerade noch Island zeigen, so würde der Atlantik geteilt. Man
würde dann leicht den gesamten Pazifik erfassen, China wäre
wohl wirklich das »Reich der Mitte« und die beiden Amerika
lägen auf einmal am östlichen rechten Kartenrand. Wahrhaftig
ein ganz anderes »Weltbild«.

Mercators Karten und Globen

Der Schuhmachersohn Gerhard Krämer (1512–1594) wurde in
der Nähe von Antwerpen geboren; seine Eltern stammten aus
dem rhein-maasländischen Herzogtum Jülich. Krämer studierte
seit 1530 in Löwen, der altehrwürdigen flandrischen (heute belgischen) Universität, neben Theologie auch die damals »ange-
wandte Mathematik« der Kartenkunde. Sein wichtigster Lehrer
war Gemma Frisius, ein vielseitiger und bekannter Astronom,
Kartograf, Konstrukteur von Vermessungsinstrumenten – und
Arzt; er war ein Leibarzt von Kaiser Karl V.: So vielseitig waren
damals die Kartografen! Frisius lehrte bereits die Triangulation,
die Methode für die exakte Landvermessung, die erstmals von
Cassini in großem Maßstab eingesetzt wurde.

Gemeinsam bauten Frisius und Mercator 1537 einen Globus,
in dem die Angaben von Marco Polo, Magellan und Pizarro
berücksichtigt wurden. Mercators erste Weltkarte (ein Kupferstich) erschien 1538. Unter der Protektion des einflussreichsten
Ministers in den Niederlanden, Nicolas Perrenot de Granvelle,
der ein enger Vertrauter und Berater König Philipps von Spanien war, perfektionierte Mercator sein kartografisches Handwerk. Seit 1541 wurde Mercator durch die Herstellung von Erd-
und Himmelsgloben ein wohlhabender Mann. 1551/1552 erhielt
er einen Ruf nach Duisburg, damals im Herzogtum Kleve. Er
übersiedelte mit seiner Familie und begann eine Lehrtätigkeit.

Mercator produzierte viele, auch regionale Karten. 1564 wurde er zum Hofkartografen des Herzogtums ernannt.

Von besonderer Bedeutung in seinem umfangreichen Werk ist eine 1554 entstandene Karte (fünfzehn Blätter; 159 mal 132 Zentimeter), die die Länder Europas erstmals seit Ptolemäus in annähernd richtigen Proportionen wiedergibt. Die sogenannte Hemisphärenkarte von 1587, eine Kupferstichkarte von der Größe einer Doppelseite in einem Buch mit der amerikanisch-pazifischen Hemisphäre links und der europäisch-afrikanisch-asiatischen Hemisphäre rechts zählt zu den am meisten abgebildeten Karten überhaupt. Hierauf wird Amerika (noch 1587) als »Amerika oder Neu-Indien« bezeichnet. Im Norden wird die Möglichkeit einer Nordwestpassage kartografisch suggeriert, und als neueste geografische Erkenntnis ist »Nova Guinea« (Neuguinea) eingezeichnet, allerdings auch die riesige, nicht existierende *Terra australis*.

Wichtig und folgenreich war Mercators intensive Beschäftigung mit Schriften, also mit Drucktypen. So entwickelte er eine dünne, platzsparende, sehr gut lesbare lateinische Kursivschrift im Unterschied zu den blockhaften gotischen Schriften, wie man sie bei Hartmann Schedel findet. Mercators Typografie diente in den nächsten zweihundert Jahren als Standardbeschriftung auf den Karten.

Seinen Weltruhm begründete Mercator in Duisburg 1569 mit jener Weltkarte, die ausdrücklich *ad usum navigantium*, für den Gebrauch in der Schifffahrt, bestimmt war. Sie entstand vielleicht sogar in Zusammenarbeit mit Ortelius, bestand aus 21 Blättern und ist 212 Zentimeter breit und 134 Zentimeter hoch.

Der Mercator-Atlas

Ab 1585 beschäftigte sich Mercator in seinen letzten Lebensjahren sehr intensiv mit einer ambitionierten Kosmografie nach dem Vorbild von Sebastian Münster. Auch Mercator sah sich als

Universalgelehrter, und die Kosmografie sollte nicht nur Karten, sondern auch chronologisch-historische Textteile enthalten. Dafür gravierte er einzelne Kartentafeln in großem Buchformat, hauptsächlich von Ländern und Regionen West-, Mittel- und Südeuropas. Erst sein Sohn veröffentlichte dieses Kartensammelwerk, das er um eigene Karten für noch fehlende Regionen Europas ergänzte. Der Titel stammt noch von Gerhard Mercator selbst und lautet am Anfang: *Atlas sive Cosmographicae Meditationes* ... *Atlas oder kosmografische Meditationen über die Schöpfung der Welt und die Form der Schöpfung.*

Mercator knüpfte damit bewusst an einen mythischen mauretanischen (afrikanischen) König namens Atlas an (und nicht an die mythologische Figur des Titanen Atlas mit der Himmelskugel auf den Schultern), der als Kenner von Astronomie und Geografie galt und dementsprechend auf dem Titelkupfer mit den beiden Globen abgebildet ist, die er mit gebieterischer Geste forschend betrachtet. Mercators Atlas erschien 1595, im Jahr nach seinem Tod. Er prägte damit den fortan verwendeten Begriff für Kartensammelwerke – bis hin zum Auto-Atlas.

Die große Zeit der Atlanten

Der im flandrischen Gent aufgewachsene Kartograf und spätere bedeutende Kartenverleger Jodocus Hondius (Josse de Hondt, 1563–1612) floh während der Kriege in den spanischen Niederlanden zuerst nach London, wo er das Handwerk des Kupferstechers erlernte. 1593 ließ er sich in Amsterdam als Hersteller von Karten und Globen nieder. Die beiden Globen auf Vermeers Gemälden *Der Astronom* und *Der Geograph* sind Hondius-Globen.

Im Jahr 1604 kaufte Hondius die Druckplatten von Mercators Atlas. Hier waren die Verkaufszahlen zurückgegangen. Das Publikum bevorzugte Ortelius' *Theatrum.* Hondius fügte zu diesem Grundstock 36 eigene Karten hinzu (gab sich selbst aber nur als Verleger aus) und wagte einen Relaunch des Mercator-

Atlasses. Mit großem Erfolg: Die Auflage von 1606 war nach einem Jahr ausverkauft. Es folgte später eine zweite Auflage und eine kleinere Ausgabe, der *Atlas Minor*. Da Jodocus Hondius im Alter von 48 Jahren früh verstarb, wurde sein Verlag von seiner Witwe, den Söhnen und einem Schwiegersohn weitergeführt. Der Mercator-Hondius-Atlas, wie er in der Moderne genannt wird, wurde zum Dauerseller mit Dutzenden von Auflagen in vielen europäischen Sprachen sowie einer Übersetzung ins Türkische für das osmanische Weltreich, sprich einen Großteil der damaligen islamischen Welt.

Atlas Blaeu

Das berühmteste und umfangreichste Kartenwerk jener Zeit, der Rembrandtzeit, wurde der *Atlas Blaeu*, ebenfalls aus Amsterdam. Wegen des Wütens der »Spanischen Furie«, vor der schon Hondius geflüchtet war, hatte Antwerpen, das bei Spanien verbleiben musste, während die nördlichen niederländischen Provinzen unabhängig wurden, seinen Rang als führender Nordseehafen eingebüßt. Von dem Niedergang Antwerpens profitierte Amsterdam und stieg nun zur wirtschaftlichen und kulturellen Vormacht auf. Zu viele wohlhabende und gut ausgebildete Protestanten hatten Antwerpen, das eigentlich auch protestantisch sein wollte, verlassen müssen. Die Börse wurde nach Amsterdam verlegt. Seit 1594 kannten auch die Holländer den Seeweg nach Indien, verdrängten die Portugiesen und übernahmen deren Gewürz- und Ostasien-Handelsmonopol. Dazu gehörten mittlerweile vor allem auch Seide, für damalige Zeiten unvorstellbare Mengen von Tee und – damit im Zusammenhang – Porzellan; ein sehr begehrtes Luxusgut in ganz Europa.

So war die Aufbruchstimmung in das *Gouden Eeuw*, das »Goldene Zeitalter« der Niederlande. Es war auch ein goldenes Zeitalter der Kartografie mit Globen, Atlanten und teilweise prachtvollen und prachtvoll verzierten Karten. Die Häuser

Hondius und Blaeu wurden über Generationen hinweg die beiden führenden rivalisierenden Kartenverlage.

Willem J. Blaeu (1571–1638) studierte von 1594 bis 1596 Astronomie und Kartografie bei Tycho Brahe in Prag. Er ließ sich 1603 in Amsterdam nieder und begann mit der Herstellung von Erdgloben. 1629 erwarb Blaeu 37 Druckplatten aus dem Nachlass von Jodocus Hondius und begann mit der Herausgabe eines Atlas. Nach dem Tod des Vaters führte sein Sohn Johan den Kartenverlag fort. Bald wurde er zum offiziellen Kartografen der VOC berufen.

Bis 1665 stellte Johan Blaeu den gigantischen *Atlas Maior* zusammen. Das Projekt begann 1635 als *Atlas novus* in zwei Bänden und wurde in verschiedenen Ausgaben und Auflagen kontinuierlich erweitert bis zur Ausgabe von 1665 mit fast sechshundert Karten in elf Bänden. Dazu Tausende Seiten landeskundlicher Beschreibungen. Die Karten waren, wie damals üblich, oft mit Kartuschen, allegorischen und fantastischen Figuren vor allem im Binnenbereich der Kontinente verziert. Die damalige Kunstauffassung verlangte geradezu zwingend nach Ausmalung und hätte für weiße Flecke auf der Landkarte kein Verständnis aufgebracht. Wie der Mercator-Atlas und Ortelius' *Theatrum* war der *Atlas Maior* ein Sammelwerk hauptsächlich von Karten und Stadtansichten und das teuerste und umfangreichste Buch des 17. Jahrhunderts. Für den privaten Gebrauch war der *Atlas Maior* eigentlich nicht bestimmt, sondern eher ein Repräsentationswerk für Fürsten. Die Auflagen waren nicht sonderlich hoch, dafür aber der Preis. Also trotzdem ein profitabler Verkaufserfolg für Blaeu mit Neuauflagen auch in anderen Sprachen.

Der heute sogenannte *Atlas Maior* trug im Original den gleichen Titel wie bei Ortelius: *Theatrum Orbis Terrarum*. Er blieb hundert Jahre lang der Standard und bildet den Höhepunkt und Abschluss der alten Kartografie, denn etwa in derselben Zeit begann Cassini mit seinen Vermessungsarbeiten in Frankreich, welche dann für Karten einen ganz anderen, revolutionären, neuzeitlich exakten Standard setzten, der im Grunde bis heute verbindlich ist.

Die Druckerwerkstatt der Blaeus fiel dem Amsterdamer Stadtbrand von 1672 zum Opfer. Davon konnte sich der Verlag nicht mehr erholen; er wurde 1698 aufgelöst. Circa 130 Exemplare sollen sich noch in den großen Bibliotheken der Welt befinden.

Die Stadtansichten von Matthäus Merian

Nirgendwo sonst gewinnt man heute noch ein so vollständiges und anschauliches Bild von den Städten, Dörfern und Landschaften Mitteleuropas in der Zeit des Dreißigjährigen Krieges wie in dem umfangreichen, systematisch angelegten Werk des Frankfurter Kupferstechers und Verlegers Matthäus Merian (1593–1650).

Es sind nicht nur die Ansichten großer Städte in recht detailgetreu wirkenden Kupferstichen, sondern auch zahllose Kleinstädte wie Butzbach, das »Embser Bad«, Bingen und bisweilen einfach nur eine Burg – um als Beispiel einige wenige Orte aus dem Band über Hessen zu nennen. Bei den Stadtansichten gerade der kleineren Orte ist stets die umgebende Landschaft mit einbezogen, der Standort ist meist leicht erhöht, sodass der Betrachter einen guten Überblick über die Stadtsilhouette gewinnt.

Merian und seine Mitarbeiter hatten ein sehr gutes Auge dafür, das Charakteristische einer Stadt einzufangen, etwa wenn Frankfurt vom Standpunkt der heutigen Untermainbrücke aus flussaufwärts gezeigt wird. Man sieht den Mainhafen am westlichen Rand der Altstadt: Dicht aneinandergereiht liegen im Vordergrund die Frachtkähne am Ufer, auf dem Wasser herrscht reger Bootsverkehr, und auf dem breiten Kai stapeln sich die Fässer, Kisten und das Holz. Man erkennt auf den ersten Blick die geschäftige Handelsstadt. Den Blickfang im Mittelgrund bildet die damals einzige Brücke, die Steinerne Brücke, der die Stadt ihre Bedeutung verdankt. Am linken Bildrand die dicht gedrängten Häuser der Altstadt, überragt vom Turm des Doms, Wahl- und Krönungsort der Kaiser des Heiligen Römischen Reiches.

Die topografischen Bände enthalten außerdem Landkarten und Ansichten aus der Vogelperspektive, welche die Straßenzüge und Plätze und die Art der Bebauung fast dreidimensional wiedergeben. Die Kupferstiche ähneln viel eher modernen Luftbildern als den abstrakten Stadtplänen von heute. Auch die *Topographia* enthält, wie die Atlas-Werke der Niederländer, ausführliche Textteile mit Ortsbeschreibungen und Stadtchroniken.

Zur *Topographia Germaniae* gehören auch Österreich *(Provincia Austriaca)* und die Schweiz *(Helvetia, Rhaetia, Valesia)* mit einem Landschaftsbild und einer »Beschreibung deß grossen Gletschers«: »Es mag dieser Berg, geliebter Leser, vor anderen für etwas sonders und wohl für ein miraculum naturae gehalten werden. Ist im Grindelwald und oberhalb Interlappen im Schnee Gebürg gelegen und wird der grosse Gletscher genannt … Gestalt dann die Landleuthe dort herumb observieren und bezeugen, daß dieser Berg dergestalt wachse und seinen Grund oder Erden vor sich her schiebe, daß wo zuvor eine schöne Matten oder Wiesen gewesen, dieselbe davon vergehe und zum rauhen wüsten Berg werde. Ja an etlichen Orten man ihme umb dieses seines Wachsthumbs willen mit denen darauf und daran gestandenen Bawren Häusern oder Hütten habe weichen müssen.« So lautete der besorgte Befund des Klimawandels zur Kleinen Eiszeit während des Barockzeitalters.

Matthäus Merian stammte aus Basel und erlernte das Handwerk des Kupferstechers in Zürich, Straßburg und Paris. 1616/1617 ließ er sich zunächst in Frankfurt nieder und heiratete in einen Verlag ein, der auf die Illustration wissenschaftlicher Werke spezialisiert war. Die Liste der Werke, die in diesem Verlag veröffentlicht wurden, und der Autoren, mit denen Merians Schwiegervater zusammenarbeitete, ist beeindruckend.

Auch Merian schuf nicht nur die Topografien. Sein erstes

Werk war das *Theatrum Europaeum*, eine illustrierte Chronik des Dreißigjährigen Krieges, also sehr viel Text, aber auch sehr viele Illustrationen. Die meisten seiner Werke wurden nach seinem Tod von den Söhnen weitergeführt und wegen des großen Erfolgs um Gebiete in Frankreich und Italien erweitert. Schließlich waren es dreißig Bände mit 92 Karten und über zweitausend Einzelansichten von topografischen Orten. Es war das umfangreichste Verlagswerk seiner Zeit und ein »Welt-Bild« im anschaulichsten Sinn.

Orbis pictus

Orbis sensualium pictus (»Die sichtbare Welt in Bildern«) des Pädagogen Johann Amos Comenius war ein europaweites Erfolgsbuch und blieb als einziges Schulbuch über 250 Jahre lang in über zweihundert Auflagen in den verschiedenen Sprachen bis weit in die Goethezeit hinein in Gebrauch. Goethe selbst hat daraus gelernt, wie er in *Dichtung und Wahrheit* schreibt: »Man hatte zu dieser Zeit (es dürften die Jahre 1755 bis 1760 gemeint sein, als er noch keine zehn Jahre alt war) noch keine Bibliotheken für Kinder veranstaltet ... Außer dem *Orbis pictus* kam uns kein Buch dieser Art in die Hände, aber die große Foliobibel, mit Kupfern von Merian, ward häufig von uns durchgeblättert.«
Orbis sensualium pictus erschien erstmals 1658 in Nürnberg und enthält, wie schon der Titel zum Ausdruck bringt, ein »Weltbild«, allerdings nicht so sehr im Sinne der Kartografie. Das reich illustrierte Buch stellt die zu erklärenden Begriffe von Himmel und Erde, Tieren und Pflanzen, Handwerke, Spiele, politische und religiöse Begriffe in Holzschnitten dar und liefert dazu kurze Erklärungen. Dennoch handelt es sich im Grunde um ein kosmografisches Werk, weil es als Schulfibel Gott und die Welt erklärt. Später erschienen zweisprachige Ausgaben (mit Latein), Übersetzungen in andere Sprachen und sogar mehrsprachige Ausgaben, sodass die Kinder gleichzeitig lernten,

was »Apfel« auf Lateinisch, Deutsch, Englisch und Französisch heißt.

Comenius oder Jan Amos Komensky (1592–1670) wurde in Südmähren geboren und wuchs schon von der Familie her in eine evangelische Freikirche hinein, in der er später Bischof wurde. Bei Ausbruch des Dreißigjährigen Krieges 1618/1620 in Böhmen war Comenius ein Mittzwanziger. Seine Heimat war der Brennpunkt der Auseinandersetzungen zwischen Katholischen und Protestanten; erst später dehnte sich das Geschehen auf Europa aus. Im Exil in Polen, später im damals schwedischen Elbing, wurde der Gelehrte Comenius selbst zum Lehrer und Schulleiter und durch seine Schriften in Europa bekannt und anerkannt. Er vertrat eine eigene pansophische Weltweisheitslehre und wurde vom schwedischen Reichskanzler mit der Ausarbeitung eines neuen Typs von Schulbüchern beauftragt. Später wurde Comenius nach Siebenbürgen berufen, um eine Schulreform umzusetzen, aber sein Leben blieb überschattet von den Wirren des Dreißigjährigen Krieges. Die letzten Lebensjahre verbrachte er in Amsterdam. Comenius vertrat ein auch nach heutigen Begriffen modernes Programm der allgemeinen Schulpflicht, Chancengleichheit, Geschlechtergleichheit und einer zwangsfreien, vom Kind her konzipierten Pädagogik.

Atlanten für den Hausgebrauch

Seit etwa 1700 wurden erste Schulatlanten gedruckt, nach den eher repräsentativen Werken aus den Häusern Blaeu oder Hondius und dem Dauerbestseller von Ortelius nun sozusagen für den Hausgebrauch. Das ist ganz wortwörtlich gemeint, denn die Kinder des Adels und des Bürgertums wurden bis ins 19. Jahrhundert hinein hauptsächlich von Haus- oder Privatlehrern unterrichtet, oft sogar von ihren Vätern. Berühmteste Beispiele solcher väterlichen Hauslehrer sind Vater Goethe und Vater Mozart. Sofern die Kinder eine schulische Erziehung genossen, wurde ihnen auf jeden Fall auch ein geografisch anschauliches Bild von der Welt vermittelt. Atlas und *Orbis pictus* dürften in jener Zeit die wichtigsten Schulbücher gewesen sein.

Diese Schulatlanten waren noch keine Produkte einer exakten Landvermessung, sondern Fortsetzungen des eher freihändig gemalten und gestochenen Atlanten-Handwerks des vorangegangenen 17. Jahrhunderts. Es gab in jener Zeit und noch für lange keine verlässlichen Daten als Grundlage. Alles war immer noch mehr Weltbild als Bild der Welt.

Die Kartografen sammelten vorhandene Karten, stellten sie zusammen oder kopierten sie. Nachdrucke wurden meist nicht aktualisiert – trotz mancher Neuentdeckungen durch die Seefahrer. Neben die Niederländer und Franzosen traten nun Kartenverlage in Süddeutschland. Zu den bedeutendsten zählte der Verlag Homann in Nürnberg, der seit 1702 Karten und Globen herstellte, seit 1707 eine erste Zusammenstellung und 1716 einen *Großen Atlas über die ganze Welt* mit 126 Blättern. Einer der ersten echten Schulatlanten ist der *Atlas methodicus* aus dem Jahr 1719 mit achtzehn Blättern. Sein voller deutscher Titel lautet *Methodischer Atlas / Das ist / Art und Weise / Wie die Jugend in Erlernung der GEO / GRAPHIE füglich examinieret werden kann.* Er enthält eingangs systematische Länderlisten mit Städte- und Flussnamen, dann eine schematische Darstellung des Sonnensystems, eine Hemisphären-Karte der beiden Welthälften, Amerika auf der linken Doppelseite sowie Eurasien mit Afrika auf der rechten Doppelseite, sodass man die Welt mit einem Blick erfassen kann. Es folgen Darstellungen der Kontinente, dann der wichtigen Länder Europas. Die Konzeption ging auf einen schon 1710 entstandenen *Atlas scholasticus* eines Nürnberger Kupferstechers zurück, mit dem Homann eng zusammenarbeitete. Johan Baptist Homann lebte schon in jener Zeit des Hochbarock, in der wallende Perücken ein typisches Merkmal der Herrenmode waren. Gegenüber den niederländischen und damals auch führenden französischen Karten- und Atlantenverlegern war er ein Preisbrecher, sozusagen der Billiganbieter der Branche. Homann war Mitglied der Preußischen Akademie der Wissenschaften unter ihrem ersten Präsidenten Leibniz und Hofkartograf für Kaiser Karl VI., den Vater der Maria Theresia. Die bekannteste Karte von Homann dürfte die *Schlaraffenlandkarte* sein (*Accurata Utopiae Tabula*, 1694), die witzige Idee, das fiktive Schlaraffenland nach Art einer richtigen Karte darzustellen mit fiktiven Ländern, Meeren, Flüssen und Orten mit schalkhaften Namen wie Bier-Fluss, Zapfenzell, Sauffhausen, Grobhausen, Schufftau, Buhlgaria. Diese Idee wird bis in die Gegenwart gerne nachgeahmt, beispielweise mit einer Karte der Buchhandelslandschaft. In jener Zeit der großen Entdeckungsfahrten lag es nahe, das utopische Schlaraffenland als neu entdeckte Welt zu fingieren.

Ein zweiter namhafter Kartenverlag war Seutter in Augsburg, gegründet 1710. Matthäus Seutter war als Kupferstecher bei Homann in die Lehre gegangen. Er produzierte unter anderem 1744 einen *Atlas minor* genannten Taschenatlas mit 64 Karten. Bei dieser Produktionsweise des geradezu wortwörtlichen Abkupferns waren keine Fortschritte in der Kartografie zu erwarten. Privatunternehmen oder Privatkartografen wären gar nicht in der Lage gewesen, den Aufwand für großflächige Landaufnahmen zu bestreiten. Dies musste der Staat leisten. In Frankreich, Europas führender Nation, war man bereits dabei.

Ein führender Kartograf, der sich sehr um Aktualisierung und Akkuratesse bemühte, war der aus Deutschland stammende und in London tätige Herman Moll. Er holte neue Informationen von Kapitänen ein und traf sich übrigens regelmäßig mit Daniel Defoe, dem Verfasser von *Robinson Crusoe*, im Kaffeehaus, damals ein neuer Trend in der Londoner Kneipenszene. Eines der Hauptwerke Molls ist *The World Described*, eine Sammlung aus Karten und realistischen Darstellungen von Naturszenerien, Gewerbetätigkeiten und dergleichen.

Karten und Atlanten wurden in der Gestaltung sichtbar »nüchterner«, die Ornamentik und Fantastik nahm immer mehr ab. Anhand ihrer Marginalien, der stets vorhandenen »Randerscheinungen« der größeren Karten, lässt sich die Rationalisierung des Weltbilderfassens anschaulich verfolgen: von den eher spekulativen als realistischen Weltmodellen der Antike und ihrer Drei-Kontinente-Welt rund ums Mittelmeer zu den mythologisch und biblisch aufgeladenen Weltbildern des Mittelalters, vor allem auf den Radkarten. Auch zu Beginn des Entdeckungszeitalters wimmelt es auf den Karten geradezu von Fantastik; jeder unbekannte, freie weiße Fleck wird mit Monstern und Fantasiegestalten besetzt, selbst in den Meereswellen, und mit allegorischen Figuren für Winde und Himmelsrichtungen, Kontinente und Länder.

In der Frühen Neuzeit nehmen mit der zunehmenden Weltkenntnis die mythologischen Elemente ab. Die noch im 17. Jahrhundert überbordende Ornamentik der Prunkkarten wird im 18. Jahrhundert allmählich auf Kartuschen reduziert, an den Rändern werden die mythologischen Szenen durch »realistische« Stadtansichten und häufig durch Darstellungen von exotischen Trachten und Gewändern ersetzt. Also durch ein vorwissenschaftliches ethnografisches Interesse: Man wollte wissen und zeigen, wie es in den fernen Ländern aussah, welche Menschen dort lebten und wie sie gekleidet waren, welche Früchte dort wuchsen, welche Tiere es dort gab. Das spiegelt deutlich die Abwendung von der mythisch-surrealen Welt hin zur realen Welt sowie das erwachende Forschungsinteresse. Oft sind diese Dinge noch reizvoll miteinander kombiniert, aber schließlich verschwinden auch die allegorischen Elemente, die in der Barockkunst auch sonst in Architektur und Malerei eine große Rolle spielen. Auf den vermessenen Karten der Spätaufklärung fehlen diese Elemente dann völlig; sie sind mathematisch exakt und in dieser Hinsicht sehr nüchtern. Mittlerweile sah man ja auch den Himmel mit ganz anderen Augen. Was die Geografie und die Karten anbelangt, ist das Weltbild in der Spätaufklärung sehr rational geworden. Es bedurfte dafür nur noch der Vermessung der Welt. Damit begannen die Cassinis in Frankreich. Aber vorher werfen wir noch einen Blick auf den Himmel.

DIE NEUEN WELTEN
AM HIMMEL

Neue Perspektiven

Etwa seit dem Jahr 1600 zeichnete sich ein neues Weltverständnis bei den Europäern ab. Die großen Entdeckungen waren gemacht; bis auf Australien. Allerdings stand *Terra australis* noch auf den Landkarten. Das Nordpolarmeer hatte sich vorläufig als unpassierbar erwiesen. Nach den Spaniern und Portugiesen stiegen nun auch die Engländer und die Niederländer in den globalen Handel ein. Die Engländer besaßen am Anfang des Jahrhunderts aber noch keine einzige Kolonie, weder in Nordamerika noch in Indien. In England neigte sich das Leben von Elisabeth I. dem Ende entgegen, sie starb 1603, Shakespeare schrieb seine Tragödien *Hamlet, Othello, König Lear, Macbeth*. In Frankreich regierte der erste Bourbone Henri Quatre (Heinrich IV.). Er führte sein Land heraus aus den blutigen Glaubens- und Adelskämpfen und auf den Weg zur absoluten Monarchie. Im Römischen Reich Deutscher Nation ließ der außerordentlich kunst- und wissenschaftsbesessene Kaiser Rudolf II. mit Gewalt die Gegenreformation durchdrücken, was alsbald Anlass für den Dreißigjährigen Krieg werden sollte. In Russland kam der erste Romanow-Zar auf den Thron (1613), und in Italien konsolidierte sich das Papsttum mit freundlicher Unterstützung des Jesuitenordens. Die Architekten Bernini und Borromini und die Maler Caravaggio, Carracci, Reni, Velasquez und vor allem Rubens prägten das Gesicht des anhebenden Barockzeitalters.

Durch die Erfindung des Fernrohrs taten sich ein Jahrhundert nach dem Beginn der maritimen Entdeckungsfahrten auch am Himmel ganz neue Welten auf.

Im Jahr 1609 entstanden praktisch gleichzeitig Galileis *Sidereus Nuncius* und Keplers *Astronomia nova*. Es war ein Wendejahr für die Weltbild-Geschichte. Obwohl Keplers Buch nicht sofort zur Sensation wurde: Im historischen Nachhinein lässt sich durch den Zusammenklang dieser beiden Ereignisse sagen, dass in jenem Jahr das aristotelisch-ptolemäische Weltbild von der unbewegten Erde im Mittelpunkt des Planetensystems endgültig auf der Müllhalde landete. Auch wenn viele, sehr viele, es nicht wahrhaben wollten.

Galileo Galilei

Schon als junger Universitätslehrer in Pisa beschäftigte sich Galilei mit Untersuchungen und Messungen zur Mechanik (Pendelbewegung, Beschleunigung, Fallgesetze). Damals musste ihm die grundlegende Erkenntnis gekommen sein, dass sich physikalisch-mechanische Phänomene durch mathematische Formeln beschreiben lassen. Eine grundlegende Erkenntnis für die modernen Naturwissenschaften. Mit seinen Versuchen wurde Galilei zum Begründer der experimentellen Physik. Schon seine (richtigen) Erkenntnisse zum freien Fall um 1590 standen im Widerspruch zu den Postulaten von Aristoteles.

Pisa gehörte damals zu Florenz, Galileis Heimatstadt. 1592 wechselte er an die Universität Padua, welches zu Venedig gehörte – eine der anderen »Großmächte« Italiens. 1604 konnte, wie bereits 1572, eine Supernova beobachtet werden. Die neu entdeckten Sterne sowie die einige Jahre später von Galilei erstmals beobachteten Sonnenflecken wurden von den Zeitgenossen nun keineswegs als bedeutende naturwissenschaftliche Entdeckung bejubelt. Im Gegenteil. Seit der Reformation las man die Bibel wortwörtlicher als jemals im Mittelalter, und somit verfestigte sich gerade in der Renaissance- und Reformationszeit der Glaube an die Schöpfungsgeschichte im Alten Testament. Man las die Genesis wie ein Naturkundebuch von der Entstehung der Welt und der Entstehung der Arten. Das bekräftigte noch einmal die Autorität des durch Bibel und Aristoteles festgefügten Natur- und Weltbildes einer unverrückbaren fixen Ordnung am Himmel wie auf Erden. Die Fixsternsphäre galt seit Aristoteles als vollkommen unveränderlich (und die Kirche hatte sich dieser »Lehrmeinung« angeschlossen). Neue Sterne und Sonnenflecken (ver)störten da nur und wurden dementsprechend als Anzeichen für einen bevorstehenden Weltuntergang gedeutet – aus protestantischer Sicht kein Wunder angesichts der Zustände im papistischen Rom.

Dennoch – die führenden Astronomen waren sich einig, dass sich die »neuen Sterne« (lateinisch *stellae novae*) in der »Fixsternsphäre« befinden müssen. So brach ein weiterer Zacken aus der aristotelischen Weltbild-Krone.

1608 erfand der holländische Brillenmacher Jan Lippershey das Fernrohr (Teleskop), ein bahnbrechendes Hilfsmittel für die Astronomie. Galilei war einer der Ersten, die Fernrohre nachbauten. Er lernte sogar, selbst Linsen zu schleifen, und verbesserte das Gerät. Er war der erste Wissenschaftler, der es zur systematischen Himmelsbeobachtung einsetzte. Seine Vorführung des Geräts auf dem Dach des Dogenpalastes muss auf die Regierung der Republik Venedig wie eine Sensation gewirkt haben. Der militärische Vorteil, feindliche Schiffe künftig durch das Teleskop frühzeitig zu erkennen, lag auf der Hand.

Mit der Veröffentlichung seiner ersten Himmelsentdeckungen in dem Buch *Sidereus Nuncius* wurde Galilei 1610 schlagartig berühmt. Galilei richtete sein Fernrohr auf den Mond und erkannte, dass sich auf dessen Oberfläche Gebirge, Abgründe und Krater befinden. Er zeichnete die erste bekannte Mondkarte, die er im *Sidereus Nuncius* veröffentlichte.

Die allererste Mondkarte, ebenfalls mittels Fernrohr erstellt, stammte indes von dem Engländer Thomas Harriot (am 26. Juli 1609), noch vor Galilei (im Dezember 1609). Doch da Harriot nichts veröffentlichte, blieb seine Entdeckung unbekannt und daher folgenlos.

Galilei entdeckte die ersten vier Jupitermonde; bis dahin hatte man keine Ahnung, dass einige Planeten des Sonnensystems ebenfalls derartige Satelliten haben. (Nach heutigem Wissensstand zählt man bei Jupiter mittlerweile 63 Monde.) Mithilfe des Fernrohres erkannte Galilei, dass die Milchstraße aus unzähligen Einzelsternen besteht. Außerdem entdeckte er die Venusphasen: Venus schiebt sich gelegentlich zwischen Erde und Sonne und ist unterschiedlich beleuchtet; zeitweise sichelförmig oder wie ein Halbmond. Das hatte man bisher auch noch nicht beobachten können. Vor allem die Entdeckung der Venusphasen war es, welche Galilei von der Richtigkeit des kopernikanischen Modells überzeugte. Dank des Fernrohrs und dessen konsequentem erstmaligem Einsatz, der nun einmal mit dem Namen Galilei verknüpft ist, wurde der Mond vom astrologischen Fetisch zum beobachtbaren Objekt. Heute wissen wir über die Rückseite des Mondes mehr als über die Tiefen der Ozeane.

Noch im Jahr 1609 malte der bedeutende Frankfurter Maler Adam Elsheimer ein zauberhaftes Bild mit dem biblischen Thema »Die Flucht nach Ägypten«. Auf diesem kleinen Nachtstück ist die Milchstraße erstmals als Ansammlung von Sternen dargestellt, sogar mit genau für jene Zeit nachvollziehbaren Konstellationen. Elsheimer lebte seit 1600 in Rom, wie Rubens, der ihn sehr schätzte. Wie später Galilei war er Mitglied der Accademia dei Lincei (Akademie der Luchse, »der Scharfäugigen«) und muss selbst durch eines der frühesten Fernrohre den Nachthimmel beobachtet haben. Trotz seines kleinen Formats gibt der Nachthimmel im Mondschein auf dem Elsheimer-Gemälde erstmals in der Kunst einen naturgetreuen, tief empfundenen Eindruck von der Weite des Weltalls.

Von jenem Jahr an – und in der Gegenwart mehr denn je – hat die Astronomie nicht mehr aufgehört, immer wieder verblüffende Entdeckungen über Sterne, das Weltall und dadurch über den Kosmos an sich zu machen. Wie zu allen Zeiten erweitern oder verändern Erkenntnisse über »den Himmel« auch heute unser Weltbild.

1610, im Jahr des Erscheinens von *Sidereus Nuncius*, wechselte Galilei nach 18-jähriger Tätigkeit in Padua wieder nach Florenz und wurde vom damals zwanzig Jahre alten Großherzog Cosimo Medici zum Hofastronomen ohne Lehrverpflichtung ernannt, sozusagen eine großherzogliche Exzellenz-Initiative. Galilei war zu dem Zeitpunkt 46 Jahre alt. Der junge Großherzog war drei Jahre lang von Galilei unterrichtet worden. *Sidereus Nuncius* ist Cosimo II. gewidmet.

Florenz unter den Medici-Großherzögen war keine Adelsrepublik mehr, sondern ein Musterstaat des Frühabsolutismus mit unumschränkter Herrschergewalt des Fürsten, einer Beamtenschaft, stehendem Heer und erheblichen staatswirtschaftlichen Aktivitäten des Hofes zwecks Geldeinnahme. Viele Fürsten verstanden sich als Förderer der Wissenschaften und der Künste, wie der Papsthof in Rom natürlich auch, der ebenfalls solch ein frühabsolutistischer Modellstaat mit Beamtenschaft und rechtlich geregelter Verwaltung war. Der Nachfolger des jung verstorbenen Cosimo II., Ferdinand II. Medici, war ein begeisterter Anhänger der damaligen neuen Technologie und sammelte Barometer, Thermometer, Hygrometer und Teleskope. Die Medici taten auch ihr Möglichstes, um die Übergriffe der Inquisition auf Galilei abzumildern.

Tycho Brahe

Im Jahr 1600 kam der aus dem württembergischen Weil der Stadt stammende Johannes Kepler (1571–1630) an das Observatorium des damals führenden Astronomen Tycho Brahe. Der aus Dänemark stammende Brahe war eine europäische Berühmtheit. Er hatte eine Schrift über eine 1572 ausgebrochene Supernova veröffentlicht, kurz *De nova stella*, worin er eindeutig feststellte, dass es sich um einen neuen Fixstern handelte. Das war eine Widerlegung des Postulats von Aristoteles, wonach der Fixsternhimmel unveränderlich sei, und für die europäische Öffentlichkeit der erste deutliche Kratzer am ptolemäischen System. (Kopernikus' Schrift hatte man bis dahin noch nicht wahrgenommen.) Ein 1577 auftauchender Komet, dessen Positionen Brahe ebenfalls notierte und mit den Angaben anderer Astronomen an anderen Standorten verglich, bestärkte ihn in seinen Zweifeln an den aristotelisch-ptolemäischen Postulaten. Aristoteles folgend hatte man Kometen als »atmosphärische Erscheinungen« betrachtet, unterhalb der Mondbahn, ziemlich dicht an der Erde. Seine Messungen bewiesen Brahe, dass der Komet Planetenbahnen schnitt; also konnte diese Annahme nicht stimmen.

Andererseits wollte Brahe, der Kopernikus' Schrift kannte, sich nicht vom ptolemäischen System lösen. Um es zu retten, entwickelte er ein eigenes Modell, wonach die Erde im Mittelpunkt blieb, aber nur Sonne und Mond um die Erde kreisten, alle anderen Planeten hingegen um die Sonne. Brahe hatte dafür gute Gründe: Das mittlerweile mit Epizyklen und vielfachen Kreisbahnen sehr kompliziert gewordene, aber für Fachleute wie ihn beherrschbare Ptolemäus-Modell lieferte genauere Voraussagen als das Kopernikus-System (bei der leider falschen Annahme von Planeten*kreis*bahnen, die der Brahe-Assistent Kepler dann berichtigen sollte).

Tycho Brahe war ein äußerst sorgfältiger Beobachter des Sternenhimmels. Aufgrund seiner genauen Aufzeichnungen und Messungen konnte Kepler später seine bahnbrechenden Erkenntnisse gewinnen. Dabei hatte Brahe keine Teleskope, die erst nach seinem Tod (1601) erfunden wurden. Brahe machte also alle seine Beobachtungen lediglich mit dem bloßen Auge.

Bereits im heimatlichen Dänemark verfügte Brahe über eine vom dänischen König Friedrich II. voll finanzierte und üppig ausgestattete Sternwarte. Bekannt sind Brahes eigens für ihn gebaute Großinstrumente wie Quadranten, Sextanten und Armillarsphären, mit deren Hilfe so genaue Messungen und Berechnungen wie nie zuvor möglich wurden. Seit 1599 hielt sich Brahe auf Einladung an der Kaiserresidenz Rudolfs II. in Prag auf. Wiederum als Hofastronom und Hofmathematiker, genau wie Galilei am Medici-Hof in Florenz. Der sehr gebildete und belesene Rudolf interessierte sich in vielfacher Weise für Wissenschaft und Kunst, eine Welt, in die er sich zum Schluss regelrecht flüchtete. Er begeisterte sich insbesondere für die manieristische Malerei seiner Zeit mit ihren komplex-symbolhaften, verschlüsselten Inhalten. Die aus Früchten zusammengesetzten Porträts, die berühmten Jahreszeitenbilder von Arcimboldo, zeigen Rudolf II. Außerdem interessierte er sich für Alchimie und Astrologie – in deutlichem Gegensatz zu seinem Kollegen Cosimo, der die neue Astronomie Galileis unterstützte.

Als Kepler im Jahr 1600 nach Prag kam, wurde er Brahes Assistent. Beide erhielten von Kaiser Rudolf den Auftrag, neue Planetentafeln zur Vorhersage der Planetenstellungen anzufertigen, die genauer sein sollten als die bis dahin verwendeten Alfonsinischen Tafeln aus dem Hochmittelalter. Diese Arbeit an den Rudolfinischen Tafeln nahm Kepler fast bis an das Ende seines Lebens in Anspruch, auch nachdem er Prag 1612 wieder verlassen hatte.

Johannes Kepler

Kepler, obwohl aus bescheidenen Verhältnissen stammend, besuchte die Klosterschule in Maulbronn wie auch das Stift in Tübingen – für Jahrhunderte in Württemberg *der* klassische Bildungsweg. Durch seinen Tübinger Lehrer Mästlin wurde er schon als Student mit dem kopernikanischen System bekannt. Mästlin war dessen Anhänger und hatte, ebenso wie Brahe, den Kometen von 1577 richtig gedeutet. Dann ging Kepler als Stiftslehrer nach Graz, wo ihn 1599 der Ruf nach Prag ereilte. Zwei Jahre zuvor hatte Kepler sein erstes größeres Buch *Mysterium Cosmographicum* veröffentlicht, das Brahe gelesen und für sehr gedankenreich und interessant befunden hatte. Daraufhin hatte er ihn eingeladen.

Nach Brahes überraschendem Tod 1602 ernannte Kaiser Rudolf zwei Jahre später Kepler zum Hofastronomen und Hofmathematiker. Kepler konnte nun mithilfe von Brahes Messungen die alles andere als kreisrunde Marsbahn bestimmen, die sich als elliptisch erwies. Die elliptische Planetenbahnenform überprüfte er dann als Hypothese bei den übrigen Planeten und kam so zu der richtigen Erkenntnis über alle Planetenbahnen. Er hat sie also empirisch gewonnen und nicht wie Newton seine Gravitationsgesetze durch theoretische Überlegung. Das Vergleichen der Tabellen nahm Jahre in Anspruch. Seine Erkenntnisse, die sogenannten Keplerschen Gesetze, veröffentlichte er 1609 in dem Buch *Astronomia nova*.

Im Jahr des Erscheinens waren gerade die ersten Fernrohre aufgekommen. Keplers Dienstherr Kaiser Rudolf, ein großer Sammler von Kuriositäten, besaß alsbald ein gutes Dutzend davon. Anders als Galilei konnte Kepler damit zunächst gar nichts anfangen. Er hielt die »Linsentubusse« für eine Spielerei. Auf den Gedanken, den Mond damit anzuschauen, kam er nicht. Während er auf eine Reaktion auf sein Buch wartete – die ausblieb –, hörte er von Galilei, dieser habe mit dem Fernrohr »vier neue Planeten« entdeckt (gemeint waren die Jupitermonde). Kepler war erst erschüttert und dann bezüglich des Fernrohres doch elektrisiert.

Mit Keplers *Astronomia* war das ptolemäische Weltbild endgültig außer Kraft gesetzt, auch wenn sich damals nicht so viele Leute dafür interessierten und diejenigen, die sich brennend dafür interessierten, es nicht wahrhaben wollten, wie der Prozess um Galilei zeigte. Die Unterdrückung dieser revolutionären neuen Erkenntnisse aus weltanschaulichen Gründen war keineswegs allein eine katholische Angelegenheit. Kepler war deswegen auch bei seinen protestantischen Glaubensbrüdern, bei denen er in Tübingen studiert hatte, nicht mehr wohlgelitten. Sie hielten ebenfalls strikt an den alten Vorstellungen fest. Nur wenige wollten sich im 17. Jahrhundert das schön geordnete Weltbild verderben lassen – gleich welcher Konfession.

Durch seine »Gesetze« vertrat Kepler erstmals eine physikalisch-mechanische Weltvorstellung des »Himmels«. Er stellte sich vor, dass die Planetenbewegungen auf magnetischen Kräften beruhen. Newton korrigierte dies dann durch die »Gravitation«. Damit war die uralte Vorstellung, die Sterne seien »göttliche« oder zumindest beseelte Wesen, obsolet, wenn auch noch längst nicht beseitigt, wie das Beispiel Wallenstein beweist.

Von Prag aus ging Kepler 1612 nach Linz, wo er als Landvermesser angestellt war – das hauptsächlich verstand man damals unter einem »Mathematiker«. Bekannt sind die Episoden, wie Kepler seine in Weil der Stadt als Hexe angeklagte Mutter vor Inquisition und Scheiterhaufen rettete, auch wenn sie die Tortur nur um ein Jahr überlebte. Alle Starastronomen ihrer Zeit, Brahe, Galilei, Kepler, waren Höflinge; sie brauchten einen wohlhabenden Gönner, um zu (über-)leben. Am Ende seines Lebens diente Kepler einige Jahre dem extrem sternengläubigen Feldherrn Wallenstein, Herzog von Friedland – dem militärischen Star des Dreißigjährigen Krieges auf habsburgisch-katholischer Seite –, als Astrologe, um Horoskope zu erstellen: »Nacht muss es sein, wenn Friedlands Sterne strahlen« (Friedrich Schiller, *Wallenstein*).

Orion- und Andromeda-Nebel

Die älteste überlieferte europäische Beobachtung eines Sternhaufens mittels Fernrohr datiert auf den 26. November 1610 durch Nicolas-Claude Fabri de Peiresc. Der Freund Galileis stand in Kontakt mit europäischen Gelehrten und Künstlern wie Kardinal Barberini, Rubens und dem englischen Philosophen Francis Bacon. Dieser vielseitig interessierte südfranzösische Gelehrte und Wissenschaftsmäzen veranlasste 1610 auch den Stich einer ersten gedruckten Mondkarte durch den französischen Künstler Claude Mellan.

Der Orion-Nebel war zwar schon den arabischen Astronomen des Mittelalters bekannt. Eine Zeichnung des Nebels fertigte jedoch erst 1654 der italienische Astronom Giovanni Battista Hodierna, ein Schüler Galileis. Hodierna war auch der Erste, der einen Katalog von Sternhaufen und Sternnebeln erstellte. Der Hodierna-Katalog enthielt vierzig Objekte, fand jedoch keine Verbreitung oder besonderes Interesse. Die Pioniertat blieb daher weitgehend unbekannt. Seit der Antike gab es nur Kataloge von Sternen, also der Objekte, die man mit bloßem Auge klar erkennen konnte. Nebel und Galaxien ließen sich erst mit Fernrohren ausmachen.

Für die heute sogenannten Deep-Sky-Objekte wurde der bis heute maßgebliche Katalog von Charles Messier aus dem Jahr 1769 ausschlaggebend. Dort ist der Orion-Nebel als M31 registriert.

Die Entdeckung der der Milchstraße nächstgelegene Galaxie, Andromeda, schrieb Messier persönlich dem Ansbacher Astronomen Simon Marius zu. Damals konnte man sie noch nicht als eigenständige Galaxie deuten, sondern nannte sie Andromeda-Nebel. Erst Edwin Hubble gelang 1923 die Bestimmung von Andromeda als eigenständiger Galaxie *außerhalb* der Milchstraße. Was uns heute völlig selbstverständlich ist, war also noch vor nicht einmal hundert Jahren eine »Entdeckung«. So beschränkt blieb für sehr lange Zeit auch das kosmische Weltbild selbst der nüchtern forschenden und messenden Astronomen.

Simon Marius hatte in Padua bei Galilei studiert (bis 1606) und zu Hause in Ansbach praktisch gleichzeitig mit ihm durch ein brandneues Fernrohr aus Flandern ebenfalls die vier ersten Jupitermonde entdeckt. Wegen seiner raschen Veröffentlichungen im *Sidereus Nuncius* und weil Galilei eben längst ein bekannter und anerkannter Wissenschaftler in Italien war, fiel der Entdeckerruhm an ihn.

»Und sie bewegt sich doch«

De Revolutionibus Orbium Coelestium von Kopernikus war kein Sachbuch-Bestseller gewesen, den die gelehrte Welt Europas begierig verschlungen hätte. Kopernikus selbst hatte mit der Herausgabe lange gezögert, und auch danach wurde die Schrift hauptsächlich von »Experten« gelesen. Durch Kepler war Galilei auf Kopernikus' Werk aufmerksam geworden. Die beiden Astronomen und Mathematiker standen in brieflichem Kontakt, und in einem Brief an Kepler aus dem Jahr 1598 ließ Galilei deutlich erkennen, dass er von der Richtigkeit des heliozentrischen Weltbildes überzeugt war. Das war noch zu Galileis Professorenzeit in Padua.

Galileis Vorgänger auf diesem Lehrstuhl war bis 1592 der Dominikaner, Astronom und Philosoph Giordano Bruno. Anfang des Jahres 1600 wurde Bruno nach einem jahrelang vorbereiteten Prozess von der Kirche wegen Ketzerei verurteilt und auf dem Campo dei Fiori in der Altstadt von Rom auf dem Scheiterhaufen verbrannt. Die Anklage vertrat der Großinquisitor Kardinal Bellarmin. Auch Bruno hatte sich für das heliozentrische Modell ausgesprochen, ja er nahm an, dass es ein unendliches Weltall und mehrere Sonnensysteme gäbe und andere von Lebewesen bevölkerte Planeten. Doch solche Vorstellungen waren es nicht, weswegen Bruno der Prozess gemacht wurde. Es waren vielmehr theologische, pantheistische Überzeugungen Brunos, die er nicht widerrufen wollte. Bellarmin war kein x-beliebiger Kardinal; im Konklave von 1605 wäre er beinahe zum Papst gewählt worden.

1611 besuchte der 53-jährige und damals schon in ganz Italien bekannte Galilei Rom. Dabei lernten sich er und Bellarmin kennen und schätzen. Galilei war seit einem Jahr Hofastronom in Florenz, hatte bereits höchst aufsehenerregende astronomische Entdeckungen gemacht, die man auch in Rom mit Interesse und Bewunderung zur Kenntnis nahm. Teil des Besuchsprogramms war eine Audienz bei Papst Paul V. Borghese (der gegen Bellarmin obsiegt hatte und die heutige Fassade des Petersdoms in Auftrag gab, wie man an der Portalinschrift leicht ablesen kann). Galilei traf sich auch mit seinem engen Freund und Bewunderer Matteo Kardinal Barberini, der später Papst wurde. In solchen Kreisen bewegte sich Galilei. Und er begegnete ihnen auf Augenhöhe. Die Kardinäle und Päpste jener Zeit waren mindestens genauso Fürsten und Politiker wie geistliche Führer der Kirche, und Galilei war der größte Wissenschaftsstar in Italien – in dieser Hinsicht vergleichbar etwa mit Einstein im 20. Jahrhundert.

In Rom wurde Galilei zum Mitglied der elitären Accademia dei Lincei ernannt, der ersten naturwissenschaftlichen Akademie überhaupt. Barberini kannte schon einige seiner Entdeckungen, die das ptolemäische Weltbild völlig infrage stellten, und zeigte alsbald, dass auch andere »naturwissenschaftliche« Lehrsätze von Aristoteles unhaltbar waren. Gleichzeitig versuchte man damals noch, solche neuen physikalischen Erkenntnisse, sogar das heliozentrische Weltbild, mit der Bibel in Einklang zu bringen.

Dazu zählte die Schrift des Klerikers Foscarini, der nachweisen wollte, dass das kopernikanische Modell nicht im Widerspruch zur Bibel stand. Nun wollte es Kardinal Bellarmin genauer wissen und setzte ein Inquisitionsverfahren in Gang. Im Ergebnis durfte Kopernikus' *De Revolutionibus* nur noch mit leichten Änderungen verbreitet werden, die darauf hinausliefen, dass es sich lediglich um ein verbessertes mathematisches Berechnungsmodell handelte; so wurde es aus Sicht der Kirche entschärft. Auf den Index der verbotenen Bücher kam es (noch) nicht. Kurz darauf schrieb Bellarmin einen Brief an Galilei, dessen Einstellung zum kopernikanischen Modell ihm wohlvertraut war. Er ermahnte Galilei, Kopernikus' Vorstellungen vom heliozentrischen Weltsystem nicht als Tatsache, sondern allenfalls als Hypothese zu diskutieren und am besten gar nicht mehr in der Öffentlichkeit zur Sprache zu bringen. Der 1623 zum

Papst gewählte Barberini ermunterte seinen Freund Galilei durchaus, sich weiterhin mit dem kopernikanischen System – als Hypothese – zu befassen.

Seit 1630 bemühte sich Galilei um die päpstliche Druckerlaubnis für ein neues Buch, das unter dem Kurztitel *Dialogo* berühmt wurde. Mit diesem *Dialog von Galileo Galilei über die zwei wichtigsten Weltsysteme, das ptolemäische und das kopernikanische* waren die beiden Weltbilder endgültig einander frontal gegenübergestellt. Das Buch ist als »Gespräch« dreier Personen aufgebaut; zwei von ihnen vertreten die neue Art von »Naturwissenschaft«, der dritte mit dem Namen »Simplicio« die alte Gelehrsamkeit, die, wie die Universitätsprofessoren des Mittelalters, reines Buchwissen wiederkäut und »Autoritäten« ohne eigene Anschauung und ohne eigene Forschung nachbetet (hauptsächlich die aristotelischen »Wahrheiten«). Galilei zeigt an dieser Schnittstelle, wo sich das Alte vom Neuen trennt, also nicht nur die beiden unterschiedlichen Weltbilder, sondern auch klipp und klar die beiden unterschiedlichen Methoden.

Der *Dialogo* war in der italienischen Volkssprache und nicht im Gelehrtenlatein geschrieben. Galilei wollte die Diskussion bewusst auf die Marktplätze tragen – zumindest in die Kreise der lesekundigen, interessierten Laien. Von der verschulten »Wissenschaft« an den Universitäten konnte er nichts erwarten. Galilei unterlief die Imprimatur und ließ 1631 drucken. Anfang 1632 erschien das Buch.

Die Kirche reagierte scharf. Auch sein Freund, der Papst Barberini, entzog Galilei seine Protektion. Er wurde nach Rom vorgeladen. Im Prozess gelang es ihm nicht, sich überzeugend herauszuwinden, obwohl nicht alle anwesenden Kardinäle das Urteil unterschrieben. Galilei durfte nicht mehr lehren, nicht mehr veröffentlichen und wurde in der Toskana unter Hausarrest gestellt. Er war zu dem Zeitpunkt fast siebzig Jahre alt.

Seine angeblichen Worte beim Verlassen der Kirche S. Maria sopra Minerva gleich neben dem Pantheon, wo der Prozess stattfand, sind legendär: *Eppur si muove* – »Und sie bewegt sich doch«.

Eine kleine Ironie zum *Dialogo* gibt es dennoch: Galileo Galilei hatte sich strikt auf Kopernikus' Modell *kreis*förmiger Bahnen der Planeten um die Sonne festgelegt. Das war aber bereits wissenschaftlich überholt, nachdem Kepler um 1609 eindeutig festgestellt hatte, dass sich die Planeten auf elliptischen Bahnen bewegen.

Galilei lebte noch knapp zehn Jahre unter der durch das Urteil eingeschränkten Bewegungsfreiheit und bei schwächer werdender Gesundheit in seiner heimatlichen Toskana. 1638 erblindete er. Mithilfe von Sekretären, denen er diktierte, konnte er sein letztes physikalisches Werk *Discorsi* fertigstellen, das in Straßburg und in Leiden erschien. Galileis Werke durften kirchlicherseits seit 1741 wieder erscheinen. Formal rehabilitiert wurde er erst 1992 unter dem Pontifikat von Johannes Paul II.

GROSSE ENTDECKERNAMEN
AUF DER LANDKARTE II

Der Pazifik

Wie sah das geografische Bild der Welt um 1700 aus, nachdem die ersten großen Entdeckungen gemacht und bereits einige Weltumsegelungen stattgefunden hatten?

Europa war bekannt genug, und man hatte im Großen und Ganzen eine zutreffende Vorstellung von Umriss und Größe der Kontinente Asien, Afrika, Amerika. Hingegen war von Australien und der Antarktis noch so gut wie nichts bekannt. Dafür figurierte auf allen Karten nach wie vor der in der Antike postulierte Südkontinent *Terra australis*, nach dem man nun gezielt zu suchen begann. Der Pazifik war 1513 von Núñez entdeckt und inzwischen von Magellan, Drake und Cavendish durchfahren worden, jedoch ansonsten unbekannt. Die Frage der Nordwestpassage lag vorläufig – im Wortsinne – auf Eis.

Die wirkliche Ausdehnung Nordamerikas war noch nicht erfasst, ja man wusste noch nicht einmal, ob Nordwestamerika und Eurasien irgendwo im Norden eine zusammenhängende Landmasse bildeten. Bisher hatte kein Weißer die Weiten Nordamerikas vom Atlantik bis zum Pazifik durchquert. Das Innere Nordamerikas, das Innere Afrikas südlich der Sahara, weite Teile des Inneren Südamerikas waren Europäern noch immer unbekannt.

Es gab also noch viel zu entdecken. Das Interesse der seefahrenden Nationen konzentrierte sich im 18. Jahrhundert auf das riesige Seegebiet des noch weitgehend unbekannten Pazifischen

Ozeans. Der Pazifik wurde das große Thema – das von dem großen James Cook nicht etwa angefangen, sondern abgeschlossen wurde. Es waren nämlich vor ihm schon andere unterwegs. Praktisch alle Entdecker des 18. Jahrhunderts waren Marineoffiziere im Regierungsauftrag und dienten mehr und mehr »Forschungszwecken«. Die Entdecker des 16. und 17. Jahrhunderts waren hingegen »private« Kapitäne gewesen, teils zwar im Regierungsauftrag (Kolumbus, da Gama), teils aber auch auf Initiative von Handelsunternehmungen und teils auf eigene Faust (etliche Konquistadoren) unterwegs. Aber selbst die bahnbrechenden ersten Fahrten eines Kolumbus oder da Gama dienten kommerziellen Zwecken: Es ging um den Gewürzhandel mit Indien. Alle anderen Ziele kamen erst nach und nach hinzu, als man entdeckte, was man entdeckt hatte, und Kolonien errichtete: neue Rohstoffquellen, neue Absatzmärkte – das war eine erhebliche Erweiterung des ökonomischen Weltbildes.

Tasmanien

Nachdem die Holländer am Ende des 16. Jahrhunderts die Portugiesen mit Bestechung, Geheimnisverrat und Kriegsschiffen aus dem Ostasienhandel verdrängt hatten, wurde Batavia (heute Jakarta auf der Insel Sumatra) die überseeische Hauptniederlassung der VOC. Dort schwirrten Gerüchte über weitere Gewürzinseln oder eine riesige östlich gelegene tropische Insel. Seit 1606 hatte man gewisse Küstenstreifen gesichtet und 1627 war der niederländische Kapitän Thyssen 1500 Kilometer an einer Küste entlanggesegelt – in der Tat etwa vom heutigen Melbourne bis nach Perth. Aber man konnte diese Entdeckungen nicht zuordnen oder irgendwie schlüssig mit der sagenhaften *Terra australis* in Verbindung bringen. Es ging ihnen ähnlich wie Leif Eriksson in Labrador und Neufundland: Ohne Kenntnis des topografischen Gesamtzusammenhangs konnte man die Einzelbeobachtungen nicht deuten. Von »Australien«

hatte noch niemand einen Begriff. Was man nicht kannte, konnte man auch nicht erkennen. Das ist der hermeneutische Zirkelschluss, bei dem man über bestehendes Vorwissen nicht hinauskommt. Deswegen sind bahnbrechende Erkenntnisse, die unsere bisherigen Denkhorizonte überschreiten, auch so selten und so bedeutend. Sie erschließen eine »neue Welt«.

Die noch äußerst ephemer erfasste »Insel« hatte man indessen vorsorglich als »Neuholland« auf den Karten markiert und damit sicherheitshalber für die VOC reklamiert. Bei dieser Bezeichnung auf den Karten für das spätere Australien blieb es bis fast ans Ende des 18. Jahrhunderts.

Für mehr Klarheit sollte seit 1642 im Auftrag von VOC-Generalgouverneur van Diemen der niederländische Kapitän Abel Tasman (1603–1659) sorgen. Erstens sollte er Neuholland näher erkunden und zweitens einen direkten Seeweg nach »Chile« (gemeint war Südamerika) finden. Seit 1633 war Tasman als Seemann in »Ostindien«, seit 1638 als Schiffsführer, 1639 beispielsweise in Japan. Tasmans Expedition bestand aus zwei Schiffen. Von Sumatra aus holten sie zunächst weit nach Westen aus, bis nach Mauritius, und fuhren dann nach Süden. Das war gängige Seemannspraxis, um günstige westliche Passatwinde nutzen zu können. Doch dadurch verfehlte Abel Tasman Australien völlig, selbst als er auf Klagen seiner frierenden Mannschaft den Kurs vom 47. auf den 44. Breitengrad wechselte. Immerhin stießen sie Ende November 1642 auf Land. Tasman erkannte nicht, dass es sich um eine Insel handelte, sondern er hielt sie für den Teil einer größeren Landmasse. Er ließ lediglich einen Fahnenmast am Strand errichten, trug es als Van-Diemens-Land auf seinen Karten ein und segelte noch ein Stück die Südküste entlang und dann wieder ins offene Meer. Dass er bei dieser Gelegenheit Tasmanien entdeckt hatte, war ihm nicht bewusst. Die Umbenennung von Van-Diemens-Land zu Ehren des Entdeckers in »Tasmanien« erfolgte erst 1856 durch die Briten.

Tasman ließ nun weiter strikten Ostkurs segeln und stieß schon neun Tage später wieder auf Land. Zu seiner anfänglichen

Freude wähnte er sich bereits in »Chile«. Indes wurde er so am 13. Dezember 1642 zum Entdecker Neuseelands. Hier, auf der Südinsel, bereiteten die Maori den Europäern einen unfreundlichen Empfang. Vier Offiziere wurden getötet. Tasmans Schiffe ergriffen die Flucht aufs offene Meer. Obwohl sie noch einmal an der Spitze der Nordinsel ankerten, erkannte Tasman nicht, dass es sich um zwei Inseln handelte. Er hielt auch Neuseeland, das er nur – teilweise – von der Westseite sah, für die Halbinsel einer größeren Landmasse. Diese »Halbinsel« benannte er zunächst als »Staaten Land«. Auf der Weiterfahrt entdeckte er Tonga und die Fidschi-Inseln und auf der Rückfahrt nach Batavia umfuhr er Neuguinea entlang dessen Nordküste, verpasste also erneut die Chance, Australien zu entdecken – wenn er stattdessen südlich durch die Torres-Straße zwischen Australien und Neuguinea gefahren wäre (das machte dann erstmals James Cook).

Tasman schlug um sein eigentliches Ziel einen riesigen Bogen, entdeckte dabei zwar viele neue Inseln, verfehlte aber seinen eigentlichen Auftrag. Tasman war praktisch nirgendwo an Land gegangen, außer in Tonga, hatte alles, was er sah, vom sicheren Schiff aus kartiert und sich einige geografische Fehlinterpretationen geleistet. Schon sein Chef Anton van Diemen kritisierte Tasmans Fehlleistungen.

Das Kunststück, Australien in den Weiten des Pazifiks zu verfehlen, hatten schon andere Entdecker vor Tasman fertiggebracht, angefangen bei den Weltumseglern Magellan, Drake und Cavendish, und es sollten noch weitere folgen. Auch der spätere Weltumsegler Bougainville war 1768, wie Tasman, unglaublich nahe daran – am Great Barrier Reef, nur wenige Dutzend Seemeilen von »Neuholland« entfernt, änderte er den Kurs und bog nach Neuguinea ab.

Bis zur Entdeckung Australiens durch James Cook 1770 dauerte es also noch über 120 Jahre. Die erste Umrundung unternahm 1801/1802 Matthew Flinders. Erst damals kam Australien richtig auf die Landkarte.

Beringstraße und die Entdeckung Alaskas

Unter Zar Peter dem Großen, der von 1682 bis 1725 regierte, vollendete sich die Ostkolonisierung Russlands, sprich Sibiriens. Das Ausgreifen Russlands nach Asien gehört in den Gesamtzusammenhang der Kolonialgeschichte wie die überseeischen Expansionen Portugals, Spaniens, Hollands, Englands und Frankreichs, nur eben zu Lande und nicht über Wasser. Die Expansion Russlands hatte in der Kolumbuszeit unter Iwan III. und Iwan IV. begonnen, welche die Moskauer Rus nach dem Ende der Mongolenherrschaft zur Großmacht in Osteuropa geführt hatten, und sie war unter den ersten Romanows (seit 1613) zügig vorangeschritten. Am Ende von Peters Herrschaft war ganz Sibirien russischer Besitz.

Wie die Nordseeanrainer England und Frankreich war auch Zar Peter an der Frage interessiert, ob man etwa von Archangelsk und östlich von Nowaja Semlja an der sibirischen Küste entlang durch das Nordpolarmeer nach China und Indien fahren könnte. Außerdem war ihm eine genauere Kartierung Ostsibiriens wichtig.

In seinem letzten Regierungsjahr beauftragte der Zar den dänischen Seefahrer Vitus Bering (1681–1741) mit einer einschlägigen Expedition. Kapitän Bering stand bereits seit zwanzig Jahren im Dienst russischer Flotten. Kurz vor seinem nahenden Tod stattete der Zar Bering mit allen erforderlichen Vollmachten und Hilfsmitteln aus. Bering reiste mit Dutzenden von Männern, hauptsächlich Schiffszimmerleute, Schmiede und Soldaten, durch ganz Sibirien bis zur Halbinsel Kamtschatka. Kamtschatka liegt rund zehntausend Kilometer von St. Petersburg entfernt. Ohne Transsibirische Eisenbahn und ohne Straßen ein mühevolles Unterfangen. Weil die gesamte Ausrüstung und der Proviant durch ganz Sibirien transportiert werden mussten, dauerte das drei Jahre. Widerspenstige Gouverneure vor Ort behinderten die Reise zusätzlich. In Kamtschatka wurde dann ein Schiff gebaut. Die Führungsfähigkeit sämtlicher Expeditionsleiter von Kolumbus bis zu Henry M. Stanley und Ernest H. Shackleton bestand immer darin, unvorhergesehene Probleme gigantischen Ausmaßes, extreme Witterung, unwegsamstes Gelände und Gewässer, ambivalente Begegnungen mit Einheimischen, Hunger und Nöte aller Art zu bewältigen. Auch Berings Expedition war voll davon.

1728 fand Bering die nach ihm benannte Meerenge zwischen Sibirien und Nordamerika (Alaska). Da Bering wegen drohender Packeisgefahr mitten in der Meerenge umkehren musste, war der Nachweis, dass Sibirien und Alaska nicht durch eine Landbrücke verbunden waren, damit allerdings noch nicht erbracht. Gleichwohl war das Interesse der russischen Regierung an Nordostsibirien erwacht. Bering selbst schlug eine zweite, umfangreichere Expedition vor. Die Russen rüsteten eine große Nordexpedition aus, die von 1733 bis 1743 teils zu Lande, teils mit neuen Schiffen die Flora und Fauna sowie die Befahrbarkeit der sibirischen Nordküste erkunden sollte. Bering wurde zu deren Leiter ernannt. Er kartierte weiterhin das Seegebiet um Kamtschatka und die sibirische Ostküste. 1741 befuhr er erneut die Meerenge und entdeckte dabei als erster Europäer Alaska. Insofern rundete sich der geografische Befund an dieser für das Weltbild insgesamt entscheidenden Stelle ab.

Dann allerdings wurden erneut widrige Wetterbedingungen dieser Entdeckungsfahrt zum Verhängnis. Die Schiffe verloren sich im Nebel, die Mannschaften litten an Skorbut, Bering selbst strandete auf der später nach ihm benannten Beringinsel und musste dort überwintern. Hier starb er an Erschöpfung nach den tausendfältigen Anstrengungen seiner beiden Expeditionen.

1736 hatte sich aufgrund von damals erst veröffentlichten russischen Archivdokumenten ergeben, dass schon achtzig Jahre zuvor der russische Pelztierjäger Semjon Deschnjow mit einer Gruppe von Männern die Meerenge zwischen Sibirien und Alaska durchfahren und darüber auch einen Bericht verfasst hatte. Doch Deschnjow war Pelztierjäger und kein ausgebildeter Geograf und hatte die Bedeutung seiner Entdeckung wohl selbst nicht erkannt. Die Berichte über Berings zweite Expedition wurden von der russischen Regierung hundert Jahre lang geheim gehalten. Die Benennung Beringstraße erfolgte durch James Cook, der die Entdeckung des Nicht-Zusammenhängens zwischen Alaska und Sibirien bestätigte. Sie erfolgte als Gesamtwürdigung der Leistungen Berings.

Die Beringstraße ist im Durchschnitt 85 Kilometer breit, also bloß zweimal so breit wie die Strecke von Calais nach Dover im Ärmelkanal. Russland und die USA liegen demnach hier geografisch dicht beieinander. (Die USA haben erst 1867 Alaska dem Russischen Reich abgekauft.) Auch das südlich der Beringstraße gelegene Randmeer zwischen der Inselkette der Aleuten und der Meerenge wurde später Beringmeer genannt.

Die Meeresströme in der Beringstraße, der Austausch von Wassermassen zwischen dem Beringmeer und dem Arktischen Ozean, beeinflusst übrigens auch den Golfstrom. Die Hauptrolle spielt dabei der unterschiedliche Salzgehalt der beiden Meere. Die hier eventuell auftretenden Schwankungen könnten eine Ursache für die Klimaveränderungen auf der Erde sein.

Robinson-Insel

Eine Insel, die nicht auf der Landkarte verzeichnet ist, deren Name aber jeder kennt, ist die des Schiffbrüchigen Robinson Crusoe aus dem gleichnamigen Roman von Daniel Defoe, erschienen 1719 und sehr schnell in alle Weltsprachen Europas übersetzt.

Die Geschichte von dem Schiffbrüchigen, der sich allein auf eine einsame Insel retten kann, wo er lernen muss, mit dem wenigen Vorhandenen sein Dasein zu fristen und erst nach 28 Jahren gerettet wird, ist nicht nur der erste moderne Abenteuerroman, sondern der erste moderne Roman der Weltliteratur überhaupt: im Sinne einer an der Wirklichkeit orientierten Handlung, im Gegensatz zu den Märchen- und Fantasiewelten der zeitgenössischen opernhaften Barockromane. Also ein wirklich bahnbrechendes Werk. Um den Unterschied deutlich zu machen, gibt Defoe den Roman im Vorspann sogar als Tatsachenbericht aus und bezeichnet sich selbst nur als Herausgeber.

Bekanntlich ließ sich Defoe von der wahren Geschichte eines Mannes namens Alexander Selkirk inspirieren, der 1704 auf einer Vulkaninsel im Südpazifik sechshundert Kilometer von der chilenischen Küste entfernt ausgesetzt wurde und dort viereinhalb Jahre zubrachte. Defoes fiktive Robinson-Insel hingegen befindet sich in der Karibik in der Nähe der Orinocomündung. Von besonderem Interesse ist die Vorgeschichte.

Crusoes Vater mit Namen Kreuzer stammte aus Bremen und war nach England ausgewandert. Vor Abenteuern zur See warnte er seinen Sohn eindringlich. Trotzdem fuhr Robinson auf einem der sogenannten Guinea-Schiffe mit, die in Nordafrika Handel mit den Afrikanern trieben. Auf der zweiten Fahrt wurde das Schiff von Piraten überfallen, die Robinson nach Marokko in die Sklaverei verkauften. Nach zwei Jahren konnte er fliehen und wurde von einem portugiesischen Schiff mit nach Brasilien genommen. Schon auf seiner ersten Fahrt hatte Crusoe mit Geschick im Afrikahandel viel Geld verdient. Das gelang ihm auch jetzt, und er erwarb eine Zuckerplantage. Zucker war (und ist) eines der wichtigsten Exportgüter der Karibik und Südamerikas. Die Plantagen benötigten ständig »Nachschub« an Arbeitskräften. Deshalb riskierte es Crusoe, für sich und seine Pflanzer-Nachbarn frische Sklaven aus Afrika zu holen, was schon für sich genommen ein lukratives Geschäft war. Auf dieser Fahrt nach »Guinea« strandete sein Schiff.

Auf der Insel musste Crusoe seine Welt mit eigener Hände Arbeit neu erschaffen; dadurch wurde er zu einem Tugendhelden im Sinne der (christlich-puritanischen) Moral des englischen Bürgertums der Aufklärungszeit − im Gegensatz zum Glücksrittertum seines früheren Lebens. Dem heutigen Leser führt aber gerade die Vorgeschichte die koloniale Wirklichkeit der »Weltökonomie« in der Zeit um 1700 und das Selbstverständnis der Kolonialsiedler abseits der bekannten historischen Figuren lebhaft vor Augen. Übrigens auch eine gewisse Unerschrockenheit und Welt-Neugier, die damals nicht nur die professionellen Seefahrer, sondern auch normale Bürger erfasste. Diese Tendenz, unmittelbare, eigene Welterfahrung zu sammeln und nicht nur zu Hause in der Stube zu sitzen und Berichte zu lesen oder Almanache durchzublättern, verstärkte sich im Laufe des 18. Jahrhunderts.

DIE VERMESSENE WELT

Triangulation

Das schon in der Antike bekannte, mathematisch zuverlässige Verfahren der Winkelmessung zur Bestimmung der Größe eines Dreiecks wird erst seit Anfang des 17. Jahrhunderts zur Vermessung der Erdoberfläche auch sozusagen flächendeckend praktiziert. Auf diese Weise ein Netz von Dreiecken im Gelände auszumessen ist die sogenannte Triangulation. Eine gerade Strecke im Gelände einfach abzugehen und dabei mit Messstab oder Messkette zu messen ist mühsam und wegen der Unebenheiten und Hindernisse wie Bäume oder Gebäude ungenau.

Bei der trigonometrischen Vermessung geht man von einer exakt festgelegten Strecke am Boden aus, der sogenannten Basislinie. Von dort peilt man mithilfe eines Theodoliten einen weiter entfernten, aber gut identifizierbaren Landschaftspunkt an (Bergkuppe, Turm) und misst von den Eckpunkten der Basislinie a die Winkel dieser Luftlinien zwischen Landschaftspunkt und Basislinie. So entsteht ein gedachtes Dreieck mit den Seitenlinien b und c. Mithilfe trigonometrischer Formeln lassen sich nun anhand der Winkel zur Basislinie a die Seitenlängen des Dreiecks bestimmen und damit die Entfernungen zu dem dritten Landschaftspunkt.

Man misst also in einem größeren, aber für das menschliche Auge noch überschaubaren Bereich die gerade Luftlinie, also die direkte Entfernung über der leicht gekrümmten Erdoberfläche. So erhält man eine genaue Entfernungsangabe über dem Boden, ohne am Boden selbst vermessen zu müssen. Man kann nun von diesem Grunddreieck ausgehend jede beliebige seiner drei Seiten für die nächste Vermessung nutzen und neue Landschaftspunkte anvisieren und die Winkel messen, bis die ganze zu vermessende Region (oder schließlich das ganze Land) mit einem Netz solcher Dreiecke überzogen ist. Im Übrigen hängt die Genauigkeit der Messungen auch von der Qualität und Präzision der verwendeten Messgeräte ab.

Landesaufnahmen waren und blieben extrem zeitaufwendig. Sie dauerten Jahre oder Jahrzehnte. Man konnte nur in der jahreszeitlich besseren Hälfte des Jahres unterwegs sein. Alles andere wäre bei der Arbeit unter freiem Himmel mit ständig wechselnden Standorten eine unbillige Zumutung gewesen. Als Hilfspersonal dienten bis weit ins 19. Jahrhundert disziplinierte und geschulte junge Offiziere, die die Routine ertrugen, das Leben »im Feld«, das exakte Messen. War eine Teiltriangulation abgeschlossen, musste sich der ganze Trupp samt Ausrüstung und Geräten zum nächsten angrenzenden Triangulationspunkt begeben, alles wieder aufbauen und neue Vermessungen zu den nächsten Punkten anstellen – flächendeckend. Nie war dieses Wort angebrachter als in diesem Zusammenhang.

Diese klassische Landvermessungsmethode war von dem Holländer Gemma Frisius 1533 theoretisch begründet worden. Frisius wurde mit seinen Arbeiten rasch berühmt, er war als Konstrukteur präziser Instrumente bekannt, praktizierte als kaiserlicher Leibarzt bei Karl V. und erhielt eine Einladung von Kopernikus. Einer seiner Studenten war Mercator.

Von Frisius stammte die Theorie. Aber erst der holländische Astronom und Mathematiker Willebrord Snellius (1580–1626) hat die Methode mathematisch präzise ausgearbeitet und um 1615 für ein Gebiet in Südholland erstmals ein Triangulationsnetz zur Vermessung der Erdoberfläche praktisch aufgebaut.

Nach Gelehrtenart hieß das 1617 veröffentlichte Werk, in dem Snellius die Triangulationsmethode eingehend beschrieb *Eratosthenes Batavus* (»Der batavische – holländische – Eratosthenes«), womit ein umfassend gebildeter Mann wie Snellius an den antiken Vermesser des Erdumfangs anknüpfte.

Nicht nur in den Niederlanden beschäftigte man sich mit der Triangulation. Frankreich wurde auf diesem Gebiet rasch führend. Das hatte in erster Linie politische Gründe. Damals kam erstmals der Gedanke auf, dass ein moderner Staat, wie er sich unter den Bourbonen in Frankreich zuerst herausbildete, durch ein fest umrissenes Territorium definiert ist. Bereits seit dem ersten Bourbonen-König Heinrich IV. gab es in Frankreich seit 1607 erste Ansätze, die Grenzen eines Landes und damit den Umfang politischer Macht in Karten zu fixieren. Landvermesser wurden in die Grenzprovinzen geschickt und arbeiteten mit der Triangulation.

Nicolas Sanson (1600–1667) fertigte in königlichem Auftrag Hunderte von Karten – nicht nur von Frankreich und teilweise noch nach der herkömmlichen »freihändigen« Methode der frühen Atlanten. Gleichwohl gilt Sanson als der Begründer der Kartografie in Frankreich. Er unterrichtete die jungen Könige Ludwig XIII. und Ludwig XIV. in Geografie, also sowohl den Sohn als auch den Enkel Heinrichs IV.

Die Vermessung Frankreichs

Jeder kennt die Umwälzung zum heliozentrischen Weltbild durch Kopernikus, die Entdeckungsfahrten von Kolumbus und Vasco da Gama und ihren Nachfolgern, die Entdeckung der Schwerkraft durch Newton und wie James Watt die Dampfkraft für den Antrieb von Maschinen nutzte. Schon weniger bekannt ist die Entdeckung von Sauerstoff und Wasserstoff durch Lavoisier, womit er die Grundlage für die moderne Chemie legte. Fast gänzlich unbekannt ist jedoch die epochale Landvermessung Frankreichs durch die Mitglieder der Familie Cassini.

Das Mehr-Generationen-Projekt der Cassinis revolutionierte die Kartografie. Erst mit ihnen beginnen die umfassenden, mathematisch exakten Landaufnahmen, die zu den Karten führen, wie wir sie heute kennen.

Der aus Ligurien, aus der Nähe von Nizza, stammende Giovanni Domenico (Jean-Dominique) Cassini (1625–1712) war Professor an der Universität Bologna und hatte dort als Astronom sehr genaue Beobachtungen und Berechnungen über die Planeten des Sonnensystems angestellt. In Bologna gelang ihm nach 1668 durch genaue Beobachtungen des Jupiters eine neuartige Methode für die Bestimmung der Längengrade. Dies machte ihn in Gelehrtenkreisen berühmt.

Ludwig XIV. und sein Finanzminister Colbert hielten stets europaweit Ausschau nach hervorragenden Fachkräften. So wurde Cassini 1669 an die gerade vom König in Paris gegründete Académie des sciences berufen und zum Leiter der Sternwarte ernannt. Colbert, der Erfinder des französischen Wirtschaftssystems des Merkantilismus und die eigentlich treibende Kraft bei der Akademiegründung, war persönlich an naturwissenschaftlichen Forschungen interessiert. Frankreich, damals die führende Nation in Europa, sollte natürlich auch auf dem Gebiet der Naturwissenschaften exzellent sein.

Eine der gleich zu Anfang formulierten Aufgaben für diese Exzellenzinitiative des Barock war die »Erdmessung«. König Ludwig XIV. war als erster wirklich absolutistischer Monarch ein Herrscher mit einem modernen »Staatsbewusstsein«: Nicht mehr die Gefolgschaft von Vasallen wie im mittelalterlichen Staat, sondern ein Staatsvolk, einheitliche Sprache und Kultur und einheitliches Territorium mit festen Grenzen sollten fortan Grundlage der Staatsherrschaft sein. Folglich wünschte der Herrscher die genaue Ausdehnung und Fläche seines Königreichs zu kennen.

Der Astronom Jean Picard, ebenfalls Professor an der französischen Akademie, begann 1668 mit einer ersten Vermessung Frankreichs von Paris bis zur Kanalküste, wobei ihm Cassini assistierte. Die Basislinie dieser Vermessung war die Strecke Paris – Fontainebleau mit elf Kilometern Länge. Diese erste Etappe der Vermessung des Nordwestens von Frankreich war nach dreizehn Jahren 1681 abgeschlossen. Picard starb 1682.

Schon anhand dessen, was Picard vermessen hatte und was frühere Kartografen geschätzt hatten, stellte sich heraus, dass Frankreich nicht so groß war wie gedacht. Ludwig XIV. beklagte sich, die Landvermessung hätte sein Königreich verkleinert.

Nach Picards Tod fasste Jean-Dominique Cassini den Entschluss, die Vermessung auf ganz Frankreich auszudehnen und setzte das Werk zusammen mit seinem Sohn Jacques fort. Zunächst hatten die Cassinis die volle – finanzielle – Unterstützung des Königs, auch des Nachfolgers des Sonnenkönigs, Ludwig XV., der seit 1715 regierte. Sie hatten die Majestäten vorgewarnt, dass ihr Projekt Jahrzehnte in Anspruch nehmen werde. Billig war es ohnehin nicht. Die Cassinis arbeiteten natürlich nicht allein, sondern beschäftigten für die Vermessungen und Aufzeichnungen jahrelang Dutzende von Mitarbeitern. Jean-Dominique Cassini erlebte die Fertigstellung der Vermessung nicht mehr; er starb 1712. Jacques Cassini führte die Arbeiten zu Ende, unterstützt von seinem Sohn César, der dritten Cassini-Generation. Die erste vollständige Cassini-Karte Frankreichs in achtzehn Blättern und im Maßstab 1 zu 870 000 lag 1744 vor. Es war die erste exakte und komplette Vermessung eines ganzen Staates.

Jacques und César Cassini beschlossen nun eine Überarbeitung mit verbesserten Methoden und erhielten auch dafür die Gelder von Ludwig XV. bewilligt. Wegen der immensen Kosten des Siebenjährigen Krieges zog der König seine finanziellen Zusagen für das Landvermessungsprojekt allerdings 1756 wieder zurück. César gründete daraufhin zur Finanzierung ein Privatunternehmen und beteiligte wohlhabende Franzosen an dieser Gesellschaft; auch Madame de Pompadour wurde Teilhaberin. Auf dem Höhepunkt arbeiteten mehr als achtzig Landvermesser und Kartografen für die Cassinis. Nach dem Tod von César 1784 übernahm wiederum dessen Sohn in der nunmehr vierten Generation die Leitung. 1793 war die überarbeitete Ausgabe der Landvermessung, die unter der Bezeichnung *Carte de Cassini* bekannt ist, fertiggestellt. Diese *Carte de France* war kein Weltbild mehr, kein *Image de France*, sondern ein exaktes kartografisches Abbild der Erdoberfläche Frankreichs.

Landvermessungen in Europa

Seit der zweiten Hälfte des 18. Jahrhunderts erscheinen die Karten nüchtern und sachlich, ohne erzählerische Elemente. Sie zeigen nun ein ganz und gar rationales Weltbild, ein Triumph der Aufklärung. Nichts spiegelt die Erlösung des westlichen Denkens von den Schlacken mythologisch-religiöser Weltbilder anschaulicher als die zunehmende Klarheit und Verlässlichkeit der Karten und das Verschwinden jeglichen Beiwerks und grafischen Zierrats.

Bereits die erste Landvermessung der Cassinis, die 1744 beendet war, wurde in (West-)Europa nachgeahmt. Alle europäischen Herrscher wollten nun natürlich auch genaue Karten ihrer Königreiche und Territorien haben. Zu den wichtigsten zählten die Kurhannoversche Landesaufnahme (1764–1784), die Josephinische Landesaufnahme (1764–1784), die Württembergische Landesvermessung (1818–1840), die Gaußsche Landesaufnahme (1821–1825) und die Preußische Uraufnahme (1830–1865).

Ein interessanter Sonderfall innerhalb des habsburgischen Imperiums ist der von 1760 bis 1770 auf Initiative eines Jesuitenpaters entstandene *Atlas Tyrolensis*. Die Karte ist eine der präzisesten ihrer Zeit, obwohl ihren Urhebern nicht die personellen Ressourcen aus dem Offizierkorps zur Verfügung standen. Sorgfältig in Kupfer gestochen, besteht der Atlas aus zwanzig Blättern, die eine fünf Quadratmeter große Karte ergeben.

Die erste Vermessung des Weltraums

Alle alten Sternkarten und Himmelsmodelle beruhten im Grunde auf einer »zweidimensionalen« Vorstellung des Himmels. Man stellte sich vor, die Fixsterne seien an einer Art Kugelschale oder -sphäre alle in gleicher Entfernung von der Erde oder von der Sonne fixiert. Sie alle schienen gleich weit weg zu sein. Ihre Abstände und Winkel zueinander, die sich offenbar nie veränderten, hatten schon die Babylonier gemessen und ganz früh per Ritzung in nassem Ton oder später auf anderem Beschreibmaterial zu »Karten« fixiert. Selbst die Himmelsscheibe von Nebra war eine Art Sternenkarte.

Man hatte keine Ahnung von einer Tiefendimension des Weltalls. Das für uns mittlerweile völlig selbstverständliche räumliche Bild der Galaxien ist eine Vorstellung des 20. Jahrhunderts.

Nachdem sich in der Nachfolge von Kopernikus, Kepler und Galilei das heliozentrische Weltbild allmählich durchgesetzt hatte, beschäftigte die Astronomen der Barockzeit brennend die Frage, wie groß der Abstand von der Erde zur Sonne (und zu den anderen Planeten) denn nun tatsächlich sei und wie man ihn messen könne. Niemand anders als der führende Vermessungsingenieur seiner Zeit, Jean-Dominique Cassini, führte zur Beantwortung auch dieser Frage die erste exakte Vermessung des Abstandes zu einem Himmelskörper durch.

Als Direktor der Pariser Sternwarte verfügte er über das Geld und die organisatorischen Mittel. Er schickte 1672 seinen *élève astronome* Jean Richer (1630–1696) in die 6700 Kilometer entfernte französische Kolonie Guayana nahe am Äquator. Richer sollte von dort aus die Marsbahn aufzeichnen. Man hatte dafür den Zeitpunkt um die Oppositionsstellung ausgewählt: wenn Mars, Erde und Sonne genau auf einer Linie stehen.

Richers Daten wurden später mit den gleichzeitig in Paris gemachten Aufzeichnungen verglichen. Aus der Differenz zwischen den beiden Beobachtungsstandorten konnten Richer und Cassini als Erste den Abstand zwischen Mars und Erde berechnen. Diese Differenz nennt man Parallaxe. Das war ein erster Anhaltspunkt für die Berechnung der Ausdehnung des Sonnensystems. Es erwies sich als zwanzigmal größer, als noch Kopernikus und selbst Galilei geglaubt hatten. Anhand der Cassini-Richerschen Messungen stellten die Astronomen des Barock fest, dass der Abstand zwischen Erde und Sonne 140 Millionen Kilometer beträgt und nicht 7 Millionen Kilometer, wie man es seit Ptolemäus und wie es selbst noch Kepler geglaubt hatte. Diese Erkenntnis war damals – und ist als historische Wendemarke bis heute – absolut sensationell.

Die Ergebnisse der Richer-Cassini-Messungen wurden an der Sternwarte gebührend respektiert, verblieben aber wohl im Zirkel der Wissenschaftler. Eine Veröffentlichung der Ergebnisse verzögerte sich und erfolgte erst 1679 unter dem Titel *Observations Astronomiques et Physiques Faites en L'Isle de Caïenne par M. Richer, de L'Académie Royale des Sciences.*

Durch die unglücklich verlaufene Publikationsgeschichte wurden die Cassini-Richer-Erkenntnisse über die Größe des Sonnensystems damals von einer breiteren Öffentlichkeit zunächst nicht zur Kenntnis genommen und auch im Nachhinein wissenschaftsgeschichtlich nicht gebührend gewürdigt. Heute ist diese Episode aus dem historischen Bewusstsein der Allgemeinheit völlig verschwunden. Von den drei großen kosmografischen, durch Vermessung entstandenen Welterkenntnissen der Neuzeit, dem heliozentrischen Sonnensystem (Kopernikus 1543), der wahren Ausdehnung und Größe des Sonnensystems (Cassini-Richer 1672) und der Ausdehnung und Dynamik des Weltalls (Hubble 1929) erinnert man sich nur noch an die erste.

Der Längengrad

Der Meridianbogen

Die exakte Bestimmung des Längengrades war das letzte große Vermessungsproblem der Kartografie. Schon im Altertum hatte der bedeutende Geograf Eratosthenes an der Bibliothek von Alexandria im 3. Jahrhundert *vor* Christus mit seiner Messung dort und in Syene (Assuan) den Erdradius und damit auch den Erdumfang auf zehn Prozent genau bestimmt. Erathostenes' Wert war bereits im Mittelalter um das Jahr 830 von den arabischen Wissenschaftlern in Bagdad und durch den französischen Renaissancegelehrten François Fernel 1525, also kurz nach der Kolumbuszeit, auf ein bis zwei Prozent verbessert worden; das entspricht wenigen Dutzend Kilometern. Fernel hatte dazu einen Meridianbogen zwischen Paris und Amiens mittels eines Messrades genauer vermessen lassen. Ein Meridianbogen ist der Abstand zwischen zwei Breitengraden, also in Nord-Süd-Richtung entlang der Längengrade.

Noch genauer vermaß der unmittelbare Cassini-Vorläufer Jean Picard (1620–1682) im Jahr 1669 praktisch dieselbe Strecke von Paris bis zum Uhrturm von Sourdon bei Amiens mit dreizehn Triangulationen. Der Genauigkeitsfortschritt, den Picard erzielte, verdankte sich einer teils von ihm selbst erfundenen Verbesserung des Messinstrumentariums. Er verband einen Quadranten mit einem Fernrohr. Damit konnte er die Fehlerquote deutlich verringern. Daraus ergibt sich bei Picard eine Meridianbogenlänge von 110,5 Kilometern und ein Erdradius von 6372 Kilometern. Heutiger Wert: 6357 Kilometer, also eine Abweichung von weniger als einem halben Prozent.

Die Erde: Ei oder Apfel?

Wegen der immer noch feststellbaren Abweichungen bei den Messergebnissen gab es einen Gelehrtenstreit um die wahre Gestalt der Erde. Zwar hatte man begriffen, dass die Erde keine idealtypische Kugelgestalt hat, doch die Meinungen darüber, wie sie genau aussah, waren geteilt. Newton hatte die an den Polen abgeplattete Apfelgestalt postuliert (wegen der Fliehkraft), die Cassinis vertraten die Eigestalt. Die französische Akademie der Wissenschaften schickte zur Lösung des Problems »auf Befehl« König Ludwigs XV. von 1735 bis 1740 zwei große Expeditionen aus: die eine an den Äquator nach Südamerika, die andere nach Lappland.

Die Südamerika-Expedition nahm ihre Messungen in den Anden im heutigen Ecuador vor. Da diese Gegend damals als »Vizekönigreich Peru« noch zum spanischen Kolonialbesitz gehörte, ist in diesem Zusammenhang immer von »Peru-Expedition« die Rede. Sie war hochkarätig besetzt mit etlichen der führenden französischen Wissenschaftler ihrer Zeit – die sich natürlich entsprechend eifersüchtig gegenseitig beharkten. Zeitweilig reisten sie auf getrennten Wegen durch die äquatorialen Anden. Die Triangulationsmessungen vor Ort auf den Höhen der Anden nahmen gut ein Jahr in Anspruch. Daran schlossen sich jahrelange ergänzende astronomische Beobachtungen in Cuenca an.

Ein wichtiges Mitglied der Peru-Expedition war Charles-Marie de la Condamine (1701–1774), der anschließend noch jahrelang in Südamerika blieb und das Amazonasgebiet als Geograf, Botaniker und Zoologe ähnlich umfassend zu erforschen versuchte wie fünfzig Jahre später Alexander von Humboldt.

Die Lappland-Expedition wurde von Pierre Louis de Maupertius (1698–1759) geführt, dem es unter noch schwierigeren Bedingungen als den »Peruanern« gelang, die erforderlichen geodätischen Messungen vorzunehmen. Ein bekanntes Mitglied der Lappland-Expedition war der 35-jährige Schwede Anders Celsius, damals bereits Professor in Uppsala und Akademie-Mitglied der Leopoldina, der 1742 die geläufige Skala zur Temperaturmessung einführte. Der nur drei Jahre ältere Maupertius war ein Offizier und naturwissenschaftlicher Intellektueller, der schon mit 25 Jahren in die französische Akademie aufgenommen wurde.

Zweck der beiden Meridian-Expeditionen war, möglichst polnah und möglichst äquatornah und dort jeweils möglichst genau – natürlich durch Triangulation – einen Meridianbogen zu messen. Fiele dieser am Äquator länger aus als am Pol, wäre die Apfelform der Erde erwiesen, da Newton angenommen hatte, die Erde müsse wegen der Fliehkraft am Äquator breiter oder »dicker« sein, an den Polen hingegen flacher. So kam es. Der Vergleich der Vermessungsergebnisse in Paris nach der Rückkehr der Experten bestätigte Newtons Annahme. Damit stand nun auch die tatsächliche Form der Erdgestalt, die ja nur im handelsüblichen Globus der Idealform einer Kugel angenähert ist, endgültig fest.

Maupertius verkündete das Ergebnis im Jahr 1737. Er war von dem Gelingen seiner Expedition selbst so beeindruckt, dass er sich später wiederholt in Felltrachten und Pelzmützen der Lappen darstellen ließ. Wie Condamine verkehrte er in den intellektuellen Salons in Paris und in Berlin, wo ihm Friedrich II. unter dem Einfluss Voltaires die Leitung der Preußischen Akademie der Wissenschaften antrug.

Männer wie Maupertius und Condamine gehörten zu den Ersten, die seit den 1730er-Jahren aus Forscherinteresse aufwendige Expeditionen mit echten Forschungszielen unternahmen. Im Zeitalter der Entdeckungsreisen hatten die Entdeckungsziele im Vordergrund gestanden, und die Forschungserkenntnisse waren eher nebenbei abgefallen. Nun kehrte sich das Verhältnis um: Fortan fielen bei Forschungsreisen die geografischen Neuentdeckungen eher nebenbei ab. Das bekannteste Beispiel dafür ist die erste Reise von James Cook (um 1770) – bei der

allerdings noch einmal eine gewichtige Entdeckung »ganz nebenbei« gelang.

Die Lösung des Längengradproblems

Spätestens seit Schiffe auf die hohe See der Ozeane hinausfuh-
ren und nicht nur küstennah voranschipperten (also vereinfacht
gesagt: spätestens seit Kolumbus), war die Bestimmung des Längengrades ein Problem. Ohne genaue Positionsbestimmungen
ist das Navigieren schwierig. Die Bestimmung des Breitengrades lässt sich problemlos aus der Beobachtung der Sterne
ableiten. Das konnte man schon in der Antike. Aber für den
Längengrad gab es kein geeignetes Instrumentarium. Das war
gefährlich für Schiff und Mannschaften: Kam der Kapitän zu
weit vom Kurs ab oder verfehlte er eine Insel, gingen die stets
begrenzten Nahrungs- und Wasservorräte unter Umständen
schnell zur Neige. Die Verluste an Menschenleben, wertvoller
Ladung oder ganzer Schiffe durch das ziellose Umherirren auf
den Weltmeeren nach zweihundert Jahren immer intensiverer
Hochseeschifffahrt waren einfach zu groß.

Auch die größten mathematischen Genies des 17. Jahrhunderts wie Galilei, Halley und Newton hatten das Problem nicht
lösen können. Bei einem schweren Schiffsunglück sanken 1707
vor der englischen Küste bei den Scilly-Inseln vier Kriegsschif-
fe mit insgesamt 1400 Mann, weil sie ihre Position zu den auf
den Karten eingezeichneten gefährlichen Riffen nicht genau
bestimmen konnten. Daraufhin wurde in Großbritannien 1714
eine sehr hohe Prämie für denjenigen ausgelobt, der die Lösung
des Längengradproblems fand. Das Parlament selbst setzte durch
einen Gesetzesbeschluss *(Longitude Act)* den ungeheuer hohen
Preis von 20 000 Pfund aus.

Eine hektische Betriebsamkeit bei Wissenschaftlern und
Forschern setzte ein. Astronomen, Mathematiker und sonstige
einschlägige Gelehrte reichten bei einer eigens installierten Par-

lamentskommission Vorschläge ein – die auch zu mancherlei neuen Erkenntnissen führten, aber die eigentliche Frage nicht beantworteten. Die Lösung dieses Jahrhundertproblems gelang erst dem Tischler und Tüftler John Harrison (1693–1776), der sich darauf versteift hatte, einen absolut zuverlässigen Schiffschronometer, einfacher gesagt eine unter allen Umständen auf See wirklich funktionierende Uhr zu bauen: Wenn eine präzise gehende Uhr den genauen Zeitunterschied zum Heimathafen anzeigt, kann man auch relativ leicht den aktuellen Längengrad berechnen.

In 40-jähriger einsamer Arbeit und nach mehreren Anläufen und Prototypen gelang Harrison mit der H4 im Jahr 1759 ein Modell, das allen Anforderungen – und vor allem Harrisons eigenen Anforderungen – genügte. Bis dahin gingen alle Schiffschronometer wegen der Schiffsbewegungen, Temperaturschwankungen, Luftfeuchtigkeit einfach zu ungenau. Die H4 wurde 1761 auf einer Fahrt nach Jamaika einem Praxistest unterzogen. Sie ging in 81 Tagen nur fünf Sekunden nach. James Cook führte eine Kopie der Schiffschronometer auf seiner zweiten und dritten Fahrt mit, und sie bewährten sich.

Harrison erhielt sein Preisgeld erst 1773 durch einen Erlass König Georgs III. Die mechanische Uhr ist einer von den relativ wenigen für eine technische Zivilisation unentbehrlichen Apparaten, der keinen konkret zu benennenden Erfinder hat, wie es beim Buchdruck, bei der Dampfmaschine oder beim Automobil der Fall ist. Vielmehr handelt es sich um eine lange Entwicklungsgeschichte, die mit großen mechanischen Uhrwerken in mittelalterlichen Kathedralen und Rathäusern begann. Auch Galilei war ein großer Erfinder von Uhrwerken mit verschiedenen Antrieben (Pendel, Feder). Meistens scheiterte es am mangelhaften Material oder an der handwerklichen Ausführung. Hierin nun war Harrison unerbittlich.

Da er aber »nur« ein Handwerker war, dauerte es in der – bei allen wissenschaftlichen Verdiensten – auch dünkelhaft-standesbewussten akademischen Gelehrtenwelt der damaligen Zeit sehr lange, bis seine Leistung anerkannt und ihm der Preis tatsächlich zugesprochen wurde. Die zeitgenössischen Gelehrten, sozusagen das wissenschaftliche Establishment, hatten hingegen ganz auf die astronomische Methode mit den Monddistanzen gesetzt. Hierzu erstellte das Greenwich-Observatorium einen *Nautical Almanach,* und es wurden neue Messgeräte entwickelt, vor allem der Sextant (nach 1730). Diese Methode hatte nur einen Nachteil: Wenn der Himmel bewölkt ist, kann man den Mond nicht sehen.

Harrison löste das Längengradproblem als einfacher Mann im Alleingang. Es waren alsbald preisgünstige Chronometer verfügbar. Spätestens dadurch erwies sich Harrisons Weg als die einfachere Lösung.

Dixieland

Kurz nach 1760 wurden die beiden britischen Landvermesser Mason und Dixon von den regierenden Grundbesitzerfamilien in Maryland und Pennsylvania wegen Grenzstreitigkeiten ihrer Ländereien mit einer genauen Vermessung der Grenzlinie zwischen beiden Staaten beauftragt. Diese Streitigkeiten hatten eine lange Vorgeschichte.

Auf einer fehlerhaften Landkarte hatte der englische König Karl I. 1632 zur Gründung von Maryland der Familie Calvert Territorium südlich des 40. Breitengrades zugesprochen. 1681 stellte sich bei der Erteilung einer ähnlichen Urkunde für Territorien *nördlich* des 40. Breitengrades für William Penn durch König Karl II. heraus, dass demzufolge die größte Stadt Pennsylvanias, Philadelphia, auf dem Gebiet von Maryland liegen würde. Philadelphia war aber bereits gegründet, und man war sich zwar einig, dass die Stadt zu Pennsylvania gehören sollte, doch über den genauen Verlauf der Grenze konnte man sich nicht einigen. Daher wurden Mason und Dixon mit einer neuen Grenzziehung zwischen Pennsylvania und Maryland beauftragt. Von 1765 bis 1769 zogen sie die neue Linie in Ost-West-Richtung auf 375 Kilometern auf dem Breitengrad 39°43'.

Dann kam die Vermessung zu einem abrupten Ende, weil sich die irokesischen Führer strikt weigerten, den Vermessungstrupp in das nunmehr angrenzende feindliche Gebiet von Lenni-Lenape-Indianern zu begleiten.

Damit war Masons und Dixons Arbeit zunächst einmal beendet. Historisch bedeutend wurde diese Linie erst etwas später, als sie aus politischen Gründen mehrmals verlängert wurde. In Pennsylvania war die Sklaverei schon 1781 abgeschafft worden. Aber Maryland und alle anderen südlich der bis zum Ohio verlängerten Mason-Dixon-Linie blieben vorerst Sklavenhalterstaaten. Sie bildete die Grenzlinie zwischen sklavenhaltenden Südstaaten und sklavenfreien Nordstaaten. Dies wurde auch 1820 im »Missouri-Kompromiss« bestätigt. So wurden die Südstaaten in der Umgangssprache »Dixieland«.

Charles Mason und Jeremiah Dixon arbeiteten erstmals zusammen, als sie 1761 gemeinsam nach Südafrika reisten, um den Venustransit zu beobachten. Mason (1728–1786) war von Haus aus Astronom, Dixon (1733–1779) war Landvermesser. Bei der Rückreise trafen sie auf St. Helena zufällig auf den englischen Astronomen Nevil Maskelyne, welcher bei der Lösung des Längengradproblems der akademische Hauptrivale von James Harrison war. So klein ist die Welt der Landvermesser und Astronomen.

NEUE STERNE AM HIMMEL

Saturnringe und Lichtwellen

Zur gleichen Zeit, als man mit den exakten Vermessungen der Erdoberfläche vorankam und ein schnörkelloses, mathematisch genaues Kartenbild erstellte, konnten auch die Astronomen neue Vermessungen und sogar neue Entdeckungen am Himmel verzeichnen.

Der Diplomaten- und Literatensohn Christiaan Huygens (1629–1695), Spross einer prominenten niederländischen Adelsfamilie und ein Freund von Rubens, Rembrandt und Descartes, ist ein weiteres herausragendes Beispiel für den europäischen Genie-Cluster der Barockzeit. Er lernte Newton und Leibniz persönlich kennen, dem er 1673 in London Nachhilfeunterricht in Mathematik erteilte. Huygens war ein Zeitgenosse von Robert Boyle, einem der Begründer der modernen Naturwissenschaften, von Molière und Lully, dem Hofkomponisten Ludwigs XIV.

Wie Galilei baute sich Huygens selbst ein Fernrohr und entdeckte damit 1655 die Ringe des Saturn, den ersten Saturnmond (Titan) sowie die Rotation vom Mars, und er vermutete richtig, dass die Venus von einer dichten Wolkenhülle umgeben ist. Als Erster formulierte Huygens, dass sich Licht wellenförmig ausbreitet wie Wasser und nicht als »Strahl«. Er legte in der Mechanik die Grundlagen für die Stoßgesetze (man denke nicht nur an einen Autounfall, sondern auch an das Hüpfen eines Balls oder an Billardkugeln). Im Jahr 1656/1657 erfand er die Pendeluhr, in jener Zeit ein Durchbruch in der Genauigkeit der Zeitmessung, erhielt aber kein Patent dafür, weswegen sie schnell von anderen nachgebaut wurde. Unabhängig von ihrem englischen Ersterfinder Robert Hooke entwickelte Huygens die Ankerhemmung in Uhren sowie weitere Formen von Uhrwerken. Außerdem war er ein bedeutender Mathematiker und Musiktheoretiker.

Der Halleysche Komet

Edmond Halley (1656–1742) war der erste Mensch, nach dem zur Abwechslung nicht mehr ein Ort auf der Erde, eine Stadt, eine Meeresstraße oder eine Bucht benannt wurde, sondern ein Himmelskörper: der Halleysche Komet.

Als Professor in Oxford hatte Halley im Jahr 1705 eine Methode entwickelt, mit der sich die Elemente der Bahn eines astronomischen Objekts (Planeten, Kometen, heute auch Satelliten) eindeutig festlegen lassen (auf der Grundlage der Keplerschen Gesetze). Dies wurde mit Kometenbeobachtungen in Verbindung gebracht, die die Astronomen 1531, 1607 und 1682, also alle 76 Jahre, gemacht hatten. Stimmte die Berechnung, dann würde Ende 1758, Anfang 1759 wieder ein Komet auftauchen, und es wäre klar, dass es sich nicht um verschiedene Kometen, sondern um die Wiederkehr des immer gleichen handeln musste. Als der Komet nach Halleys Voraussage tatsächlich erschien, wurde er der »Halleysche Komet« genannt. Der bedeutende Astronom erlebte das selbst nicht mehr. Er war siebzehn Jahre zuvor im Alter von 85 Jahren verstorben. (Zuletzt war der Halley-Komet 1986 zu sehen; seine Wiederkehr wird für 2061 erwartet.)

Halley war einer der ersten Astronomen, die in die weite Welt hinaus reisten, um Beobachtungen zu machen. 1676, mit zwanzig Jahren, segelte er zur südatlantischen Insel St. Helena und nahm hier eine Durchmusterung des südlichen Sternenhimmels vor. Dabei beobachtete er erstmals einen vollständigen Transit des Merkur vor der Sonnenscheibe. Das brachte ihn auf den Gedanken, dass man durch die Beobachtung eines Venustransits in der Lage sein müsste, die Entfernung zwischen Erde und Sonne genauer zu bestimmen. Über die *messbaren* Entfernungen im Sonnensystem und damit über dessen absolute Größe hatte man bis dahin keine Vorstellung. 1716, immer noch als Professor in Oxford, machte Halley die Gelehrtenwelt auf den nächsten Venustransit aufmerksam. Dieser wurde zu einem der großen Forschungsprojekte in der Mitte des 18. Jahrhunderts: Halleys Anregung, den Venustransit von 1759 auch von einem weit von England entfernten Punkt zu beobachten und möglichst genau zu vermessen, war Anlass für die erste Weltumsegelung von James Cook, die als bedeutende wissenschaftliche Expedition ausgerüstet wurde.

Nach einem wissenschaftlichen Disput im Jahr 1684 über die Keplerschen Gesetze, den die Beteiligten Christopher Wren und Robert Hooke nicht lösen konnten, fuhr Halley nach Cambridge, um die Angelegenheit mit Newton zu besprechen. Der hatte die Lösung des Problems bereits fertig in der Schublade. Halley überzeugte ihn davon, die *Philosophiae Naturalis Principia Mathematica* zu veröffentlichen, und übernahm die Druckkosten. Nur Halleys beherztem Eingreifen verdankt die Welt, dass Newtons bahnbrechendes Werk über die Gravitation bekannt wurde, eines der bedeutendsten wissenschaftlichen Werke überhaupt.

Halley war auch einer der beiden Astronomen, die das aristotelische Dogma von den »Fixsternen« beiseite fegten. 1718 verglich er eigene Positionsbestimmungen mit den 1800 Jahre alten in Ptolemäus' *Almagest*. Vor allem Arkturus und Sirius hatten ihre Position inzwischen deutlich verändert.

Nachdem Halleys Kometenbahnbestimmung sich durch Berechnungen anderer Astronomen auch ohne das Erscheinen des Himmelskörpers als richtig erwiesen hatte, wurde Halley 1720 zum *Astronomer Royal* ernannt, zum Leiter der königlichen Sternwarte in Greenwich. Damals war Halley 64 Jahre alt und der zweite königliche Hofastronom in Greenwich. Die Sternwarte war 1675 gegründet worden. Hier verläuft der 1884 festgelegte Nullmeridian.

Lichtgeschwindigkeit

Nachfolger von Edmond Halley als *Astronomer Royal* am Observatorium von Greenwich wurde der frühere Geistliche James Bradley (1693–1762). Dieser hatte vorher in Oxford schon den gleichen Lehrstuhl für Astronomie inne wie einst Halley. Wie bereits Tycho Brahe, Halley und viele andere Astronomen war Bradley ein leidenschaftlicher Vermesser zur möglichst genauen Positionsbestimmung der Sterne. Man versuchte natürlich auch weiterhin, die Präzision der Fernrohre zu verbessern. Daher wurden im 18. Jahrhundert im Sonnensystem nicht nur neue Monde und schließlich sogar ein neuer Planet entdeckt, sondern die Messungen wurden immer genauer und vorhandene Daten ständig neu überprüft.

Bereits in der Antike hatten sich die griechischen Naturphilosophen Gedanken über die »Natur« des Lichts und seine Ausbreitung gemacht. Eine in der Tat interessante Frage: Was ist Licht eigentlich? Die gängigste Vorstellung war, dass das Augenlicht wie ein Strahl oder ein Scheinwerfer vom menschlichen Auge ausgeht und wir einen Gegenstand sehen, wenn dieser Lichtstrahl auf ein Objekt trifft. (Daher die Redewendung »das Augenlicht verlieren«, wenn man erblindet.) Auch die Frage nach der Geschwindigkeit dieses Lichtstrahls war in diesem Zusammenhang bereits erörtert worden. Seit Descartes (1596–1650), einem jüngeren Zeitgenossen von Galilei und Kepler, war in der frühneuzeitlichen Wissenschaft umstritten, ob sich das Licht unendlich schnell ausbreite oder ob die Lichtgeschwindigkeit eine endliche Größe sei. (Descartes plädierte für »unendlich schnell« und folgte dabei einer Meinung von Aristoteles – die sich wieder einmal als falsch erweisen sollte. Newton und Huygens sprachen sich für eine endliche Lichtgeschwindigkeit aus.)

Fünfzig Jahre vor Bradley, zur Jugendzeit Edmond Halleys, hatte der königlich-dänische Hofastronom Ole Rømer bei einer Beobachtung von Jupitermonden festgestellt, dass die Lichtgeschwindigkeit eine endliche Größe ist, doch er konnte sie nicht sehr genau bestimmen. (Rømer hatte dies noch vor seiner Berufung nach Kopenhagen an der Sternwarte in Paris festgestellt, und zwar in enger Zusammenarbeit mit den Cassinis. Diese waren ja generationenlang Direktoren dieser Sternwarte.)

Bradley gelang es 1728 anhand von minimalen Schwankungen der Sternpositionen, die vor allem durch die Erdumdrehung entstehen, die Lichtgeschwindigkeit auf ein Prozent genau zu bestimmen: Er ermittelte einen Wert von 301 000 Kilometer pro Sekunde, indem er ausrechnete, dass das Licht 10 210-mal schneller als die Erde bei ihrem Umlauf ist. Das war die beste Bestimmung der Lichtgeschwindigkeit im 18. Jahrhundert. Bei seinen Messungen und Beobachtungen bestätigte Bradley ebenfalls die schon von Halley gefundene Eigenbewegung der Fixsterne. Die jahrtausendealte Vorstellung eines unveränderlichen Fixsternhimmels wurde widerlegt. Allerdings ist die Eigenbewegung der Fixsterne mit bloßem Auge nicht erkennbar. Der Anblick des Himmels hat sich deshalb für den naiven Betrachter nicht wesentlich gewandelt. Sonst hätten sich auch die Sternbilder, die schon in der Frühantike geprägt wurden, verändert. Alle sichtbaren Sterne gehören zur Milchstraße. Sterne anderer Galaxien können wir nicht sehen. Die nächstgelegene Galaxie – Andromeda – ist 2,5 Millionen Lichtjahre entfernt.

Der Messier-Katalog

Schon seit Längerem wurden dank der immer weiter verbesserten Teleskope allerlei »neblige« Fleckchen am Nachthimmel beobachtet. Der erste dieser neu entdeckten Flecken war der Orion-Nebel (1610). 1758 erwarteten viele Astronomen in Europa mit Spannung den Halley-Kometen. An dieser »Suche«

war auch Charles Messier (1730–1817) beteiligt. Er entdeckte im Laufe seines Lebens zwanzig neue Kometen, wobei er auf viele dieser »nebligen« Objekte (die ja ortsfest sind) stieß. 1758 fing er an, einen Katalog mit Positionsangaben zu erstellen, um sich bei seiner Kometenjagd nicht länger irritieren zu lassen.

Dieser »Messier-Katalog« ist heute noch in Gebrauch. Er ist durchnummeriert, und auch die Galaxien, Sternhaufen und Nebel (das konnte man damals noch nicht so genau unterscheiden) werden nach wie vor mit der von Messier eingeführten Nummerierung »M1«, »M2« und so weiter bezeichnet. M1 ist beispielsweise der Krebs-Nebel im Sternbild Stier, die 2,5 Millionen Lichtjahre entfernte Andromeda-Galaxie trägt die Nummer M31, der eindrucksvolle Orion-Nebel, der erste überhaupt beobachtete Nebel, die Nummer M42, die berühmten Plejaden, ein schon auf der Nebra-Scheibe eingezeichneter und nur vierhundert Lichtjahre entfernter Sternhaufen innerhalb der Milchstraße (kein Nebel), sind M45. Der erste Messier-Katalog enthielt 45 Objekte und wurde, teils vom Autor selbst, bis auf 110 Objekte erweitert. Die meisten waren vorher unbekannt. Ihre echte Entdeckung verdanken sie also der systematischen Durchmusterung Messiers, und die bis heute anhaltende Bedeutung und Beliebtheit des Messier-Katalogs geht auf seine praktisch fehlerfreien, präzisen Angaben zurück. 1782 stellte Messier seine Durchmusterungen ein, da Herschel mit einem ähnlichen Katalog begonnen hatte und der Engländer über größere, leistungsfähigere Teleskope verfügte.

Ein neuer Planet im Sonnensystem

Um 1770 begann William Herschel, der damals als »Musikdirektor« im englischen Bath lebte, ähnlich wie Messier durch systematische Durchmusterung und Sternenzählung Form und Ausdehnung der Milchstraße zu ergründen und darüber hinaus die Sterne nach ihrer scheinbaren Helligkeit zu klassifizieren. Sei-

ne Kataloge verzeichnen Tausende von Himmelsobjekten, auch
»Nebel« und Doppelsterne. Dies gelang ihm nur dank familiärer
Unterstützung seiner Schwester und seines Bruders. Auch sein
Sohn wurde später ein bedeutender Astronom in England.
Was die Milchstraße anbelangt, gelangte Herschel zu der Ansicht, dass die Galaxis die Form einer Linse haben müsse, und
schätzte ihre Ausdehnung auf ungefähr zehntausend Lichtjahre
und die Dicke der Linse auf tausend Lichtjahre. Er glaubte, dass
die Sonne nahe dem Zentrum der Milchstraße steht.
Das blieb herrschende Ansicht unter den Astronomen bis
zum Anfang des 20. Jahrhunderts. Erst um 1920 begann man,
die Möglichkeit der Existenz weiterer Galaxien außerhalb der
Milchstraße seriös wissenschaftlich zu diskutieren. Bis dahin bestand für alle – auch die wissenschaftlich gebildeten und interessierten – Menschen das Universum aus nichts weiter als der
Milchstraße. Angesichts der heutigen Kenntnisse von den riesigen Dimensionen des Weltalls also noch vor hundert Jahren ein
äußerst beschränktes astronomisches Weltbild. Erst Hubble bestätigte 1923 die Existenz weiterer Galaxien.
Bei seiner systematischen Durchmusterung des Sternenhimmels machte Herschel 1781 eine sensationelle Entdeckung. Er
sichtete einen neuen Planeten im Sonnensystem. Dies war bisher
noch niemandem aufgefallen, weil die bis dahin verwendeten
Teleskope nicht besonders leistungsfähig waren.
Seit 1766 baute Herschel selbst Teleskope, vor allem Spiegel-
teleskope, deren Durchmesser immer größer wurden und mit
denen man natürlich »mehr sehen« konnte. Das flächige Objekt,
das er 1781 entdeckte, hielt er zuerst für einen Kometen, doch
dann stellte sich heraus, dass es sich auf einer Umlaufbahn bewegte, ähnlich wie die übrigen Planeten. Der Radius der Umlaufbahn von Uranus war allerdings wesentlich größer (und annähernd kreisförmig). Die Ausmaße des Sonnensystems hatten
sich schlagartig verdoppelt.
Herschel nannte den neuen Planeten zunächst nach dem regierenden englischen König Georg III. »Georgsstern«. Ein sol-

cher direkter Bezug zu einem lebenden englischen Herrscher, der dadurch am Sternenhimmel verewigt worden wäre, war für die französischen Astronomen jedoch nicht akzeptabel. Sie schlugen zunächst vor, ihn nach seinem Entdecker »Herschel« zu benennen, bis sich schließlich »Uranus« durchsetzte, der Name eines älteren Himmelsgottes aus der griechischen Mythologie. Die tatsächliche Existenz der von Herschel bereits 1797 beobachteten Uranus-Ringe wurde erst 1977 bestätigt. Herschel entdeckte ferner zwei weitere Saturn-Monde (Mimas und Enceladus) sowie die Uranus-Monde Titania und Oberon. Mimas ist ebenso verkratert wie der Erdmond, aber nur rund ein Zehntel so groß. Angesichts der riesigen Entfernung zum Saturn war so eine Entdeckung mit den damaligen Mitteln keine Kleinigkeit.

Herschel stammte aus Hannover, hatte aber 1757 in Kriegswirren nach England fliehen müssen und sich in Bath niedergelassen, wo er zunächst wie in seiner Heimat als Musiker arbeitete. Angeregt von mathematischer Musiktheorie begann er, sich mit Astronomie zu befassen. Da er gleichzeitig schon Fernrohre baute (und verkaufte), fasste er den Entschluss, eigene Beobachtungen anzustellen.

Die Uranus-Entdeckung machte Herschel rasch berühmt. Er wurde als Mitglied in die Royal Society aufgenommen und erhielt eine jährliche Leibrente vom englischen König Georg III., die den Lebensunterhalt sicherte. Die Familie übersiedelte nach Slough in der Nähe von London.

Das größte Herschel-Teleskop wurde 1789, im Jahr der Französischen Revolution, gebaut. Das Riesenrohr hatte mit einer Länge von zwölf Metern die Höhe eines vierstöckigen Hauses. Der Spiegeldurchmesser betrug über 1,20 Meter. Diese große Beobachtungsmaschine wurde von einem Gerüst gehalten. Zu einer Zeit, als Mozart in Wien seine Opern *Figaro* (1786), *Don Giovanni* (1787) und *Zauberflöte* (1791) komponierte, blickte man also in England und Frankreich bereits weitaus tiefer in den Himmel als noch wenige Jahrzehnte zuvor.

Eine weitere wichtige Entdeckung gelang Herschel im Jahr 1800, als er ein Thermometer neben das rote Ende des Lichtspektrums eines Prismas stellte, und siehe da – das Thermometer stieg an! Er folgerte richtig, dass sich das Lichtspektrum jenseits des roten Bereichs fortsetzt. So entdeckte er die Infrarotstrahlung. 1816 wurde Herschel geadelt und 1820 der erste Präsident der gerade gegründeten Royal Astronomical Society. So ehrte man in England bedeutende Wissenschaftler, auch wenn sie kein einschlägiges Diplom vorzuweisen hatten.

Jenseits der Milchstraße

Herschel war einer der ersten Astronomen, die eine Ahnung davon bekamen, dass die Sternenwelt nicht nur aus Fixsternen, Kometen und Planeten besteht, sondern dass es sich um ein Weltall mit großer räumlicher Tiefe handelt.

Das kopernikanische Weltbild hatte zwar die Sonne ins Zentrum des Sonnensystems gerückt, aber dieses doch im Zentrum des gesamten Universums belassen. Im Jahr 1750 formulierte der englische Astronom Thomas Wright (1711–1786) als Konsequenz aus den bisherigen Beobachtungen der Milchstraße (besteht aus Einzelsternen) und aus den bereits entdeckten »Sternnebeln« die Theorie, dass die Sonne nicht der Mittelpunkt der Milchstraße oder gar des Weltalls, sondern ein Einzelstern unter vielen innerhalb der scheibenförmigen Milchstraße und dass die nebelhaften Gebilde andere Galaxien seien. Wrights Epoche der Spätaufklärung war reif für solche »Spekulationen«; fünfzig oder hundert Jahre früher wäre er damit auf Unverständnis gestoßen. Einige Jahrzehnte später sollten sie sich als richtig erweisen. Heute wissen wir, dass das Sonnensystem ein vergleichsweise kleines Planetensystem am äußeren Rand eines der Spiralarme der Milchstraße ist.

GROSSE ENTDECKERNAMEN AUF DER LANDKARTE III

Die Insel Bougainville und die Wunderblumen

Der Pazifik bedeckt ein Drittel der gesamten Erdoberfläche und ist größer als alle Kontinente zusammen. Bis Mitte des 18. Jahrhunderts wusste man von diesem Weltmeer jedoch so gut wie nichts. Erst durch die Reisen der großen Entdecker und deren Aufzeichnungen änderte sich seit 1760 das Pazifik-Bild nachhaltig.

Nach dem französischen Weltumsegler Louis Antoine de Bougainville (1729–1811) sind nicht nur die wegen ihrer leuchtend farbigen Blätter auffälligen Sträucher aus der Pflanzenfamilie der Wunderblumen benannt, sondern auch eine zwar nicht kleine, aber auch nicht besonders bedeutende Insel östlich von Neuguinea. Bougainville war von 1766 bis 1769 der erste französische Weltumsegler.

Er hatte als junger Offizier am Krieg der Franzosen gegen die Briten in Nordamerika teilgenommen, dem sogenannten »Indianerkrieg«, und 1766 den Regierungsauftrag für die Weltumsegelung erhalten. Der Rokoko-König Ludwig XV., Nachfolger des Sonnenkönigs, wollte im globalen Entdeckungswettlauf der seefahrenden Nationen nicht den Anschluss verlieren und womöglich zum Ruhme Frankreichs und als überseeischen Kolonialbesitz »Neuland« entdecken.

Erklärtes Ziel von Bougainvilles Expedition war das Auffinden der *Terra australis*. Danach suchten in jener Zeit auch

die Engländer und die Holländer. So ein schöner großer Südkontinent wäre doch ein willkommener Ersatz für die gerade
erlittenen Territorialverluste in Nordamerika gewesen.

Bougainville war kein Kapitänshaudegen wie der spätere Kapitän Bligh von der *Bounty*, der bekanntlich auch in der Südsee
unterwegs war, sondern ein hochgebildeter Marineoffizier und
Gentleman. Im Anschluss an seine Reise verfasste er einen dann
viel gelesenen Reisebericht. Es waren seine Schilderungen von
Tahiti, die das Bild der Europäer vom Südseeparadies nachhaltig
prägten: »Die Luft, die man atmet, ihre Gesänge, ihre Tänze, die
stets von einladenden, lasziven Gesten begleitet sind – ständig
wird man dadurch an die Freuden der Liebe erinnert und geradezu aufgefordert, sich ihnen auszuliefern.«

Bougainvilles Weltumsegelung war, wie später auch die Weltumsegelungen von James Cook, erstmals als »wissenschaftliche«
Expedition konzipiert. An Bord befanden sich Naturforscher,
darunter Kartografen, Mediziner, ein Astronom, ein Botaniker
und übrigens auch dessen Geliebte, Jeanne Baret, die als Mann
verkleidet als »Assistent« mitfuhr. (So wurde sie die erste Welt-
umseglerin. Auf Tahiti wurde sie – von den Tahitianern! – ent-
tarnt.) Auf zwei Schiffen segelten insgesamt 330 Personen mit.

Bougainvilles Schiffe folgten der mittlerweile bewährten
Route Magellans quer durch den Atlantik und umrundeten
Südamerika. Im April 1768 landeten sie auf der tropischen Vulkaninsel Tahiti. In seinem sensationell erfolgreichen Reisebericht schilderte Bougainville die Geografie, Flora und Fauna aller von ihm besuchten Länder und Inseln, auch Südamerikas
oder später Indonesiens. Am nachhaltigsten aber wirkten die
Passagen über die üppige Natur Tahitis (»ein Garten Eden«)
und die Tahitianer als unverdorbene Naturkinder. Das entsprach
ganz den Auffassungen aufklärerischer Denker, insbesondere
Rousseaus und Diderots, vom ursprünglichen Naturzustand des
Menschen, der erst durch Erziehung und Zivilisation verformt
werde. In solche Visionen kleideten die Aufklärer ihre Kritik
am gesellschaftlichen und politischen System der Zeit. Dies er-

klärt den Erfolg von Bougainvilles *Voyage autour du monde* und dessen Wirkung.

Dann passierte das tragische Missgeschick auf dieser interessanten und bemerkenswert verlustarmen Reise: Am Great Barrier Reef bog Bougainville ohne wirklich zwingenden Grund nach Norden Richtung Neuguinea ab. Dabei lag Australien, die wahre *Terra australis*, zum Greifen nahe, nur wenige Dutzend Seemeilen entfernt. Wäre Bougainville noch ein kleines Stück in westlicher Richtung weitergefahren, wäre der Ruhm der Entdeckung des Fünften Kontinents ihm und Frankreich und nicht James Cook zugefallen. Da man von Australien noch nichts wusste, war Bougainville, wie alle anderen Weltumsegler vor ihm, blind daran vorbeigefahren. Das epochale Ereignis hatte er denkbar knapp verpasst.

Immerhin konnte der Bordastronom bei einem Zwischenstopp in Neuguinea während einer Sonnenfinsternis den Längengrad berechnen, auf dem sie sich gerade befanden. Dadurch war es erstmals seit der Entdeckung des Pazifiks durch Balboa im Jahr 1513 möglich, die genaue Ausdehnung dieses Ozeans zu berechnen.

Nach seiner Rückkehr wurde Bougainville Privatsekretär des französischen Königs, kämpfte erneut in Nordamerika; diesmal im Unabhängigkeitskrieg aufseiten der Amerikaner gegen die Briten, überstand die Revolution und wurde von Napoleon mit Ehren überhäuft. Die Bougainvilleen sind als Zierpflanzen mittlerweile in vielen subtropischen Gebieten auf der Welt verbreitet. Ihre botanische Heimat ist Südamerika. Ihre Namen erhielten sie von dem eminenten englischen Botaniker Joseph Banks, der als junger Mann bei der folgenden, dieses Mal weltgeschichtlichen Pazifik-Expedition mitfuhr, der ersten Cook-Reise.

Venustransit – James Cooks erste Reise

Angesichts der überragenden seemännischen, entdeckerischen und insbesondere kartografischen Leistungen von James Cook (1728–1779) sind seine Ehrungen auf der Landkarte verhältnismäßig unbedeutend ausgefallen. Am bekanntesten sind heute die kürzlich außer Dienst gestellten Raumfähren, welche nach Cooks Schiffen auf seiner ersten und auf seiner dritten Reise in den Pazifik benannt wurden: die *Endeavour* und die *Discovery*.

Cook war derjenige, der den Pazifik wirklich auf die Landkarte gebracht hat, und er betrat als Erster australischen Boden. Zwei Jahre nach der Abfahrt von Bougainville in Nantes und als Bougainville gerade Australien verpasst und Sumatra erreicht hatte, stach er am 26. August 1768 mit der *HMS Endeavour* von Plymouth aus in See. Es ging um den Venustransit – und anfangs eher nebenbei um die *Terra australis*.

Schon 1716 hatte der Astronom Edmond Halley die Idee aufgebracht, dass man einen Venustransit dazu nutzen könnte, die absolute Entfernung zwischen Sonne und Erde genau zu bestimmen. Bis dahin hatte man ja nicht die geringsten Vorstellungen von Entfernungen im Sonnensystem, geschweige denn im Weltall. Die Richer-Cassini-Messung von 1672 war unbeachtet geblieben. Man fing also fast wieder von vorne an. Den Abstand zur Sonne endlich genau zu messen war für das gerade anhebende naturwissenschaftliche Zeitalter von fundamentalem Interesse. Dafür unternahmen die Astronomen der Aufklärungszeit mit Unterstützung der Politik große Anstrengungen.

Ein Venustransit ist ein relativ seltenes Ereignis, das nur alle gut hundert Jahre beobachtet werden kann, aber dann zweimal im Abstand von acht Jahren. Zuletzt war dies 2004 und 2012 der Fall und wird erst wieder 2117 möglich sein.

Für das Jahr 1631 war ein Venustransit erstmals von Kepler vorausgesagt worden. Da dieser in der Nacht stattfand, war er in Europa nicht zu beobachten gewesen. 1639 hatten lediglich zwei englische Hobbyastronomen den Venustransit verfolgt. Sie waren überrascht, wie klein die Venus vor der Sonnenscheibe erschien. Damals bekam man eine erste Ahnung davon, wie groß das Sonnensystem sein könnte.

Beim nächsten Vorbeizug der Venus vor der Sonne, 1761, taten sich die Astronomen Europas zusammen, um ihre Messungen und Beobachtungen vergleichen zu können, doch der Himmel war bedeckt. Nun hofften alle auf die nächste Chance 1769. Britische Wissenschaftler der Royal Society, der wichtigsten britischen Gelehrtengesellschaft für Naturwissenschaften, bestimmten dafür drei Beobachtungspunkte. Einer sollte möglichst weit entfernt »im Pazifik« liegen. Die Royal Navy erklärte sich bereit, das Unternehmen zu unterstützen und ein Schiff mit Beobachtungsinstrumenten dorthin zu entsenden. Die Führung der Expedition wurde James Cook anvertraut.

Leutnant James Cook war damals 39 Jahre alt. Der Sohn eines Tagelöhners aus Yorkshire hatte sich seit seinem achtzehnten Lebensjahr bei der Marine hochgedient und es bis zum Schiffsführer gebracht. Der hervorragende Kartograf war schon während des Indianerkrieges in Nordamerika gewesen und hatte an Vermessungen des Seegebietes um Neufundland und den Sankt-Lorenz-Strom teilgenommen und durch genaue Karten einen wichtigen Beitrag zum Sieg der Engländer über die Franzosen geliefert. Auch Cook war, wie Bougainville, ein besonnener und gewissenhafter Schiffsführer, kein Abenteurer, stets auf das Wohl seiner Mannschaften bedacht. So setzte er gegen den Willen seiner Besatzungen und gegen Widerstände der Admiralität das »Zitronenessen« durch, das als Mittel gegen Skorbut inzwischen erkannt, aber noch nicht allgemein anerkannt war.

Die *Endeavour* fuhr zunächst an der südamerikanischen Küste entlang. Schon bei der ersten Generalüberholung des Schiffes in Südamerika hatte der mitreisende Botaniker Joseph Banks Gelegenheit zum Botanisieren. Hier entdeckte er für die europäischen Archive unter anderem die noch unbekannte Pflanze, die er später Bougainvillea nannte. Nach dem bewährten Kurs um Kap Hoorn kam die *Endeavour* im April 1769 auf Tahiti an. Dort wurde ein provisorisches Observatorium errichtet und mithilfe der mitgeführten Fernrohre und astronomischen Geräte konnte am 3. Juni der Venustransit wie geplant beobachtet werden. Cook wandte sich dem zweiten Zweck der Reise zu – *Terra australis*. Im Juli wurde die Fahrt nach Neuseeland fortgesetzt. Wie bei Tasman und Bougainville gebärdeten sich die Maori feindselig, sodass sich Cook mit dem Kartografieren der Küste begnügte und ansonsten Kurs auf das seit Tasman schon bekannte Van-Diemen-Land (Tasmanien) nahm – immerhin ein Anhaltspunkt. Ein Sturm verschlug das Schiff weiter nach Norden, Land kam in Sicht, Cook segelte am 29. April 1770 in eine wunderbare Bucht – Botany Bay, heute ein Stadtteil von Sydney.

Da die *Endeavour* gründlich überholt werden musste, nutzten die mitgereisten Botaniker die drei Wochen Aufenthalt natürlich erneut zum Botanisieren. Der damals 27-jährige Joseph Banks, Spross einer englischen Landadelsfamilie, interessierte sich anders als die meisten seiner Standesgenossen schon in seiner Jugend für Natur und Pflanzen. Er nahm auf eigene Kosten an Cooks Expedition teil und hatte sogar einen eigenen Pflanzenzeichner dabei, der selbst ein renommierter Botaniker war. Wie in Südamerika und auf Tahiti widmeten sich die beiden der jeweiligen Flora und Fauna. Gemeinsam beschrieben sie Tausende Arten von Pflanzen sowie Tieren und Insekten – auch dies eine Erweiterung des wissenschaftlichen Weltbildes.

Durch seine Beteiligung an der ersten Cook-Reise wurde Banks schlagartig berühmt. Unter anderem wurde er Mitglied der Schwedischen Akademie der Wissenschaften. Schweden war während der Aufklärungszeit das führende Land in Sachen Botanik, hauptsächlich wegen des großen Taxonomen Linné. Mit Mitte dreißig wurde Banks zum Präsidenten der Royal Society gewählt, eine Position, die er ausgezeichnet ausfüllte und 41 Jahre lang innehatte. Als botanischer Berater des englischen Königs für Kew Gardens, den Botanischen Garten

Londons und bis heute eine der wichtigsten botanischen Institutionen weltweit, hatte er jahrzehntelang wesentlichen Einfluss auf die Pflanzenpolitik. Aus den neu entdeckten Ländern strömten schon damals und vermehrt unter Banks' Regie Unmengen neu entdeckter Pflanzen nach Kew Gardens, nicht zuletzt, weil Banks Abenteurer und Forscher als Pflanzensammler und regelrechte Pflanzenjäger mit gezielten Aufträgen in alle Welt aussandte. Man verfolgte in Kew Gardens nicht nur rein wissenschaftliche Interessen, sondern die Engländer hatten den wirtschaftlichen Nutzen von Pflanzen als wertvolle Rohstoffe klar erkannt: Nahrungs- und Genussmittel, Holz, Heilpflanzen.

Als überaus einflussreicher Pflanzenpolitiker initiierte Banks später die Verpflanzung des Chinarindenbaums aus den Anden in andere tropische Gegenden. Aus bestimmten Arten des Chinarindenbaums wurde und wird das Malariamittel Chinin gewonnen. Dies war vor allem für die Europäer überlebensnotwendig in den Tropen. Praktisch war es Banks, der George Vancouver auf seine Forschungsreise an die nordamerikanische Pazifikküste entsandte. Banks' Idee war der berühmte, aber im Ergebnis missglückte Brotfruchtbaum-Transfer von Kapitän Bligh mit der *Bounty*. Von ihm stammt auch der Vorschlag, englische Strafgefangene in die Verbannung nach Australien zu schicken. Sie wurden dort die ersten weißen Siedler.

James Cook nannte das neu entdeckte Land New South Wales – so heißt heute noch der australische Bundesstaat, zu dem Sydney gehört. Dann trat die *Endeavour* mit reicher wissenschaftlicher Ausbeute über Batavia und Kapstadt die Rückfahrt nach England an. Ankunft: 13. Juli 1771.

König Georg III. beförderte Cook umgehend zum Commander. New South Wales entwickelte sich alsbald zu einer britischen Kolonie. Über Australien insgesamt war jedoch noch immer keine endgültige Klarheit gewonnen. Und von der *Terra australis*, welche man sich nicht nur als große Landmasse, sondern auch als fruchtbaren Kontinent vorstellte, hatte man nichts gesehen.

Terra australis – James Cooks zweite Reise

Nach dem außerordentlichen Erfolg von Cooks erster Reise hatten sowohl die Wissenschaftler der Royal Society als auch die Royal Navy jedes Interesse, eine zweite Fahrt großzügig auszurüsten. Nunmehr war die Suche nach dem legendären Südkontinent *Terra australis* erklärtes Hauptziel der Expedition, für die zwei Schiffe eingesetzt wurden. Zur Abwechslung fuhr James Cook 1772 von Plymouth aus nicht quer über den Atlantik nach Kap Hoorn, sondern an Afrika entlang zum Kap der Guten Hoffnung. Der Pazifik sollte also zum ersten Mal von West nach Ost befahren werden.

Südöstlich von Afrika tauchte Cook mit der *Resolution* in sehr tiefe Breiten ab; erstmals überquerten europäische Schiffe am 17. Januar 1773, im Südsommer, den südlichen Polarkreis. Im antarktischen Nebel verloren sich die beiden Schiffe aus den Augen. Das zweite Schiff kehrte wohlbehalten auf dem Ostkurs nach England zurück. Cook setzte ebenso wohlbehalten seine Pazifikfahrt in östlicher Richtung fort. Am 30. Januar 1774 war auf dem 71. Breitengrad der südlichste Punkt erreicht (auf der Nordhalbkugel liegen Nord-Alaska, das Nordkap und das nördliche Sibirien auf der entsprechenden nördlichen Breite). Tief im Süden zwang Packeis, wieder nordwärts zu fahren. Die Antarktis blieb unentdeckt.

Cook kreuzte noch bis zum Sommer 1775 in den südlichen Seegebieten des Pazifik zwischen Neuseeland, Tahiti und den Osterinseln und entdeckte auf der Rückfahrt im Südatlantik einige kleinere Inseln. Er kehrte mit reichhaltigerem und genauerem Kartenmaterial als je zuvor aus den Südozeanen zurück und außerdem mit der Gewissheit, dass es einen bewohnbaren und fruchtbaren Südkontinent auf der Südhalbkugel nicht gab, wie es jahrhundertelang auf sämtlichen Weltkarten eingezeichnet war. Auch dieses »negative« Ergebnis muss man als wichtigen Erkenntnisgewinn für das globale Weltbild verbuchen, und es wird bei der Würdigung von Cooks Reisen leicht unterschätzt. *Terra australis* konnte von den Weltkarten verschwinden.

Georg Forsters *Reise um die Welt*

Mit an Bord von Cooks *Resolution* befanden sich auf dieser zweiten Cook-Reise die beiden Deutschen Johann Reinhold Forster und Georg Forster (1754–1794), Vater und Sohn. Der Vater, ein geologisch und geografisch interessierter, schottischstämmiger Pastor aus Danzig, hatte seinen elfjährigen Jungen schon 1765 auf eine Forschungsreise an die Wolga mitgenommen und war anschließend mit ihm nach England übersiedelt. Der außerordentlich sprachbegabte Georg veröffentlichte hier als 13-Jähriger seine Übersetzung eines historischen Werkes aus dem Russischen.

Auf Einladung der britischen Admiralität nahmen die beiden Forsters bei dieser Reise den Part als wissenschaftliche Begleiter ein, den vorher Joseph Banks innegehabt hatte: Sie sollten naturkundliche Gegenstände (Mineralien, Muscheln) sowie Pflanzenpräparate sammeln und Pflanzen zeichnen (anfänglich Georgs Hauptaufgabe), außerdem völkerkundliche Aufzeichnungen machen und diese durch Stücke wie beispielsweise Masken, Schmuck, Werkzeuge und Kleidung ergänzen. (Die Ethnologische Sammlung der Universität Göttingen hütet heute einen Kernbestand davon.) Vater Forster war mehr an Objekten interessiert und lieferte später eher wissenschaftliche Berichte ab, doch Georg Forster war ein einfühlsamer und vorurteilsfreier Beobachter der Sitten und Gebräuche der Völker auf den von Cook besuchten Inseln und vermochte sie in geschliffener Sprache zu Papier bringen. Vor allem fiel ihm auf, wie eng die Sprachen in der Südsee auf den weit auseinanderliegenden Inseln miteinander verwandt waren, und wie viele Ähnlichkeiten der alltäglichen wie der kultischen Gebräuche und religiösen Vorstellungen es gab. (In der Tat war der sehr ausgedehnte pazifische Raum im Zuge der austronesischen Expansion seit ca. 1000 v.Chr. in mehreren Wellen von Borneo, Sumatra, Java aus besiedelt worden; die entlegensten Teile, Hawaii und die Osterinsel wohl erst um 300 n.Chr.)

Georg Forster veröffentlichte 1777 seinen für das Publikum geschriebenen Bericht *Reise um die Welt*, der sofort bei den deutschen Aufklärern allgemeine Anerkennung fand und den jungen Forster berühmt machte. In England wurde der 23-Jährige sogar in die Royal Society aufgenommen.

Der mit Joseph Banks, allen bedeutenden deutschen Aufklärern und den Weimarer Klassikern bestens vernetzte Forster bekleidete anschließend Professuren in Kassel und Litauen (das ihm überhaupt nicht gefiel), plante eine von Zarin Katharina der Großen finanzierte weitere Südpazifik-Expedition, die sich zerschlug, und unternahm gemeinsam mit Alexander von Humboldt eine Rheinreise bis nach Holland. Der politisch im Sinne der Französischen Revolution engagierte Forster starb nach einem äußerst bewegten Leben noch nicht vierzigjährig während der Schreckensherrschaft Robespierres in Paris. Nur wenige Deutsche vor ihm dürften so viel von der Welt gesehen haben.

Hawaii – Cooks letzte Entdeckung und Verhängnis

Der mittlerweile fast 50-jährige Cook bot selbst an, noch einmal auf eine pazifische Erkundungsfahrt zu gehen, was ihm niemand verweigerte. Das Thema Nordwestpassage war erneut in den Vordergrund gerückt – angesichts des zunehmenden Umfangs der Frachten und der Unsicherheit der langen Seewege eine immer noch nicht endgültig ausdiskutierte Perspektive. Der China-Handel der British East India Company hatte enorm zugenommen, vor allem die chinesischen Tee-Exporte, da Tee auch in den Neuenglandstaaten Amerikas sehr begehrt war. Ein Viertel aller in den Kolonien erwirtschafteten Erträge floss wegen des Tees via London in die chinesische Staatskasse. Aber auch Porzellan und Seide sowie Baumwolltuch aus Indien waren in Europa begehrt. (Die amerikanischen Südstaaten lieferten noch keine Baumwolle.) Dass Bering die Meerenge zwischen Sibirien und Alaska 1728 entdeckt hatte, war bekannt – mehr aber auch nicht, denn die russische Regierung hatte alle Berichte und Karten unter Verschluss gehalten. Staatsgeheimnis, weil man in Russland sehr gut wusste, wie lukrativ ein direkter europäisch-chinesischer Handel für das Zarenreich werden könnte, falls er sich nautisch darstellen ließe. Dann wären St. Petersburg und Archangelsk eine Drehscheibe des Welthandels geworden wie früher Lissabon, Antwerpen, Amsterdam und augenblicklich vor allem London.

In Kapstadt stieß die *HMS Discovery* unter Leutnant Charles Clerke im Dezember 1776 zu Cooks *Resolution*. Ein Jahr lang durchkreuzten die beiden Schiffe wieder den südlichen Pazifik mit Aufenthalten in Neuseeland, Tonga und Tahiti. Zu Anfang des folgenden Jahres landeten sie, auf striktem Nordkurs fahrend, auf Kaua'i, einer der Hawaii-Inseln. Auch diese sind von Polynesiern besiedelt, Cook ist ihr europäischer Entdecker. Seit dem Frühjahr 1777 erkundete Cook ab der Höhe von Oregon die nordamerikanische Westküste, den heute kanadischen Teil und rund um Alaska und die Aleuten bis in die Beringstraße. Dort war allerdings in jenem Jahr selbst im Sommer wegen des Eises kein weiteres Durchkommen. Der einsetzende Winter zwang Ende Oktober 1778 zum Rückzug nach Hawaii. Hier überwinterten die beiden Schiffe. Die Beziehungen zu den zunächst gastfreundlichen Hawaiianern verschlechterten sich im Februar 1779, nachdem die Engländer wegen der Beerdigung eines Matrosen an einer heiligen Stätte unabsichtlich einen Tabubruch begangen hatten. Aufgrund weiterer Missverständnisse kam es Tage darauf am Strand zu einem größeren Handgemenge, in dessen Verlauf Cook erstochen wurde.

George Vancouver
an der amerikanischen Westküste

Der Brite George Vancouver (1757–1798) war als Steuermann bereits auf der *Discovery* mitgefahren. Ihm vertraute die Royal Navy 1791 die Erforschung und genaueste Kartierung der westamerikanischen Pazifikküste an. Vancouver erreichte sein Zielgebiet über die Südafrika-Australien-Neuseeland-Tahiti-Hawaii-Route. In den folgenden beiden Jahren überwinterte er mit seinen Schiffen stets auf Hawaii. Das Kapitänsschiff war übrigens ein Nachbau von Cooks *Discovery* und genauso benannt.

Vancouver landete etwas nördlich von San Francisco und fuhr langsam an den Küsten der heutigen US-Bundesstaaten Oregon und Washington nach Norden. Das Kartografieren der einzelnen Buchten – in teilweise sehr seichten Gewässern – nahm viel Zeit in Anspruch.

Bisher hatte noch niemand Besitzansprüche auf das gewaltige Oregon-Territorium erhoben. Das tat auch nicht der erste amerikanische Weltumsegler Robert Gray, der gleichzeitig mit Vancouver hier auftauchte und vierzehn Tage später den Columbia River entdecken sollte (und nach seinem Schiff benannte). Vancouver und Gray begrüßten sich herzlich.

Die Vereinigten Staaten von Amerika bestanden damals nur aus den Ostküstenstaaten, welche die Unabhängigkeitsbewegung vorangetrieben hatten. Die Unabhängigkeit war gerade erst zehn Jahre zuvor 1783 von Großbritannien anerkannt worden. Von dieser Ostküste kam Gray. Zwischen der amerikanischen Ostküste und der Westküste dehnte sich allenfalls französischer und spanischer Kolonialbesitz – von Weißen dünnst besiedeltes Niemandsland. Auf die Tatsache, dass Gray den gerade Columbia benannten Fluss von dessen Mündung ein Stück landeinwärts befahren hatte, gründete später die US-Regierung ihren Anspruch auf das Oregon-Territorium.

Nach der freundschaftlichen Begegnung mit Gray bewegte sich Vancouver weiter im küstennahen Seegebiet, wo heute die Staatsgrenze zwischen Kanada und den USA verläuft. Dann fuhr er in jene Bucht, an der heute die kanadische Großstadt liegt, die seinen Namen trägt. Auch die unmittelbar vorgelagerte Pazifikinsel, die dreimal so groß wie Zypern ist, umrundete er. Obwohl er sie nicht entdeckt hat, wurde sie nach ihm Vancouver Island genannt.

Vancouver überwinterte noch zweimal auf Hawaii und setzte jeweils im Sommer seinen Auftrag an der Westküste fort. 1794 trat er via Kap Hoorn die Heimreise an und vollendete seinerseits seine Weltumrundung im Herbst 1795. Daheim sah er sich wegen seiner angeblich autoritären Schiffsführung zahlreichen Anfeindungen ausgesetzt und starb im Alter von vierzig Jahren, bevor er seinen Reisebericht vollenden konnte.

Seine Karten waren so genau, dass sie lange Zeit Gültigkeit hatten, jedoch entdeckte er weder den Columbia River noch den für jene Region wichtigen Fraser River, der bei Vancouver in den Pazifik mündet.

Australien

Auf Veranlassung von Joseph Banks begleitete oder leitete der Brite Matthew Flinders (1774–1814) mehrere Expeditionen in den Pazifik. Dabei diente er einmal unter Kapitän Bligh (1791–1793 auf der *Providence*, nicht auf der *Bounty*), ein anderes Mal (1801–1802) war der damals noch junge John Franklin, Flinders Neffe, sein Steuermann, der später bei der Suche nach der Nordwestpassage so tragisch scheiterte.

Flinders war einer der besten Navigatoren und Kartenzeichner seiner Zeit. In den Jahren 1802 und 1803 umrundete er als Erster den fünften Kontinent, womit der Nachweis für dessen Lage und Ausdehnung endgültig erbracht war. Flinders kartografierte große Teile der Küste, den Süden, Osten und Nordosten, nur den Nordwesten und Westen umrundete er in größerem Abstand. Australien war nun endgültig auf den Weltkarten verankert.

Solch eine Pioniertat erfordert außergewöhnliches navigatorisches Geschick, da es eben noch keinerlei Karten gab, auf denen Sandbänke, Untiefen, Strudel oder Riffe verzeichnet gewesen wären. Eine Kartografie-Reise ist eine veritable Entdeckungsreise. Flinders war damals noch keine dreißig Jahre alt. Mit an Bord dieser Expedition befanden sich auch wieder zwei *botanical gentlemen*; einer von ihnen war der bedeutende österreichische Pflanzenmaler Ferdinand Bauer. Dessen 1813 veröffentlichtes Tafelwerk trug noch den Titel *Illustrationes Florae Novae Hollandiae*.

Flinders war derjenige, der »Australien« als Namen des fünften Kontinents vorschlug. Bis dahin war der Kontinent – mit teilweise vagen Umrissen – immer noch als »Neuholland« eingetragen. Seine Reisebeschreibung *A Voyage to Terra Australis* erschien erstmals 1816 auf Deutsch unter dem sprechenden Titel *Reise nach dem Austral-Lande in der Absicht, die Entdeckung desselben zu vollenden* ... Flinders starb 1814 im Alter von vierzig Jahren, einen Tag nach der Veröffentlichung seiner Australienkarte.

Zu Flinders Zeit war Australien, abgesehen von der Strafkolonie Sydney, von Weißen noch völlig unbesiedelt. Als zweite Siedlung entstand – ebenfalls als britische Strafkolonie – 1824 Brisbane im heutigen Bundesstaat Queensland auf Höhe des Great Barrier Reef. Perth folgte 1829, Melbourne nahm 1835 seinen Anfang, Adelaide 1836. Teilweise wurden die umgebenden Territorien als selbstständige Kolonien geführt oder verstanden sich so. Das Innere Australiens blieb, wie das Innere Afrikas, noch lange unbekannt.

DIE NEUE NATURWISSENSCHAFT

Makrokosmos – Mikrokosmos

Die Cassini-Arbeiten der Landvermessung Frankreichs waren erst 1793 zu ihrem endgültigen Abschluss gekommen. Überall in Europa gab es inzwischen weitere Landaufnahmen. Mit der systematischen Anwendung der Triangulation und der zuverlässigen Bestimmung des Längengrades Ende des 18. Jahrhunderts gab es keine wesentlichen Neuerungen in der klassischen Kartografie mehr. Nur die Detailgenauigkeit der Messungen wurde noch gesteigert.

Aber seit Galileis bahnbrechenden ersten Blicken durch das Fernrohr änderte sich auch sonst das naturwissenschaftliche Weltbild durch weitere, geradezu umwälzende Erkenntnisse über Himmel und Erde.

Der Delfter Linsenschleifer Leeuwenhoek (1632–1723) machte mit der Erfindung des Mikroskops ebenso ungeahnte Entdeckungen im Mikrokosmos wie die Astronomen um 1608/1609 mit dem Teleskop im Makrokosmos. Leeuwenhoeck sah als Erster Amöben und Bakterien im Wasser von Teichen oder im menschlichen Speichel, die er als Bazillen, Kokken und Spirillen beschrieb, sowie die roten Blutkörperchen.

Der Ire Robert Boyle (1626–1691) erkannte den Zusammenhang zwischen dem Luftdruck und dem Volumen von Gasen und entwickelte ein erstes Verständnis von chemischen Elementen in dezidierter Abkehr von der aristotelischen Vorstellung von Wasser-Erde-Feuer-Luft. Evangelista Torricelli (1608–1647) entwickelte das Barometer zur Messung des Luftdrucks.

Der Franzose Blaise Pascal (1623–1662) erfand eine Rechenmaschine und wies nach, dass man ein Vakuum herstellen kann, was laut Aristoteles unmöglich sein sollte. Seit Conrad Gesner (1516–1565), einem Schweizer Arzt und Naturforscher, hatte man auch damit begonnen, Pflanzen analytisch zu beschreiben und in Pflanzenarten einzuteilen. Die allmähliche Entwicklung der Botanik zu einer Wissenschaft war in der Renaissance vor allem das Werk deutscher, niederländischer und französischer Gelehrter.

Um 1550 begründete der sächsische Universalgelehrte Georg Agricola (1494–1555) praktisch im Alleingang die Mineralogie, indem er die physikalischen Eigenschaften (Farbe, Form, Gewicht, Glanz) von Gesteinen und Kristallen systematisch beschrieb und sie klassifizierte, wie Linné später das Pflanzen- und Tierreich klassifizierte. Kristalle und Edelsteine waren seit Jahrtausenden mit magischen Kräften, übersinnlichen Erfahrungen und allerlei Zuschreibungen verbunden und ein fester Bestandteil des alten kosmischen Weltbildes. Denn die Kräfte der Steine standen natürlich in Verbindung mit den Sternen.

Isaac Newton (1643–1726) baute das erste Spiegelteleskop, erklärte die Zerlegung des Lichts in Regenbogenfarben durch Prismen, irrte aber bei der Annahme, das Licht bestehe aus »Korpuskeln«. Newton legte die Grundlagen der klassischen Mechanik und bestätigte die Keplerschen Gesetze durch die Gravitationsgesetze, wodurch sich die gesamte Himmelsmechanik im Sonnensystem mathematisch erklären und berechnen lässt. Gleichzeitig mit Leibniz (1646–1715) begründete er die Infinitesimalrechnung. In seiner Freizeit, vor allem nachts, beschäftigte sich der physikalische Erzaufklärer Newton allerdings noch intensiv mit Alchimie auf der Suche nach dem »Stein der Weisen«. Der Engländer gilt als das bedeutendste physikalische und mathematische Genie überhaupt. Seine physikalischen Grundvorstellungen vom absoluten Raum und absoluter Zeit wurden erst durch Einsteins Relativitätstheorie relativiert. Newton war kein verkanntes Genie. Seit 1703 war er bis an sein Lebensende

Präsident der Royal Society, und er wurde in der Westminster Abbey in einem pompösen Grabmal beigesetzt. Alexander Pope, der größte englische Dichter seiner Zeit, entwarf die Inschrift auf Newtons Grabstein: *Nature and Nature's Law lay hid in Night. God said: »Let Newton be!« and all was Light* (»Natur und der Natur Gesetz waren ins Dunkel gehüllt. Gott sprach: ›Es werde Newton!‹ und es ward Licht«).

So weit gediehen die physikalisch-mathematischen Wissenschaften in den hundert Jahren von 1600 bis 1700.

Wissenschaftliche Akademien

Galilei gilt als Prototyp des modernen Wissenschaftlers, obwohl es zu seiner Zeit streng genommen noch keine Wissenschaftler im heutigen Sinne gab. Galilei, Brahe, Kepler waren »Hofastronomen«, also Höflinge, so wie Musiker von Bach bis Mozart Hofmusiker und viele Maler und Architekten des Barock Hofkünstler waren. Dank der Anstellung am Fürstenhof, oft verbunden mit der großzügigen Ausstattung der Observatorien, konnten sich die Astronomen ganz der wissenschaftlichen Arbeit widmen – waren allerdings auch auf die Gunst »ihres« Fürsten angewiesen. Gelegentlich, wie im Falle von Huygens, gab es noch den Privatgelehrten.

Zum Selbstverständnis des modernen Wissenschaftlers gehört, dass er an eine Institution gebunden ist. Die 1603 gegründete Accademia dei Lincei, der Galilei mit großem Stolz angehörte, war eher eine private Sponsoreninitiative, die nach dem Tod ihres adeligen Gründers rasch an Bedeutung verlor. Die Royal Society in London (1662) und die 1667 von Ludwig XIV. begründete Académie des sciences wurden dann die in Europa bedeutendsten Institutionen, die Schaltzentralen der naturwissenschaftlichen Forschung. Vor allem in Frankreich war der Wissenschaftsbetrieb eng an die Akademie gebunden. Die Frankreich-Vermessung der Cassinis war ein Hauptprojekt der

Académie des sciences genauso wie die Meridian-Expeditionen nach Lappland und Peru in den 1730er- und 1740er-Jahren und selbstverständlich die Sternwarte von Paris, die vor der Revolution immer von einem Cassini geleitet wurde. Die Akademien betrieben Empirie und Experiment und emanzipierten die Naturforschung aus dem Umfeld der traditionellen universitären Gelehrsamkeit. Dort waren die Naturwissenschaften nur Anhängsel der »Philosophie« (damals im Sinn von Universalgelehrsamkeit gemeint) und Theologie. An den Universitäten konnte man Buchwissenschaften wie Theologie oder Jurisprudenz studieren. Auch Medizin war in jener Zeit – leider – eine Buchwissenschaft. Bis sie im 19. Jahrhundert reformiert wurden, blieben die Universitäten im Grunde mittelalterlich.

Daher rührt die große Bedeutung der Akademien in der Aufklärungszeit. Die älteste deutschsprachige Akademie ist die zunächst als private Gelehrtengesellschaft 1652 in Schweinfurt gegründete Leopoldina. Sie wurde 1687 vom habsburgischen Kaiser Leopold bestätigt. (Unter dessen Herrschaft war wenige Jahre zuvor, 1683, die zweite Türkenbelagerung Wiens zurückgeschlagen worden.) Seit 1878 hat die Leopoldina ihren Sitz in Halle.

Die Preußische Akademie der Wissenschaften wurde im Jahr 1700, wenige Monate vor der Krönung Friedrichs I. zum König von Preußen, gegründet. Sie umfasste sowohl Natur- also auch Geisteswissenschaften. Ihr erster Präsident war der aus Leipzig stammende Leibniz, der nach der Erfindung seiner Walzenrechenmaschine auch Mitglied der Royal Society war. Die Gründung der Russischen Akademie der Wissenschaften 1724 durch Peter den Großen war Teil der Reformbemühungen des Zaren. Sie hatte besonders viele ausländische Mitglieder, erstellte schon 1745 die erste vollständige geografische Karte Russlands und initiierte die Forschungsexpedition unter der Leitung von Vitus Bering. Die Schwedische Akademie der Wissenschaften, die heute die Nobelpreise vergibt, wurde 1739 gegründet.

Phlogiston

Phänomene wie Elektrizität, Magnetismus und Mesmerismus faszinierten inzwischen die Menschen, und es gab allerlei »Experimente«, die in den Salons teilweise wie Zauberkunststücke zum Ergötzen der Zuschauer vorgeführt wurden. Für die damalige »Chemie« bestimmend war die seit etwa 1670 formulierte und vor allem im 18. Jahrhundert vorherrschende Phlogistontheorie über die Verbrennung. Sie stammte aus der Gedankenwelt der Alchimie und fußte noch auf der antiken Elementenlehre. Ihre wesentlichen Protagonisten Johann Joachim Becher und Georg Ernst Stahl hatten ein feuriges Element namens Phlogiston postuliert, das in aller Materie und allen Körpern in unterschiedlichem Maß vorhanden sei. Man hatte beobachtet, dass Kohle und Schwefel rückstandslos verbrennen und vermutete, dass sie sehr viel Phlogiston enthielten, welches sich bei der Verbrennung verflüchtige. Gold und Silber veränderten sich hingegen nicht; sie enthielten demnach kein Phlogiston und galten wegen ihrer chemischen Unveränderbarkeit als besonders edel. Bei anderen Stoffen blieb Asche als »phlogistonfreier« Rückstand übrig. Das feurige Element Phlogiston sollte ebenfalls bei Gärung, Verwesung und Rostansatz eine Rolle spielen.

Mit der Phlogistontheorie ließen sich nach damaligem Wissensstand viele Phänomene plausibel erklären. Obwohl Phlogiston partout nicht isoliert werden konnte, war die Theorie ein Ansatz, alle Verbrennungsvorgänge aus einer Ursache heraus zu erklären und hat dadurch die »chemische« Forschung wesentlich vorangebracht. Die richtigen Erkenntnisansätze der modernen Chemie bei Boyle, Lavoisier und Priestley entstanden später jedoch in dezidiertem Widerspruch zur Phlogistontheorie. Erst Lavoisier konnte 1785 zeigen, dass es sich bei der Verbrennung um eine chemische Reaktion mit Sauerstoff (Oxidation) handelt.

Neptunismus und Vulkanismus

Wie schwierig Naturerkenntnis in jener Zeit selbst für einen Mann wie Goethe war, der sich intensiv für »Naturkunde« interessierte, zeigt eine Stelle im *Faust*. In der Nachtszene des *Faust I* lässt er Faust sagen:

»Geheimnisvoll am lichten Tag / lässt sich Natur des Schleiers nicht berauben, / und was sie deinem Geist nicht offenbaren mag, / das zwingst du ihr nicht ab mit Hebeln und mit Schrauben.«

Damals hatte man sich zwar schon einige Naturkräfte wie die Dampfkraft dienstbar gemacht, aber elementare Naturvorgänge wie Pflanzenwachstum, Elektrizität, Krankheitsentstehung, Vererbung waren immer noch vollkommen unverstanden. Einige wenige begannen gerade erst zu begreifen, dass die Welt älter sein musste als die ungefähr siebentausend Jahre, die man bisher aus einigen Angaben in der Bibel »berechnet« hatte.

Als der *Faust* nach langer Entstehungszeit im Jahr 1808 schließlich erschien, war Goethe immerhin fast sechzig, und trotz seines großen eigenen Interesses an Naturkunde und obwohl er als Staatsminister und Akademiemitglied eigentlich hätte wohlinformiert sein müssen, erstaunt es immer wieder, wie uninformiert und unmodern er im Hinblick auf die aktuellen Trends in den Wissenschaften zeit seines Lebens blieb.

Eine besondere Vorliebe hegte Goethe für die Geologie. Man fragte sich bereits seit Langem, wie Muschelabdrücke oben auf die Berge kamen, beispielsweise im Harz, wo Goethe gern wanderte. Im 18. Jahrhundert gab es zwei Erklärungstheorien zur Entstehung der Gebirge und Gesteine.

Gemäß der »Neptunismus« genannten Theorie von Abraham Gottlob Werner (1749–1814) entstanden »uranfängliche« Gesteinsschichten wie Granit, Gneis in einem Urozean durch Kristallisation und Ausfällung im Wasser bei gleichzeitigem Rückgang und Verdunstung der Meere. Also im Grunde ein

Ablagerungsvorgang auf dem Meeresboden. Durch Verdunstung »hob« sich das so entstandene Festland aus dem Wasser und war anschließend der Erosion ausgesetzt. Nicht befriedigend erklärt werden konnte die Entstehung vulkanischer Gesteine wie Bims, Tuff und Lava. Der Sachse Werner unterrichtete in Freiberg und war eine wissenschaftliche Berühmtheit seiner Zeit. Goethe und viele andere eilten nach Freiberg, um seine Vorlesungen zu hören, und Goethe war ein Anhänger des Neptunismus. Von allen damals herrschenden Theorien war diese die rückständigste. Sie wurde schon durch Alexander von Humboldt widerlegt, der beispielsweise zeigte, dass Basalt und Porphyr vulkanischen Ursprungs sind.

Im bewussten Gegensatz zum Neptunismus behauptete der »Vulkanismus« die Entstehung der Gesteine aus vulkanischer Aktivität. Entwickelt wurde diese Theorie von dem Schotten James Hutton um 1790. Wie wir heute – sehr viel besser – wissen, war dieser Theorieansatz der richtigere. Hutton hatte schon eine Ahnung von der langen Dauer und der fortwährenden Dynamik der geologischen Prozesse.

Montgolfier – Die Welt von oben

Seit der Antike hatte man Erde, Wasser, Feuer und Luft, teilweise noch den »Äther«, für die Urelemente der materiellen Welt gehalten. Diese naive naturkundliche Anschauung war von den Alchimisten der frühen Neuzeit noch einmal bedeutend aufgefrischt und zu einem komplexen System von Bezügen bis hin zu den Planeten und Tierkreiszeichen ausgebaut worden, wonach alles mit allem gemischt war und irgendwie in Verbindung stand. Im alten China und dem von ihm beeinflussten Kulturkreis gab es ähnliche Vorstellungen.

In den letzten beiden Jahrzehnten vor der Französischen Revolution begannen Männer in gepuderten Perücken, Zeitgenossen von Goethe und Mozart, die Welt der Materie und der

Natur systematisch zu erforschen und damit dem jahrtausende-alten naturkundlichen Aberglauben den Garaus zu machen. Sie machten nun ebenfalls eine Fülle von »Entdeckungen« – wie zuvor die Seefahrer. Man begriff, dass man »Natur« und Natur-erscheinungen wie die Elektrizität auf ganz neue Art nutzen konnte. Das galt selbst für die »Luft«.

Der Heißluftballon der Brüder Joseph Michel und Jacques Étiennne Montgolfier war das erste funktionierende Luftfahr-zeug überhaupt.

1740, im Geburtsjahr von Joseph Michel, hatten sowohl Friedrich II. als auch Maria Theresia als junge Herrscher ihre Throne bestiegen. 1783, zum Zeitpunkt der ersten Luftreise des Ballons, war Joseph also 43 Jahre alt, der 1745 geborene Jacques Étienne 38. Beide waren Erben einer Papierfabrik in Annonay bei Lyon, die sich bereits seit Generationen im Familienbesitz befand. Die Verfügung über reichlich Papier zur Herstellung und zum Abdichten der Ballonhülle war eine der praktischen Voraussetzungen für dieses kühne Experiment. Im Übrigen handelte es sich auch noch um hübsch bedrucktes Tapeten-papier, wie die zeitgenössischen Darstellungen zeigen.

Wie der Name sagt, wird beim Heißluftballon der Auftrieb durch heiße Luft erzeugt. Die Montgolfiers glaubten zunächst, dass der Rauch, der bei der Verbrennung entsteht und in der Luft aufsteigt, für den Auftrieb sorgt. Dass jedoch die durch das Erhitzen leichter gewordenen Gase in der Ballonhülle den Auf-stieg ermöglichten, war nicht gleich klar.

1783 machte Jacques Étienne Montgolfier selbst die ersten kleinen Flughüpfer mit dem Ballon. Eine erste öffentliche Vor-führung des Montgolfier-Experiments fand am 4. Juni im Hei-matort Annonay der Brüder statt. Daraufhin folgte eine Ein-ladung von König Ludwig XVI. zu einer Demonstration in Paris. Der Auftrag lautete: Lassen Sie drei verschiedene Tiere in den Himmel auffahren und bringen Sie diese sicher auf die Erde zurück. Man hatte ja keinerlei Vorstellung, wie die Atmo-sphäre in größerer Höhe beschaffen war. Wie bei der Landvermessung und den astronomischen Beobachtungen nahm auch hier der Königshof lebhaften Anteil – teils aus wissenschaftlichem, teils aus strategischem Interesse, teils aus Neugier und zur Steigerung des Prestiges und als Auftraggeber. Frankreich war damals, wenige Jahre vor der Revolution und trotz aller Adelsdekadenz, neben Großbritannien immer noch die führende Nation in Europa, auch und gerade auf technischem und naturwissenschaftlichem Gebiet.

So geschah es schon am 19. September 1783, dass ein Hammel, ein Hahn und eine Ente im Schlosspark von Versailles wohlbehalten wieder landeten. Unter den Zuschauern war neben dem König auch die Königin Marie-Antoinette. Es war eine Sensation: die Verwirklichung eines lang gehegten Menschheitstraums – ganz ähnlich wie die beginnende Raumfahrt um 1960 und vor allem die epochale Mondlandung.

Am 15. Oktober 1783 stieg der junge französische Physiker Rozier als erster Mensch mit einem Ballon auf. Der Ballon wurde dabei noch mit Seilen gehalten, stieg also nur in die Höhe. Rozier war am 21. November auch der erste wirkliche Luftfahrer, zusammen mit dem Offizier D'Arlandes. Sie blieben eine knappe halbe Stunde in der Luft und legten etwa zwölf Kilometer zurück. Damit war die dritte Dimension erobert. Die Menschen konnten die Welt aus der Vogelperspektive betrachten – wie man es bei Karten auch tut.

Rozier experimentierte später mit anderen Ballons und stürzte 1785 mit einem Wasserstoff-Ballon ab, als dieser bei dem Versuch, den Ärmelkanal zu überqueren, Feuer fing. So wurde der erste Luftfahrer auch das erste Unfallopfer der Luftfahrt.

Übrigens: Die Firma Montgolfier existiert heute noch in Annonay und produziert nach wie vor hochwertiges Papier (www.canson.com). Die erste Nonstop-Erdumrundung in einem Ballon gelang erst dem Schweizer Bertrand Piccard im März 1999.

Die neue Chemie

Um 1775 lag etwas in der Luft. Der englische Theologe und Prediger Joseph Priestley (1733–1804) hatte schon seit Längerem mit verschiedenen Gasen experimentiert. Am 1. August 1774 veröffentlichte er einen Artikel über ein Gas, das Verbrennungsvorgänge stark fördert. Der führende französische Naturforscher Lavoisier lud Priestley daraufhin nach Paris ein; diverse Experimente wurden dort 1776 wiederholt. Fast gleichzeitig mit Priestley waren er selbst, der schwedische Apotheker Scheele und der französische Pharmazeut Bayen diesem Gas auf die Spur gekommen.

Neben bestimmten Verbrennungsvorgängen hatte man bereits erkannt, dass Tiere in geschlossenen Glasbehältern nicht überleben konnten, Pflanzen hingegen schon. Priestley nannte das von ihm isolierte Gas »dephlogisitierte Luft«, bei Scheele hieß es »Feuerluft«. (Phlogiston hielt man im 18. Jahrhundert für die »feurige« Substanz, die allen brennbaren Körpern innewohnt.)

Der französische Rechtsanwalt und Leiter der französischen Pulververwaltung Antoine de Lavoisier (1743–1794) erkannte nun als Erster die wahren Zusammenhänge bei jeder Art von Verbrennung (Oxidation). Er war es auch, der das dafür verantwortliche Gas als nicht weiter zerlegbares Element erkannte und als »Sauerstoff« (griechisch: *oxýs*, französisch: *oxygène*, wörtlich »säureerzeugend«) bezeichnete, da sich bei der Verbrennung meist säurehaltige Stoffe bilden.

Lavoisier interessierte sich seit seiner Jugend für chemische Experimente und wurde schon im Alter von 25 Jahren in die Académie des sciences aufgenommen. Dank seiner Position verfügte er über ein großes Labor für Experimente. Seine junge Frau, die sich ebenfalls für Chemie interessierte, unterstützte ihn. Beide führten über ihre Experimente Buch und hielten vor allem exakte Gewichtsmessungen genau fest, eine wichtige

Voraussetzung gerade bei der Entdeckung des Phänomens der Oxidation.

Lavoisier führte ein Experiment von Priestley weiter, indem er es rückwärts abwickelte. Ergebnis: kein Substanzverlust. Wie alle Phlogisten hatte Priestley angenommen, dass bei der Verbrennung eine Substanz entweiche, der Stoff also leichter werde. Lavoisier wies nun durch genaues Wiegen nach, dass ein Stoff nach der Verbrennung schwerer war – wegen des aufgenommenen Sauerstoffs. Dies brachte Lavoisier dazu, chemische Vorgänge *analytisch* zu betrachten. So legte er den Grundstein zu einer völlig anderen Auffassung von der Zusammensetzung der Materie im Sinne der modernen Chemie – ein Weltbild-Wandel.

Lavoisier erkannte später, dass es sich auch bei Kohlenstoff, Schwefel und Phosphor um reine Elemente handelte. Im Jahr 1783 wurde aus England bekannt, dass der schrullige adelige Naturforscher Cavendish schon 1766 das Element Wasserstoff isoliert und 1781 entdeckt hatte, dass Wasser sich aus Wasserstoff und Sauerstoff zusammensetzt. Den hochentzündlichen Wasserstoff hielt Cavendish übrigens noch für reines Phlogiston. Lavoisier vollzog Cavendishs Experimente sofort nach und gewann aus beiden Gasen Wasser. Jetzt war die antike Lehre von den vier Elementen obsolet geworden. Vor allem Lavoisier ist der Durchbruch zu dieser Gesamtschau der chemischen Elemente zu verdanken, die sich seit Jahrzehnten aus einer Vielzahl von Einzelentdeckungen und Einzelexperimenten angebahnt hatte.

Lavoisiers Leben endete tragisch: Als königlicher Beamter und Steuerpächter wurde er in der Terrorphase der Französischen Revolution angeklagt und im 51. Lebensjahr am 8. Mai 1794 mit der Guillotine hingerichtet. So beraubte sich Frankreich aus politischer Verblendung seiner schon zu Lebzeiten anerkannt besten Köpfe.

Als besonders begabter Entdecker von chemischen Elementen erwies sich ferner der englische Chemiker Humphry Davy (1778–1829), der bereits einer jüngeren Generation angehörte. Er isolierte Kalium, Natrium, Magnesium, Kalzium, Strontium und Aluminium hauptsächlich dadurch, dass er elektrischen Strom auf eine geschmolzene Substanz einwirken ließ, also durch das Verfahren der Elektrolyse.

Elektrische Zuckungen

Ebenfalls in der zweiten Hälfte des 18. Jahrhunderts lernte man zu begreifen, was Elektrizität ist. Damit hatten die alten Naturkundler überhaupt nichts anfangen können.

Der amerikanische Naturwissenschaftler und Staatsmann Benjamin Franklin (1706–1790), als Mitunterzeichner der Unabhängigkeitserklärung und Delegierter des Verfassungskonvents in Philadelphia einer der Gründerväter der USA, ist eine der populärsten Figuren der Wissenschaftsgeschichte. Franklin war auch ein an praktischen Verbesserungen orientierter Erfinder.

Angeregt durch eine der damals in den Salons in Europa sehr in Mode gekommenen elektrischen Vorführungen, begann er, sich für Elektrizität zu interessieren. Franklin stellte fest, dass elektrostatische Entladungen große Ähnlichkeit mit Blitzen haben, und beobachtete, wie sich elektrisch aufgeladene Gewitterwolken vorzugsweise an hohen (Kirch-)Türmen, Schornsteinen, Bäumen und Schiffsmasten entladen. Mit seinem Schilderhaus-Experiment, bei dem eine lange Eisenstange in den Himmel ragte, erbrachte er 1750 den Beweis der elektrostatischen Aufladung von Wolken: Ein Mann im Schilderhaus konnte aus der abgeleiteten Elektrizität Funken schlagen, und Franklin schrieb, auf diese Weise könne »das elektrische Feuer lautlos aus der Wolke abgeleitet werden«.

Der italienische Arzt Luigi Galvani (1737–1798) entdeckte durch Zufall, dass Froschschenkel zusammenzucken (kontrahieren), wenn sie mit statischer Elektrizität zusammenkommen. Galvani selbst nahm an, dass hier eine spezifische »Tierenergie« freigesetzt werde. Erst sein italienischer Kollege Alessandro Volta (1745–1827) deutete die Zusammenhänge des Experiments richtig: Bei den Zuckungen der Froschschenkel war Elektrizität im Spiel.

Volta selbst stellte im Jahr 1800 in der Royal Society in London seine kurz zuvor entwickelte Voltasche Säule vor: Sie besteht aus Schichten verschiedener Materialien (Metalle, aber auch Pappe- und Lederstücke), die übereinandergestapelt sind. Zwischen diesen Elementen entsteht eine elektrische Spannung; das Übereinanderstapeln verstärkt die Spannung. Damit hatte Volta das Grundprinzip der Batterie erfunden. Sie war seinerzeit der einzige kontinuierliche, künstliche Stromlieferant. Die Volta-Batterie wurde in damaligen Laboratorien eingesetzt, etwa zur näheren Untersuchung der Wirkung von Elektrizität auf tierisches oder menschliches Gewebe (Galvanotherapie) und zur Elektrolyse (mit deren Hilfe viele chemische Elemente entdeckt wurden). Es gab ja noch keinerlei praktische Anwendung von elektrischer Energie wie bei Glühlampen oder Elektromotoren.

Die erste und für längere Zeit einzige Anwendung von Elektrizität war die Telegrafie; diese war allerdings eine wirklich umwälzende Neuerung. Einen ersten Apparat baute der Frankfurter Arzt und Anatom Soemmerring 1809. Einen elektromagnetischen Telegrafen entwickelten Carl Friedrich Gauß und Wilhelm Weber 1833 in Göttingen und übertrugen Nachrichten aus ihrem Institut in der Innenstadt zur Göttinger Sternwarte. 1837/1844 folgte der Schreibtelegraf durch den Amerikaner Samuel Morse.

Die für den Siegeszug der Telegrafie erforderlichen internationalen Kabelnetzwerke entstanden ab 1850; nur zwanzig Jahre später war die Welt bereits weitgehend verkabelt. Die Nachrichtenagentur Reuters, deren Geschäftsmodell auf der Verbreitung telegrafischer Nachrichten beruhte, operierte seit 1851. Die Telegrafennetze waren die erste moderne globale Vernetzung mit elektrischen Mitteln, die heute eine so große Rolle spielen.

All das begann im Jahr 1800 mit Voltas Batterie und einem pragmatischen, rationalen Umgang mit dem noch kurz zuvor mythologisierten Phänomen Elektrizität.

DIE WEISSEN FLECKEN

Unerforschte Gebiete

Um 1800 gewannen die besten Forscher der führenden Wissenschaftsnationen in Europa ganz neue Einsichten in das, »was die Welt im Innersten zusammenhält« – das moderne, wissenschaftliche Weltbild entstand, das auf Naturbeobachtung, Daten und Fakten beruht. Aber auch das geografische Weltbild wurde erneuert. Nicht so durchgreifend wie zu Zeiten von Kolumbus, da Gama, Kopernikus oder Galilei. Diese empirische Wende hatten die Geografen und Astronomen schon hinter sich. In Sachen Erdkunde und Sternenkunde ist die Erneuerung eher eine Sache der Erweiterung und Vervollständigung.

Im Anschluss an die systematischen Forschungsreisen von Cook oder Bougainville, hinter denen stets die bedeutendsten Forschungsinstitutionen ihrer jeweiligen Länder standen, begann nach 1800 die systematische Erforschung der nach wie vor vielen weißen Flecken auf der Weltkarte. Das Innere Afrikas, das Innere der amerikanischen Kontinente oder Australiens, einige Teile Asiens, die Pole – zwar kannten sich die jeweiligen »Eingeborenen« dort sehr gut aus, aber nicht die Europäer. Noch zur Zeit der deutschen Reichseinigung durch Bismarck waren große Teile des afrikanischen Kontinents unerforscht. Außer Montblanc (1786) und Großglockner (1800) war auch noch kein einziger hoher Berg jemals bestiegen worden. Zu Anfang des langen 19. Jahrhunderts, das sich eigentlich bis zum Beginn des Ersten Weltkriegs 1914 dehnte, waren zahlreiche Regionen der Erde noch unbekannt. Um 1900 waren dann alle mehr oder weniger »erobert«. Zum Schluss kam es zu einem regelrechten

Wettlauf zu den Polen. Die Beseitigung der weißen Flecken auf der Landkarte ist eines der großen Themen – und Abenteuer – des 19. Jahrhunderts.

»Der weiße Fleck« als Metapher für das Unbekannte ist eine der bekanntesten Redewendungen aus der Kartografie. Sie konnte erst im 19. Jahrhundert entstehen. Da die Kunstauffassung in vorwissenschaftlichen Zeiten leere Stellen nicht zuließ, wurden Landkarten immer »ausgemalt«: mit allegorischen Szenen, Symbolen, Fabelwesen, imaginären Landschaften und sehr viel Schrift oder wenigstens grafischen Verzierungen. Die großen Radkarten des Mittelalters gleichen Wimmelbildern. Eine leere, weiße Stelle für eine Gegend, für die es keine verlässliche Information gab, hätte man nicht ertragen. Jedem Menschen wäre bis ins Zeitalter der modernen Kunst eine Darstellung, gleich welchen Inhalts, mit einer leeren Fläche unvollständig und unfertig erschienen. Erst die strenge wissenschaftliche Forderung, über etwas, worüber man nichts wissen kann, auch nichts zu zeigen (oder zu sagen), ermöglichte und forderte geradezu diese kartografische Darstellungsweise der Landkarten mit weißen Flecken. So ist im Umkehrschluss dieses Nichts, der weiße Fleck, auch ein Ausdruck des erst im 19. Jahrhundert entstandenen, auch positivistisch genannten, wissenschaftlichen Denkens, das nur gelten lässt, was man eindeutig beweisen und nachweisen kann.

Durch die Wüste I – Mungo Park

Der schottische Arzt Mungo Park (1771–1806) war nicht nur der erste bedeutende europäische Afrikareisende, das Buch über seine sensationellen Abenteuer, *Travels in the Interior of Africa* (»Reisen im Innern von Afrika«), wurde ein Bestseller. Auch so erweitert man sein Weltbild.

Seit den Erkundungsfahrten der Portugiesen im ausgehenden Mittelalter und vollends seit den Afrikaumrundungen von Diaz (1488) und da Gama (1497/8) waren die afrikanischen

Küsten bekannt, doch kaum ein Europäer hatte sich ins Innere Afrikas vorgewagt. Park war der erste. Zwar diente seine Expedition vor allem »wissenschaftlichen« Interessen, aber die Briten fingen nach dem Verlust ihrer nordamerikanischen Kolonien sogleich an, sich nach anderen Besitztümern umzusehen. Der größte und bedeutendste Teil des britischen Kolonialreiches war vor Kurzem verloren gegangen: Dreizehn englischsprachige Kolonien hatten sich 1776 als Vereinigte Staaten von Amerika unabhängig gemacht. Damit blieben der britischen Krone nur noch das dünnst besiedelte Kanada, das sehr entfernt gelegene und mit Europäern noch dünner besiedelte Australien sowie ein paar kleine Inseln in der Karibik. In Indien war Großbritannien nur indirekt durch die BOC präsent, in Südafrika noch gar nicht, in Ostafrika erst recht nicht.

Mungo Park begeisterte sich für Botanik und kam dadurch 1792 in London mit Joseph Banks zusammen, der für ihn die Weichen stellte. Zunächst unternahm Park als Schiffsarzt eine Reise nach Sumatra, auf der er sich astronomische Kenntnisse zur Bestimmung der geografischen Breite und Länge erwarb. Deswegen und natürlich weil er über medizinische Kenntnisse verfügte und wegen seines brennenden Ehrgeizes, sich einen Namen zu machen, kam er für die englische »African Association« in Betracht, einer Vorläuferorganisation der Royal Geographical Society. Dort betrachtete man es inzwischen »als große Schande«, wie wenig man über den afrikanischen Kontinent wusste. Die Kenntnisse etwa über den Lauf des Niger stammten noch aus den Zeiten von al-Idrisi und Leo Africanus, also aus dem Mittelalter.

Aufgrund ihrer vorläufig beschränkten Mittel konnte sich die African Association anfangs nur Ein-Mann-Expeditionen leisten. Die ersten beiden, Simon Lucas und John Ledyard, kamen nicht über das Saharagebiet hinaus. Der dritte, Daniel Houghton, startete 1790 immerhin von der Gambiamündung aus (und nicht von Ägypten) und konnte schon die Information liefern, dass der Niger von seinen Quellen aus zunächst nordöstlich ins afrikanische Landesinnere fließt und nach Timbuktu. Damit war man in Sachen geografische Kenntnisse, was Timbuktu anbelangt, einen Schritt weiter. Es schlossen sich allerdings auch Spekulationen an, wonach der Niger quer durch Nordafrika fließen und in den Nil münden sollte. Derart waren damals die geografischen »Kenntnisse«.

Mungo Park brach 1795 vom heutigen Senegal aus auf: ganz in europäischer Kleidung samt Regenschirm, Sextant, Kompass, Thermometer und Flinte. Er selbst hatte etwas Mandinka, eine wichtige westafrikanische Sprache, gelernt, einer seiner beiden Begleiter sprach Soninke. Aus diesen drei Personen nebst Pferd und zwei Packeseln bestand die »Expedition«.

Park geriet in die Gefangenschaft von Tuareg, verlor dabei seine (schwarzen) Begleiter. Nach seinem Entkommen schlug er sich allein und mittellos zum Niger durch: »So breit wie die Themse bei Westminster.« Als Gast eines Sklavenhändlers blieb er sieben Monate lang im Süden des heutigen Mali nahe der heutigen Hauptstadt Bamako. Die ausführliche Beschreibung des Alltags in dem Dorf der Südsahara bildet den wesentlichen Inhalt seines Buches. 1797 kehrte er mit einer Karawane an die gambische Küste zurück. 1799 erschien Parks Reisebeschreibung. Dies war die einzige halbwegs geglückte Expedition der African Association, welche sich ausschließlich aus privaten Beiträgen finanzierte.

1805 vertraute die britische Regierung Mungo Park eine zweite Expedition zum Niger an, die mit 45 Europäern, darunter Schiffszimmerleute samt Material, geradezu üppig ausgestattet war. Sie geriet wegen allerlei Verzögerungen mitten in die Regenzeit. Park verlor hauptsächlich wegen Krankheit, aber auch durch Überfälle, bei denen er selbst nicht zimperlich vorgegangen sein soll, nach und nach seine gesamte Mannschaft und blieb schließlich selbst verschollen. Ein komplettes Desaster.

Trotz des Aufwandes gab es also vorläufig kaum neue Erkenntnisse über das Innere Westafrikas. Timbuktu wurde 1828 erstmals von einem Europäer erreicht, dem als Muslim verkleideten, Arabisch sprechenden Franzosen René Caillié. Der reisende Einzelgänger enthüllte mit nüchternen Worten die traurige Wahrheit über das seit dem Bericht von Leo Africanus aus dem Jahr 1550 mystifizierte und für Europäer verbotene Timbuktu: Es handelte sich um eine mittlerweile völlig unbedeutende, verstaubte Kleinstadt, in der nichts mehr an den Glanz um 1500 erinnerte. Zu ihrer weiteren Ernüchterung mussten die Briten 1830, nach der Entdeckung der Nigermündung im heutigen Nigeria, feststellen, dass sich hier wegen dessen Stromschnellen kein schiffbarer Wasserweg befand, der das Innere Westafrikas erschlossen hätte. Das war das Ende des britischen Traums von einem goldreichen und als Absatzmarkt für britische Waren interessanten Kolonialreich im Westen Afrikas als Ersatz für das nordamerikanische Neuengland.

Durch die Wüste II – Heinrich Barth

Einen wesentlich bedeutenderen, allerdings viel weniger bekannten Beitrag zur Erforschung Nord- und Westafrikas in der und rund um die Sahara lieferte der Deutsche Heinrich Barth (1821–1865). Um ihn ranken sich allerdings nicht so spannende Geschichten wie um Mungo Park oder später Livingston und Stanley. Dank guter Vor- und Sprachkenntnisse zog Barth im englischen Auftrag sechs Jahre lang, von 1849 bis 1855, durch die Sahara, ohne einen Schuss Pulver zu seiner Selbstverteidigung abgeben zu müssen. Barths spätere schriftliche Aufzeichnungen waren sehr gelehrt und erreichten daher auch im Nachhinein kein breites Publikum; sie sind aber für die Wissenschaft eine unerschöpfliche Quelle. Barth legte insgesamt rund 20000 Kilometer zurück, war ebenfalls in Timbuktu und fand es nicht ganz so erbärmlich wie Caillié. Er bewegte sich gut ausgerüstet und mit umfangreichem Forschungsprogramm durch Afrika – ganz nach seinem Vorbild Alexander von Humboldt. Obwohl er intellektuell bestens vorbereitet war, verweigerte ihm die akademische Zunft in Deutschland die Anerkennung. Dass er im englischen Auftrag unterwegs gewesen war, wurde ihm übel genommen. Auch seine vorurteilslosen Schilderungen der Afrikaner, seine Haltung zum Islam als kulturellem Faktor fanden wenig Anklang, da man auch in Deutschland nach einem Platz an der Sonne strebte und die Afrikaner lieber als minderwertig ansah. Dabei war Barth der erste Afrikaforscher, der den Kontinent mit solidem akademischem Hintergrund und gelehrter Neugier bereiste, der eine Vorstellung von der Historie Afrikas bekam und methodisch brauchbare Aufzeichnungen anfertigte. Dass die Afrikaner über eigene Traditionen, Kultur und Geschichte verfügten, dass es dort historische Reiche gegeben hatte, war jedoch nicht gerade die gängige Meinung im Europa des 19. Jahrhunderts. Heute wirken Barths interdisziplinäre und auf kulturelle Themen gerichtete Forschungsansätze und Aufzeichnungen wegweisend.

Alexander von Humboldt

Eine Forschungsreise par excellence unternahm von 1799 bis 1804 der preußische Oberbergrat Alexander von Humboldt in das spanische Vizekönigtum Neu-Granada, welches den Nordteil des südamerikanischen Kontinents einnahm. Welthistorisch vollzog sich in den Jahren jener Reise der rasche Aufstieg Napoleons vom Ersten Konsul zum ersten Kaiser der Franzosen und zum Vorherrscher Europas. Die Vereinigten Staaten reichten lediglich vom Atlantik bis zum Mississippi. Allerdings verkaufte ihnen Napoleon 1803 »Louisiana«, ein Immobiliengeschäft mit welthistorischen Folgen (dazu im nachfolgenden Stichwort »Lewis und Clark«).

Der 1769 in Berlin geborene Alexander von Humboldt hatte gemeinsam mit seinem Bruder Wilhelm, dem Gründer der heutigen Humboldt-Universität und Spiritus rector der preußischen Bildungs- und Universitätsreform, eine hervorragende

Ausbildung genossen. Beide waren mit Goethe und Schiller befreundet. Nach einer mehrjährigen Tätigkeit im Bergbau wurde Alexander von Humboldt durch eine Erbschaft finanziell unabhängig. Vor allem beeindruckt durch das Vorbild von Georg Forster bereitete er von Paris aus gemeinsam mit dem Botaniker Aimé Bonpland die Südamerikareise vor.

Durch seine vielfältigen, ja geradezu allumfassenden Untersuchungen, Messungen, Beschreibungen wurde Humboldt zu einem Begründer der wissenschaftlichen Geografie.

Die Reise verlief unter Anstrengungen, die man sich kaum vorzustellen vermag, hauptsächlich durch das Amazonasbecken und anschließend auf die Anden-Kette. Den topografischen Höhepunkt bildete eine Besteigung des Vulkans Chimborazo im heutigen Ecuador bis nahe an den Kraterrand in annähernd sechstausend Metern Höhe. So hoch war noch nie ein Mensch auf einen Berg gestiegen – und Bonpland und Humboldt verfügten über keinerlei bergsteigerische Ausrüstung, nicht einmal über geeignetes Schuhwerk. Neben Dutzenden bemerkenswerten Aspekten vom Botanisieren über den Magnetismus am Äquator bis zur Düngekraft von Guano waren die unterschiedlichen Klima- und Vegetationszonen eines Hochgebirges in den Tropen von größtem Interesse. 1803 maß Humboldt die Temperaturen in dem später nach ihm benannten Meeresstrom an der Pazifikküste Südamerikas. (Heute weiß man, dass die »El Niño« genannte Anomalie des Humboldtstromes einen enormen Einfluss auf das Klima weltweit hat.) Nach einer Durchquerung des Vize-Königreichs Neu-Spanien (heute Mexiko) schloss ein dreiwöchiger Aufenthalt als Gast des ebenfalls bedeutenden Universalgelehrten und Präsidenten der Vereinigten Staaten Thomas Jefferson die Reise ab.

Alexander von Humboldt hatte die Reise gänzlich aus seinen eigenen Mitteln bestritten. Schon bei der Rückkunft in Frankreich wurde ihm in Paris größtmögliche Anerkennung zuteil sowie jede Unterstützung bei der Auswertung seiner Forschungsdaten zugesagt. Auch das von Napoleon bedrängte

Preußen ehrte ihn, aber er blieb letztlich zwanzig Jahre lang in Paris. Erst nach einer von Zar Nikolaus I. üppigst ausgestatteten Russland-Expedition kehrte Humboldt 1830 sechzigjährig nach Berlin zurück, wo er vielfach ausgezeichnet, jedoch in den – konservativen – Hofkreisen nicht wirklich anerkannt war. Humboldt starb hochbetagt im Jahr 1859.

Alexander von Humboldt, der auch mehrfach diplomatische Missionen leitete, war kein Mann des Fachgelehrtentums, sondern überaus populär. Das Hauptwerk seiner Welterforschung trägt schlicht den Titel *Kosmos*. Humboldt interessierte sich für alle Erscheinungen der Naturwelt, »von den Nebelsternen bis zur Geografie der Moose auf den Granitfelsen«. Durch sein extrem vernetztes Naturdenken wollte er ähnlich wie Goethe letztlich etwas hinter der Natur Liegendes begreifen: einen Gesamtzusammenhang, eine Art metaphysisches Prinzip.

Die Expedition von Lewis und Clark

1803 gelang den USA unter dem dritten US-Präsidenten Thomas Jefferson mit dem *Louisiana Purchase* ein spektakulärer Coup: die schlagartig größte Landerweiterung der USA mit den vollkommen friedlichen Mitteln des Grundstückskaufs.

Frankreich verdankte seinen riesigen nordamerikanischen Kolonialbesitz dem Unternehmungsgeist und der Tatkraft eines Mannes: dem aus der Normandie gebürtigen René-Robert Sieur de La Salle (1643–1687). So lautete sein Name, nachdem er von Ludwig XIV. geadelt wurde. Der in einem jesuitischen Seminar erzogene La Salle war 1667 als Dreiundzwanzigjähriger zunächst seinem älteren Bruder nach Kanada gefolgt, wo dieser Missionar war. Hier entwickelte sich La Salle sehr schnell vom geistlichen Herrn zum Pelzhändler und dann zum Entdecker. Noch um 1670 glaubte er, über das Flusssystem südwestlich von Montréal relativ schnell Kalifornien erreichen und damit rasch nach China gelangen zu können. Dergestalt waren damals noch die Vorstellungen von der Ausdehnung Nordamerikas und des Pazifiks. Über den nicht so weit entfernten Eriesee gelangte La Salle zu den übrigen Großen Seen und über den südwestlich fließenden Ohio zum Mississippi. Bis 1673 war auch La Salle zu der Überzeugung gelangt, dass der Mississippi in den Golf von Mexiko mündet. Immerhin erreichte er 1682 nach Indianerart mit Kanus als erster Europäer die Mississippimündung. Aus diesem Anlass erfolgte nun die Namensgebung »La Louisiane« und die formelle Inbesitznahme für die französische Krone. Diese Nachricht belohnte Ludwig XIV. mit dem Adelsbrief.

Auf dem Gebiet von La Louisiane befinden sich heute mehr als ein Dutzend amerikanische Bundesstaaten. Es war die umfassendste koloniale Landnahme seit den Entdeckungen, die Kolumbus für Spanien gemacht hatte. La Salles Pioniertat gilt daher auch als die »zweitgrößte Entdeckung nach Kolumbus«.

Die Krone unterstützte nun den Versuch, an der Mississippimündung eine Kolonie zu gründen. Doch eine Expedition mit vier Schiffen und dreihundert Kolonisten scheiterte bitter. Da man den Längengrad noch nicht feststellen konnte, verfehlte La Salle die Mississippimündung um achthundert Kilometer und segelte bis nach Texas. Das war damals nominell spanisches Territorium, allerdings von Europäern noch unerschlossen. Drei Schiffe gingen durch Piraten und Schiffbruch verloren. Die Verbindung der französischen Siedler zur Außenwelt riss ab, und während eines Rettungsversuchs La Salles wurde der ebenso kühne wie hochfahrende La Salle 1687 von seinen eigenen Leuten erschossen und sein nackter Leichnam Hunden und Wölfen zum Fraß überlassen. Die kleine Kolonie in Texas hielt sich ein weiteres Jahr lang. Bei einem Indianerüberfall wurden alle noch lebenden Erwachsenen getötet.

Trotz des persönlichen Scheiterns von La Salle und des misslungenen Versuchs in der Zeit des Sonnenkönigs, im Herzen Nordamerikas eine kraftvolle französische Kolonie aufzubauen, blieb »Louisiana« bei Frankreich. *La Nouvelle Orléans* (New Orleans) wurde erst 1718 gegründet. Louisiana ging 1763 durch die Niederlage in den Franzosen- und Indianerkriegen verloren, konnte durch Napoleon jedoch 1800 wiedergewonnen werden. Das war der Stand der Dinge im Jahr 1803.

Jefferson war zunächst nur am Kauf von New Orleans, dem Hafen an der Mündung des Mississippi, interessiert gewesen, weil der Fluss mittlerweile eine wichtige Verkehrsader für die amerikanischen Gebiete westlich der Appalachen geworden war und der Mündungshafen natürlich den gesamten Zugang zum Mittleren Westen kontrollierte.

Als die amerikanischen Unterhändler in Paris eintrafen, bot Napoleon ihnen indes gleich die ganze riesige französische Kolonie Louisiana zum Kauf an: das gesamte Missouri-Mississippi-Gebiet von der kanadischen Grenze bis zum Golf von Mexiko.

Historisch gesehen war der Kaufpreis von 22 Millionen Dollar für eine Verdoppelung des US-amerikanischen Staatsgebiets ein Schnäppchen. Napoleon wollte Ballast abstoßen und seine Kriegskasse füllen; von 1805 bis 1807 machte er sich dann mit spektakulären Feldzügen gegen Österreich, Preußen und Russland zum Herrn über Europa.

Präsident Jefferson wäre mit dem Kauf nicht einverstanden gewesen. Die beiden amerikanischen Unterhändler waren dafür eigentlich nicht ermächtigt und durften höchstens zwei Millionen Dollar für New Orleans ausgeben. Sie konnten keine neuen Instruktionen aus Washington einholen, denn es gab noch keine Telegrafenleitungen. James Monroe (später der fünfte amerikanische Präsident und Namensgeber für die »Monroe-Doktrin«) und sein Mitverhandler Livingston akzeptierten dennoch das Angebot. Es war ein großer diplomatischer Erfolg. Als Präsident kaufte Monroe 1819 den Spaniern auch noch deren Kolonie Florida ab.

Wäre Jefferson konsultiert worden, hätte er den Kauf wegen der nicht autorisierten Summe abgelehnt. Doch bereits wenige Wochen nach dem Kauf beauftragte der Präsident seinen Privatsekretär Meriwether Lewis mit einer Erkundungsexpedition dieses neuen Westens. Der Captain aus einer wohlhabenden Pflanzerfamilie Virginias wählte sich den Leutnant William Clark als Co-Kommandanten.

Die Ehre der ersten Durchquerung Nordamerikas von Ost nach West bis zum Pazifik gebührt zwar dem Schotten Alexander MacKenzie im Jahre 1792/1793. Doch MacKenzie, der in der Frühgeschichte Kanadas eine gewisse Bedeutung hat, fertigte außer einem Reisebericht keine wissenschaftlichen oder kartografischen Aufzeichnungen an. Die Lewis-und-Clark-Expedition von 1804 bis 1806 wurde nun die erste historisch bedeutsame Komplettdurchquerung Nordamerikas bis zum Pazifik – eine Art Entdeckungsreise in den für die Weißen westlich des Mississippi noch unbekannten Kontinent.

Beide Chefs der rund vierzig Mann starken Expeditionsgruppe wurden vorab von Gelehrten in Philadelphia gründlich vorbereitet und vor allem im Kartenzeichnen ausgebildet. Zur ersten Orientierung konnten sie sich auf die sogenannte Evans-Karte stützen, die von dem walisischen Entdecker John Evans stammte, der sich bereits um 1795 den Missouri aufwärts bewegt hatte. Aber alles, was westlich vom dünn besiedelten North Dakota lag, war völlig unbekannt. Man wusste, dass es die Rocky Mountains gab und dass ganz im Westen der Pazifik wartete. Spätestens ab North Dakota war die Expedition eine echte Pioniertat.

Im Zuge der Lewis-und-Clark-Expedition wurden erstmals Abschnitte im Innern Nordamerikas kartografisch erfasst. Insbesondere Clark zeichnete 140 Regionalkarten anhand von täglich angefertigten Notizen über die Strecke. Anschließend erschien auch eine erste Karte des amerikanischen Westens, die einen umfassenden und im Großen und Ganzen zutreffenden Eindruck des Gesamtgebietes lieferte. Dies war aber keine Vermessungskarte, sondern, wie in den Zeiten der Antike, aus Nachrichten und Informationen von Zuträgern aller Art zusammengestellt.

Ab St. Louis, wo der Missouri in den Mississippi mündet,

folgte die Expedition auf Booten dem Lauf des Missouri Richtung kanadische Grenze. Von einzelnen Waldläufern, Trappern und Pelzhändlern der Hudson Bay Company einmal abgesehen, hatte noch kein Weißer diese Gegend durchquert. Lewis, der sich hauptsächlich zu Lande fortbewegte, entdeckte mehr als zweihundert neue Pflanzen- und Tierarten, die teilweise vorab schon nach Washington gesandt wurden. Dort hatte man natürlich ein starkes Interesse, mehr über die in den verschiedenen Gebieten lebenden Indianerstämme zu erfahren. Die meisten der teilweise sehr verschiedenen Indianer, denen die Lewis-und-Clark-Expedition begegnete, unterstützten die weißen Männer, indem sie sich als lokale Führer betätigten und Lebensmittel bereitstellten. Mit den wenigen weißen Trappern und Pelzhändlern hatten die Indianer bisher gute Erfahrungen gemacht; deswegen sahen sie keinen Grund für eine feindliche Einstellung. Doch Lewis und Clark beobachteten, dass viele Stämme untereinander ständig auf Kriegspfad waren, besonders die Sioux.

Nach einer Überwinterung wurden im Sommer 1805 die Rocky Mountains überquert und damit auch die Nord-Süd-Wasserscheide des nordamerikanischen Kontinents. Die Route verlief vom heutigen Montana in das heutige Idaho auf einem ausgetretenen Indianerpfad. Zum Schluss erreichten Lewis und Clark auf dem Columbia River im November 1805 den Pazifik. Auch die Rückreise erfolgte auf dem Landweg, wobei Clark einen kleinen Umweg nahm und den Yellowstone River entlangfuhr, der später in den Missouri mündet. Auch dort waren Clark und seine zwei, drei Begleiter die ersten Weißen überhaupt.

Die erfolgreiche Lewis-und-Clark-Expedition war nach dem Louisiana Purchase *der* Meilenstein für die Erschließung des nordamerikanischen Westens.

Hudson's Bay Company

Die Hudson's Bay Company (HBC) ist das älteste Unternehmen in Kanada und eines der ältesten Unternehmen der Welt, denn die Handelsgesellschaft existiert nach wie vor und ist nicht wie die einst mächtigen britischen und holländischen Ostindien-Gesellschaften irgendwann bankrott gegangen. Sie wirkte in den Weiten des nordamerikanischen Kontinents ähnlich wie die Ostindien-Gesellschaften wie eine Regierung, lange bevor dort ein Staatsapparat mit Bürokratie und Justiz aufgebaut werden konnte. 1670 mit einem Privileg des englischen Königs Karl II. gegründet, wurde die HBC dank ihres faktischen Monopols auf den Pelzhandel im gesamten ausgedehnten Einflussgebiet sehr erfolgreich. Erster Gouverneur war Prinz Ruprecht von der Pfalz (1619–1682), ein glänzender Offizier aus dem europäischen Hochadel mit dem Beinamen »Kavalier«. Nach ihm hieß ein fast vier Millionen Quadratkilometer großes Gebiet in weitem Bogen rund um die Hudson Bay auf den Karten jahrhundertelang Ruperts Land.

Hauptsitz der HBC war zunächst York Factory am Südwestrand der Hudson Bay. Die Indianer lieferten Felle und Pelze, das Haupthandelsgut der HBC, im Austausch gegen Waffen, Metallwerkzeuge und Alkohol. Das Aktionsgebiet der HBC dehnte sich immer weiter aus. 1824 wurde der Hauptkamm der Rocky Mountains überschritten, und der Schwerpunkt aller Aktivitäten verlagerte sich Richtung Pazifik. Das Hauptquartier wurde nach Fort Vancouver an die Mündung des Columbia River in den Pazifik, in das sogenannte Oregon Land verlegt.

Dieses war sehr viel größer als der heutige Bundesstaat Oregon; es umfasste das gesamte Gebiet westlich der Rocky Mountains bis in die Höhe des 54. Breitengrades, also das heutige kanadische British Columbia und die US-Bundesstaaten »oberhalb« von Kalifornien (damals noch Teil Mexikos).

Seit den 1840er-Jahren kamen Siedler ins Oregon Land. Der Oregon Trail war die erste dauerhaft begangene oder – mit Planwagen – befahrene Ost-West-Route bis an den Pazifik.

Winnetou

Eindrucksvolle Bilder vom »frühen Wilden Westen« lieferte eine Reise des deutschen Naturforschers Maximilian Prinz zu Wied in den Jahren 1832 bis 1834 in das Gebiet von Ohio und Missouri River, bei der er von dem Schweizer Maler Karl Bodmer begleitet wurde. Bodmer fertigte eine Fülle von Bildern und Gemälden, sowohl der Landschaften wie der Indianer. Sie fanden Eingang in eines der ehrgeizigsten Buchprojekte des 19. Jahrhunderts, Wieds *Reise in das innere Nord-America ...*, wo sie als kolorierte Grafiken veröffentlicht wurden, ein damals drucktechnisch enorm aufwendiges Verfahren. Sie geben einen der authentischsten Einblicke in den um 1830 von der weißen Siedlerbewegung noch weitgehend unberührten Mittleren Westen. Wegen ihres einmaligen dokumentarischen Charakters haben Bodmers Bilder eine große Bedeutung für die Völkerkunde Nordamerikas. Wieds erklärtes Vorbild für seine Reise war Alexander von Humboldt. Sein um 1840 erschienenes großformatiges und zweibändiges Werk inspirierte auch Karl May, der das Weltbild deutschsprachiger Leser vom Wilden Westen maßgeblich formte.

Der »Entdecker« der Rocky Mountains

Einer der wichtigsten amerikanischen Landvermesser jener Zeit war John C. Frémont, der zunächst in der Armee als Vermessungsingenieur tätig war. So vermaß er 1838/1839 das Gebiet zwischen Missouri und Mississippi und erhielt anschließend den Regierungsauftrag, die Rocky Mountains zu erkunden, von denen man noch keine detaillierten topografischen Vorstellungen hatte. Aber erstens gab es in diesem fernen Westen noch kaum weiße Amerikaner, und zweitens gehörten diese Gebiete bisher noch gar nicht zu den USA. Der Norden (»Oregon«) war britischer Kolonialbesitz; der gesamte Südosten mit Kalifornien, Neu-Mexiko, Texas war ehemals spanisches Vizekönigtum und seit 1824 Teil der Republik Mexiko (bis 1848).

Frémont erschloss den sogenannten South Pass im heutigen südlichen Wyoming als Rocky-Mountains-Übergang zum Pazifik, den alle berühmten Trails wie der Oregon Trail, der California Trail und der Mormon Trail nahmen. Aus amerikanischer Sicht gilt Frémont wenn nicht als Entdecker, so doch als »Eroberer« der Rocky Mountains – nicht weil er Armeen oder Siedler geführt hätte, sondern weil er das ganze Gebiet der nördlichen Rocky Mountains in zwei großen, entbehrungsreichen Expeditionen kartografierte. Die Aufmerksamkeit Frémonts galt übrigens nicht nur den Karten, sondern auch der Pflanzenwelt in den noch sehr abgelegenen Gegenden, von denen er Proben sammelte. 22 Pflanzenarten wurden ihm zu Ehren benannt, darunter etwa *Prunus fremontii*, die kalifornische Wüstenaprikose, und er wurde zum Namensgeber einer Vielzahl von Straßen, Orten, ja sogar Bergen und eines Flusses in den USA.

John Frémont war auch politisch aktiv. Seit 1850 vertrat er den neuen Bundesstaat Kalifornien als Senator im Kongress und war zweimal als republikanischer Präsidentschaftskandidat im Rennen – 1864 gegen Lincoln. Übrigens war er auch ausländisches Mitglied im preußischen Orden Pour le Mérite (seit 1860).

Vorstöße in die Antarktis

Das Weddell-Meer ist ein Randmeer des südlichsten Atlantiks unterhalb des südlichen Polarkreises. Die Einbuchtung im antarktischen Kontinent ist, wie so oft, nach ihrem Entdecker James Weddell benannt. Der britische Seefahrer überschritt auf seiner bereits dritten Reise in den antarktischen Südatlantik im Februar 1823 erstmals den 74. Breitengrad, den südlichsten Punkt, den bis dahin je ein Schiff erreicht hatte. Möglich war dies wohl aufgrund außergewöhnlich günstiger Witterungsverhältnisse im Südsommer: Das Meer war ausnahmsweise nicht zugefroren, Weddell sah nur Wasser, später auch ein paar Eisberge, aber kein Land. Dabei war er nur zwei Tagesreisen von der Küste entfernt. Er hätte den Kontinent als zweiter Mensch betreten können. Weddell war schon 1820 erstmals in den Südatlantik gefahren, zu den Falklandinseln (etwa 53. südlicher Breitengrad), den südlichen Shetlandinseln, den südlichen Orkneyinseln und so weiter. Als Robbenjäger hatte er als einer der Ersten die »Ergiebigkeit« der dortigen Fanggründe erkannt. Dieses »Geschäft« erwies sich als so lukrativ, dass die Gebiete binnen zwei Jahren von Dutzenden britischer und amerikanischer Schiffe abgeweidet waren. Erst auf der historischen dritten Fahrt war Weddells Schiff auch mit einigen Instrumenten wie Barometer und Kartenmaterial ausgerüstet. Aber er war kein Forschertyp, sondern ein Handelskapitän und Robbenschlächter.

Die Antarktis hat keinen wirklichen »Entdecker«. Nachdem Tasmans und Cooks Fahrten im 18. Jahrhundert ergeben hatten, dass die alte Vorstellung vom großen Südkontinent *Terra australis* ein Hirngespinst war, wurde der Südpol-Kontinent im Jahr 1820 von mehreren Seefahrern nahezu gleichzeitig gesichtet. Er hat in etwa die gleiche Ausdehnung wie Europa vom Ural bis zu den Pyrenäen und vom Nordkap bis Sizilien, allerdings noch mehr Landmasse, weil die Antarktis viel kompakter ist. 1821 sollen einige Robbenjäger eines Schiffes unter dem amerikanischen Kapitän John Davis den antarktischen Kontinent erstmals betreten haben – aber auch nur, um Robben zu erschlagen.

Eher von wissenschaftlichem und entdeckerischem Ehrgeiz getrieben war der Marineoffizier James C. Ross (1800–1862), nach dem das Ross-Schelfeis benannt ist. 1818 hatte sein Onkel John Ross wieder damit begonnen, nach der Nordwestpassage, also einem direkten Seeweg zwischen Westeuropa und Fernost durch das Nordpolarmeer, zu suchen. Durch diese und vier weitere britische Nordpolarmeer-Expeditionen war der junge Ross mit solchen Fahrten vertraut. Er nahm an allen Reisen von William Parry von 1829 bis 1833 teil, die zwar auch nicht die Passage, aber detaillierte kartografische Kenntnisse der zerklüfteten Insel- und Buchtenwelt im Norden Kanadas erbrachten.

Mit den beiden Schiffen *Erebus* und *HMS Terror* drang Ross von der dem Weddell-Meer gegenüberliegenden Seite der Antarktis, von Tasmanien aus vor. 1841 überschritt seine Expedition den 78. Breitengrad, ein neuer »Südrekord«. Ross und sein Ko-Kapitän (auf der *Terror*) Francis Crozier sind die eigentlichen Entdecker der Antarktis, die sie zwar nicht betraten, aber deren Küste unterhalb Australiens sie kartografierten.

Der Mount Everest

Den höchsten Berg der Welt kannte man bis in die Mitte des 19. Jahrhunderts auch noch nicht. Auch er musste erst entdeckt werden, was unter all den Achttausendern in dieser Gipfelgegend des Himalaja eine Vermessungsaufgabe war. In der Tat ist der ja keineswegs indisch oder tibetisch oder nepalesisch, sondern sehr englisch klingende Name mit einem großen Landvermessungsprojekt verknüpft, dem *Survey of India*. Sir, später Lord George Everest war der Leiter dieser von den Briten in ihrer neuen Kolonie veranstalteten Landvermessung Indiens. Der *Survey* war nach der französischen Cassini-Vermessung die zweite große Landvermessung in der Geschichte der Kartografie. Es handelte sich wiederum um ein Zwei-Generationen-Projekt ab circa 1825.

Der »Großen Trigonometrischen Vermessung« des indischen Subkontinents vorangegangen war eine zehnjährige Vermessung Bengalens, des Herzlandes der Besitzungen der Britischen Ostindien Companie BOC von Kalkutta bis kurz vor Delhi zwischen 1767 und 1777. (Damals war Indien noch längst keine britische Kronkolonie. Dem Namen nach regierte der Groß-mogul, de facto aber die BOC, eine Art Staatsunternehmen. Außerdem gab es noch einige mehr oder weniger unabhängige Fürstentümer.)

Initiiert wurde der *Survey* schon 1800 durch den Offizier und Landvermesser William Lambton, ein Autodidakt, der in Bengalen stationiert war (übrigens unter dem Kommando des späteren Napoleon-Bezwingers bei Waterloo, Wellington). Die Arbeiten begannen 1802. George Everest wurde 1818 Lambtons Assistent und führte sein Werk nach dessen Tod 1823 fort. Der *Survey of India* konnte erst 1876 abgeschlossen werden. Everest selbst nahm nach über zwanzig Jahren 1843 seinen Abschied und hatte noch zwei Nachfolger als dessen Leiter.

Triangulationen nehmen unter anderem deswegen so viel Zeit in Anspruch, weil sie von Hand und vor Ort vorgenommen werden müssen. In Indien bedeutete dies: auch in unwegsamstem Gelände – seien es Gebirge, Wüsten oder malariaverseuchte Gebiete. Everest führte einige Neuerungen und Vereinfachungen ein. Eng verbunden mit der Landvermessung Indiens waren Messungen von großen Meridianbögen zur näheren Bestimmung der Erdgestalt. Insgesamt handelte es sich um eine der größten wissenschaftlichen Unternehmungen des 19. Jahrhunderts. Daran waren Hunderte, manchmal Tausende von Mitarbeitern samt indischen Hilfskräften beteiligt. Die indische Vermessung galt als die genaueste ihrer Zeit.

Den höchsten Berg der Welt kannte man bis etwa 1850 nicht. Auch Lord Everest, der sich 1843 aus Indien verabschiedete, hat ihn nie gesehen. Europäern war der Zugang zu Tibet und Nepal nicht gestattet. Und der Berg hieß natürlich nicht »Everest«. Erst die Landvermesser vom *Survey of India* stellten vom Südrand des Himalaja aus Peilungen an. Namentlich unbekannte Berge wurden mit römischen Ziffern nummeriert. Der indische *Chief Computor* des *Survey* namens Radhanath Sikdar identifizierte 1852 nach umfangreichen Peilungen und Berechnungen den Peak XV als den höchsten Berg der Welt.

Im Jahr 1856 teilte Everests Nachfolger Andrew Waugh dieses Ergebnis der Royal Geographical Society in London offiziell mit, zusammen mit der Benennung des höchsten Himalaja-Gipfels zu Ehren seines Vorgängers im Amte des *Surveyor General of India*, George Everest.

In Deutschland wurde der Everest übrigens aufgrund einer doppelten Verwechslung und weil man die englische Namensgebung zunächst ablehnte, mit dem angeblich »schönen alten Namen« *Gauri Sankar* bezeichnet. (Beim Gauri Sankar handelt es sich in Wirklichkeit um Peak XX der englischen Zählung.) Der tibetische Name des Everest lautete seit Jahrhunderten *Chomolungma* (»Mutter des Universums«), der nepalesische *Sagarmatha* (»Stirn des Himmels«). Das konnte Waugh bei seiner Namensgebung nicht wissen, da beide Länder, wie gesagt, keine Fremden ins Land ließen. Die Entdeckung des Everest durch den *Survey* war auch eine echte Entdeckung, da man bis dahin den Kangchendzönga in Sikkim (Nepal) für den höchsten Gipfel hielt. Der Kangchendzönga ist aber nach dem Everest und dem K2 der dritthöchste Berg der Erde.

IN DIE TIEFE

Eiszeit

Nicht nur in Afrika und in der Neuen Welt konnte man noch bedeutende geografische, botanische, zoologische oder geologische Entdeckungen machen. Auch Europa verfügte nach wie vor über Entdeckungspotenzial, sofern man genauer hinschaute. Die Herkunft von gewaltigen Felsblöcken, sogenannten Findlingen, in ansonsten felsenlosem Gelände überall in Europa konnte man sich früher nie erklären. Auch die glatten Schleifspuren im Gestein des Voralpenlandes waren den Naturforschern in der zweiten Hälfte des 18. Jahrhunderts ein Rätsel. Goethe formulierte das Problem in *Faust II*: »Noch starrt das Land von fremden Zentnermassen./Wer gibt Erklärung solcher Schleudermacht?/ Der Philosoph, er weiß es nicht zu fassen,/da liegt der Fels, man muss ihn liegen lassen.« Eine Erklärungstheorie jener Zeit lautete auf gewaltige Schlammfluten – ein geistiger Ausläufer der in den Köpfen der Menschen tief eingeprägten Vorstellung von der biblischen Sintflut. Goethe meinte, der »Philosoph« müsse dafür eine Erklärung finden. Das ist typisch für ihn.

Der Gedanke, die Alpengletscher könnten früher einmal eine größere Ausdehnung gehabt und die Felsbrocken mitgeschleppt haben, entstand um 1820 unter Schweizer Naturgelehrten, die diese Idee wiederum bei Schweizer Bergbauern aufgeschnappt hatten. Diese wussten, dass die Gletscher früher viel weiter reichten – auch wenn sie von einer flächendeckenden Vereisung nichts ahnten. In Schottland kamen einige Geologen auf ähnliche Ideen, wenn sie sich die Landschaft ihrer Heimat genauer betrachteten.

Der Walliser Ingenieur Ignaz Venetz erfasste als Erster den Gedanken der großflächigen Vergletscherung. Mit ihm sowie dem in Lausanne lehrenden sächsischen Geologen Johann von Charpentier trat der badische Privatgelehrte Karl Friedrich Schimper (1803–1867) in Kontakt. Venetz hatte seine Untersuchungen bereits über die Alpen hinaus auf das Schweizerische Mittelland ausgedehnt, also außerhalb der aktuellen Gletscher. Auch Schimper hatte Findlinge, deren Gestein offensichtlich nicht aus der Gegend stammte, wo sie lagen, untersucht, sowie glatte Schleifspuren im Kalkgestein des Schweizer Jura. 1835/1836 hielt er in München Vorträge über *Weltsommer und Weltwinter* und entwickelte darin Gedanken über Klimaschwankungen – damals eine außerordentlich kühne Idee. 1837 verfasste Schimper eine Ode mit dem Titel *Über die Eiszeit*. Dies ist die Taufurkunde des Begriffs »Eiszeit«. Schimper schrieb nie ein systematisches Werk über seine Entdeckungen und blieb daher weitgehend unbeachtet. Sein befreundeter Kollege, der Schweizer Louis Agassiz, verstand die Ideen von Venetz und Schimper am besten und propagierte sie mit mehr Erfolg. Agassiz wanderte später nach Amerika aus und gilt dort nach wie vor als der Entdecker des Phänomens Eiszeit.

Den Zeitgenossen erschien diese Theorie zu weit hergeholt. Selbst ein naturkundlich aufgeschlossener Mann wie Alexander von Humboldt empfahl Agassiz, sich wieder mehr mit Fischkunde zu beschäftigen, dessen ursprünglichem Forschungsgebiet. (Agassiz befasste sich vor allem mit Fischfossilien, daher sein Bezug zum Gestein.) Es dauerte noch rund fünfzig Jahre, bis die Vorstellung einer Eiszeit in Geologenkreisen Anerkennung fand. Der Gedanke, dass es sogar mehrere Eiszeiten gegeben haben könnte, tauchte erst in jener Zeit auf.

Der Kreislauf der Gesteine

1830 begann der Schotte Charles Lyell (1797–1875) mit der Herausgabe bahnbrechender Werke unter dem Titel *Principles of Geology*. Lyell war zunächst Rechtsanwalt gewesen, beschäftigte sich aber auf Anregungen seines Vaters, eines Botanikers, auch mit Naturforschung. 1827 gab Lyell seine juristische Tätigkeit auf und befasste sich nur noch mit Geologie. 1831 wurde er Geologie-Professor in London.

Geologen sind heute diejenigen, die unter anderem die Erdgeschichte in »Kambrium«, »Jura«, »Kreide« und dergleichen einteilen. Lyell verhalf der Anschauung vom Schichtenaufbau der Erdkruste zum Durchbruch. Demnach hat sich diese allmählich und über sehr lange Zeiträume hinweg gebildet. Bis dahin hatte man dafür abrupte Naturkatastrophen verantwortlich gemacht (Kataklysmentheorie).

Erste Ansätze zu einer wissenschaftlichen Geologie hatten sich im 18. Jahrhundert schon bei den Vertretern von »Neptunismus« und »Vulkanismus« gezeigt. Den Vulkanisten zufolge stammten alle Gesteine als vulkanischer Auswurf aus der »Unterwelt«. Die Neptunisten hingegen betrachteten Gesteine und Gebirge als Ablagerungen eines Urozeans. Beide Theorien erwiesen sich zwar als falsch, und sie zeigen allein in der Benennung, wie sie noch vorwissenschaftlichem, fast mythischem Denken verhaftet waren: Sie wollten komplexe Naturerscheinungen »aus einer einzigen Ursache« heraus erklären, sozusagen einen einfachen Grund liefern. Ausgangspunkt dieser Denkweise ist eine vorgefasste Idee, nicht die vorurteilslose Naturanschauung. Gleichwohl hatten diese frühen Geologen schon eine erste Vorstellung von der langen Dauer der Erdgeschichte.

Eine sehr viel bessere Ahnung von einem viel früheren Entstehungsbeginn der Erde (und damit auch der Menschheitsgeschichte) als die bis dahin aus der Bibel »errechneten« gut siebentausend Jahre hatte Lyells »Vorgänger«, der Schotte James

Hutton (1726–1797). Der wohlhabende, »wissenschaftlich interessierte« Gentleman-Farmer interessierte sich für Böden und gelangte so zur Geologie – um eine längere Geschichte radikal abzukürzen. In seinem Hauptwerk *Theorie der Erde* postulierte er, dass die gleichen geologischen Prozesse, die man heute beobachtet, auch schon früher so stattgefunden haben mussten und dass es für die Erde und ihre Entstehung »keine Anzeichen für einen Anfang und keine Aussicht auf ein Ende« gäbe. Das ist für die Zeit um 1790, als so gut wie alle Menschen im Abendland naturkundlich gesehen noch, wie Goethe, in faustisch-alchimistischen oder gar biblischen Kategorien dachten, ziemlich gewagt. Doch ein Mann wie Hutton verkehrte mit Leuten wie James Watt, Adam Smith, Erasmus Darwin (der Großvater von Charles Darwin) und dem sozialreformerischen Unternehmer Matthew Boulton – Menschen, die intellektuell und in ihrem praktischen Tun auf der Höhe ihrer Zeit waren.

Unabhängig von Hutton formulierte der gothaische Diplomat und Naturforscher Karl von Hoff (1771–1837) in seinem seit 1822 erschienenen Buch *Geschichte der durch Überlieferung nachgewiesenen natürlichen Veränderungen der Erdoberfläche* die gleichen Ansichten. Der mit Goethe gut bekannte von Hoff war mit Verwaltungsaufgaben in Gotha zu stark beschäftigt; seine Ansichten zur Geologie nahm niemand wahr – bis auf Lyell. Lyell erkannte sie ausdrücklich an, und ihm waren natürlich auch Huttons Ansichten bekannt. Als er diese Gedanken aufnahm, war die Zeit dafür reif, und er konnte ihnen schnell zum Durchbruch verhelfen. Lyell war in seinem Denken auch unabhängig genug, in Erdbeben und Vulkanausbrüchen das Schöpferische und Verändernde im Aufbau der Erdkruste zu sehen und sie nicht nur als zerstörerisch zu begreifen. Die Einflüsse von eiszeitlichen Vorgängen auf die Erdkruste hat Lyell allerdings im Gegensatz zu Schimper und Agassiz nicht erfasst.

Durch seine methodischen Untersuchungen in Deutschland, Schweiz, Frankreich, Spanien, Skandinavien und Nordamerika, dort vor allem an den Niagarafällen, wurde er zum Begründer

der wissenschaftlichen Geologie – und zum Mitglied des preußischen Wissenschaftler-Ordens Pour le Mérite. Lyell unterstützte Charles Darwin und wurde wie dieser, aber auch wie Newton, Händel, Purcell oder Ernest Rutherford, in der Londoner Westminster Abbey beigesetzt.

Die Strata-Karte und die Leitfossilien

Unsere heute geläufige Vorstellung von den Erdzeitaltern, angefangen mit dem Präkambrium über berühmte Perioden wie Karbon, Jura, Kreide, wurde im Anschluss an Lyell und seine Kollegen nach und nach von der geologischen Wissenschaft entwickelt. Einen fundamentalen Beitrag dazu leistete der englische Vermessungsingenieur William Smith (1769–1839), dem bei Ausschürfungsarbeiten für den »Kohlenkanal« in Somerset auffiel, dass in bestimmten Erd- oder Gesteinsschichten nur ganz bestimmte, nur für diese Schicht typische Fossilien anzutreffen waren – dies allerdings auch an anderen, weit entfernt liegenden Orten in England. Er legte dazu eine umfassende Fossiliensammlung an, die er sorgfältig publizierte.

Der deutsche Geologe Leopold von Buch, ein Studienfreund Alexander von Humboldts, prägte den Begriff »Leitfossil« für diese typischen Fossilmerkmale von Gesteinsschichten. Anhand der Leitfossilien konnten die Geologen den Schichtenaufbau der Gesteine und ihre Abfolge erkennen. Außerdem legte die Aufeinanderfolge einen wichtigen Gedanken nahe: Wenn bestimmte Tier- und Pflanzenfossilien nur in einer Schicht (einem »Stratum«) vorkamen und anschließend nicht mehr, dann musste es doch eine Evolution der Lebewesen gegeben haben. William Smith erfasste auch diese Erkenntnis und sprach von einem »Prinzip der Fossilfolge«.

Smith widmete sich ab 1801 ganz der geologischen Kartierung Großbritanniens und erstellte in jahrelanger Arbeit die erste moderne geologische Übersichtskarte eines ganzen Landes (erschienen 1815). (Erste regionale »mineralogische Karten«, in denen hauptsächlich Mineral- und Erzvorkommen markiert waren, gab es da und dort bereits hundert Jahre zuvor.) Die mittlerweile berühmte Strata-Karte von Smith besteht aus fünfzehn Blättern, die zusammen eine Größe von 1,82 mal 2,74 Metern ergeben. Ihre Bedeutung als Meilenstein der Kartografie wurde erst später erkannt. Da Smith sie von Anfang an farbig angelegt hatte, war ihr Druck mit erheblichen Kosten verbunden. Die Auflage betrug vierhundert Exemplare, doch sie verkaufte sich nicht wie erhofft. Smiths Karten, in deren Erstellung er Jahre seines Lebens investiert hatte, wurden abgekupfert und weit unter Preis verhökert. Aus Geldnot sah er sich gezwungen, seine Fossiliensammlung zu verkaufen, und musste dennoch einen demütigenden Bankrott über sich ergehen lassen, einschließlich Haft im Schuldgefängnis. Anschließend arbeitete er wieder als Landvermesser, bis er Jahre später rehabilitiert und seine wissenschaftliche Leistung anerkannt wurde.

Auch Leopold von Buch erstellte 1826 eine erste vollständige geologische Karte Deutschlands. Mit diesen Karten wurde erstmals die dritte Dimension der Erdoberfläche erschlossen: Nach der »zweidimensionalen« Topografie der Landkarten ging es nun in die dritte Dimension, in die Tiefe unter der Erdoberfläche.

Moderne geologische Karten geben heute »auf einen Blick« eindrucksvolle Informationen von der Zusammensetzung der Erdkruste unter unseren Füßen.

Physikalische, geologische, meteorologische, ethnologische, klimatische Atlanten

William Smiths Strata-Karte war, was man erst später erkannte, eine Pionierleistung im Bereich der thematischen Karten zur Geologie, Meteorologie, Hydrografie, Ethnologie oder zum Klima. Heute sind uns solche Karten ganz vertraut, etwa auch die »Geschichtskarten« in historischen Atlanten und populären Werken wie dem *Fischer-Weltalmanach.*

Ein weiteres für solche thematischen Karten grundlegendes Werk des 19. Jahrhunderts ist der *Physikalische Atlas* (1845) von Heinrich Berghaus (1797–1884). Die Anregung dazu stammte von Alexander von Humboldt, der auf seiner Südamerikareise erste thematische Karten gezeichnet hatte, zum Beispiel ein Höhenprofil der Pflanzen des Äquators. Der *Physikalische Atlas* sollte eine Art Kartenillustration zu Humboldts *Kosmos* sein.

Wir sind auch daran gewöhnt, dass Aussagen von Statistiken in kartografischer Form dargestellt werden. Bahnbrechend dafür war der Franzose Charles Minard (1781–1870), ein Bau- und Vermessungsingenieur. Sein 1869 veröffentlichtes kartenähnliches Diagramm über den verlustreichen Russlandfeldzug Napoleons gilt als »die beste Infografik aller Zeiten«. Sie zeigt in einer Farbe die bereits auf dem Weg nach Moskau deutlich abnehmende Truppenstärke der Grande Armée und in anderer Farbe die katastrophalen Verluste auf dem Rückzug, und dies stets im Zusammenhang mit der Temperatur, dazu noch ein paar andere Parameter.

Die Begradigung des Rheins

Eine Folge der Eiszeit war auch das Flussbett des Oberrheins. Den Rhein als wahrlich sehenswerte landschaftliche Touristenattraktion mit wenigen echten und vielen nachgebauten Burgruinen, malerischen Dörfern und steilen Rebhängen gibt es nur zwischen Bingen und Koblenz. Dieses Mittelrheintal ist im Grunde ein Canyon, den der Strom zwischen Hunsrück und Taunus, Eifel und Westerwald gegraben hat.

Im viel breiteren Oberrheintal zwischen Mainz und Basel war die Situation anders. Hier verlief der Rhein in einer von ihm selbst durch ungeheure eiszeitliche Geröllablagerungen aufgeschütteten und bis heute völlig flachen Schotterebene. Wegen des geringen Gefälles mäanderte der Fluss in klassischer Weise in unzähligen Schleifen und Altarmen. Die sumpfige Ebene weitete sich stellenweise zu Seenlandschaften oder war von Flussinseln und Auen durchzogen. Eine der Gefahren dieses sich in flachen Kiesbetten ständig ändernden, chaotischen Flussverlaufs waren Überschwemmungen. Die andere die Malaria. Die einzige »Schifffahrt«, die hier möglich war, war die für das Mittelalter und für die Barockzeit an Rhein und Neckar allerdings sehr wichtige Flößerei. Lastschiffe konnten ab der Mainmündung stromaufwärts nicht mehr verkehren.

In alter Zeit waren Rheinüberquerungen für Römer, Völkerwanderungen oder Ritterheere nie ein Problem, weil man trockenen oder allenfalls feuchten Fußes durch die gesamte Oberrheinebene laufen konnte und allenfalls an einem Hauptarm einen Kahn nehmen musste. Angesichts der geringen Strömung fror der Fluss im Winter ohnehin oft zu. Beim berühmten Rheinübertritt der Alanen, Sueben und Wandalen in der Neujahrsnacht 406/407 spazierten diese germanischen Völker einfach über die zugefrorenen Rheinarme zwischen Mainz und Worms.

Eindeichungen und Flussbegradigungen wurden im 19. und 20. Jahrhundert vielerorts vorgenommen. Doch die Rheinbegradigung war ein landschaftsveränderndes Bauprogramm. Durch die Kanalisierung des Rheins verschwand die gesamte Auenlandschaft im Oberrheintal. Natürlich konnte man nun besser siedeln, Landwirtschaft betreiben sowie – im 19. Jahrhundert ganz wichtig – Fabriken am Rhein bauen und diesen als echte Binnenwasserstraße nutzen. Aber das alte Aussehen von Vater Rhein verschwand. Es muss eine zauberhafte Wasserlandschaft gewesen sein, eine Mischung aus Spreewald und Havelseen bei Potsdam. Allerdings auch mit den genannten Nachteilen.

Der führende Kopf dieser enormen Ingenieursleistung und ihr eigentlicher Initiator war der badische Ingenieur Johann Gottfried Tulla (1770–1828). Tulla selbst starb übrigens an Malaria. Angesichts der Größe der Aufgabe handelte es sich bei der

Rheinbegradigung um ein Mehrgenerationenprojekt, welches das gesamte 19. Jahrhundert in Anspruch nahm. Selbstverständlich bedurfte es zur Planung und Durchführung solch großflächiger Baumaßnahmen exakter topografischer Aufnahmen, sprich: Karten. Von Tulla stammten hauptsächlich die Pläne und Vorgaben. So legte er beispielsweise die Breite des Rheinbettes auf durchschnittlich 240 Meter fest. Und er musste in der Anfangsphase die »Gremienarbeit« in den Anrainerstaaten leisten, die damals souveräne Staaten waren: Großherzogtum Baden, Großherzogtum Hessen-Darmstadt, die Pfalz gehörte zum Königreich Bayern. Frankreich war und ist ebenfalls Rhein-Anrainer.

Nach einer polytechnischen Ausbildung trat Tulla in den badischen Staats- und Militärdienst ein. Im Laufe seiner Karriere bekleidete er auch Offiziersränge. Verwendung für ausgebildete Ingenieure gab es damals eigentlich nur beim Militär. Deswegen wurden ja auch die großflächigen Landesaufnahmen (Vermessungen) seit der Zeit der Cassinis fast immer von Vermessungsingenieuren der jeweiligen Landesarmeen durchgeführt.

Die ersten Pläne zur Rheinbegradigung stellte Tulla schon 1809 vor. Ein praktisches Vorspiel zur Rheinbegradigung war die Begradigung des Flüsschens Dreisam, das bei Freiburg aus dem Schwarzwald in die Rheinebene fließt. Hierdurch konnte sehr viel landwirtschaftliche Nutzfläche gewonnen und die Gefahr von extremen Hochwassern in der Freiburger Umgebung durch die steilen Südwesthänge des Schwarzwaldes im Einzugsgebiet der Dreisam eingedämmt werden.

In der Praxis und zur wesentlichen Vereinfachung der »Begradigung« ging man so vor, dass beispielsweise zwischen dem Beginn und dem Ende einer seitwärts ausweichenden Mäanderschleife ein Kanal gebaut wurde. War dieser fertiggestellt, konnten die jeweiligen bisherigen Flussufer durchstochen werden; das Wasser schoss in den Kanal und nahm automatisch die kürzere Strecke. Die Altarmschleifen liefen leer, wurden gegebenenfalls mit einem Damm abgedichtet und verlandeten allmählich. Damit war neues Land gewonnen und der Fluss begradigt. Allein zwischen Lautermündung und Roxheim, also dort, wo der Rhein die Grenze zwischen Baden und der zu Bayern gehörenden Kurpfalz bildet, wurden achtzehn solcher Durchstiche vorgenommen.

Für die Durchstiche waren gewaltige Erdbewegungen erforderlich, und im Verlauf wurde der gesamte Rhein mit Dämmen versehen. Man baute aber nur schmale Kanäle; nach dem Durchstich verbreiterte der Fluss auf der »Abkürzung« sein Bett selbst, vor allem bei Hochwassern. Im Endausbau war der Flusslauf zwischen Bingen und Basel um rund achtzig Kilometer verkürzt.

Ein hydrologisches Ergebnis der Verengung und Begradigung des Flussbettes ist natürlich, dass der Rhein nun schneller fließt. Damit gräbt er sich nun aber auch selbst viel tiefer in sein Flussbett ein, ein Umstand, den man unterschätzt hatte. In der Folge sank nicht nur der Wasserspiegel, sondern auch der Grundwasserspiegel. Dadurch vertrockneten Auwälder, die Landwirtschaft und die Trinkwasserversorgung aus Brunnen wurden schwieriger. Das Oberrheintal ist heute kaum mehr hochwassergefährdet, hier schießt das Wasser durch, aber beim Eintritt in die niederrheinischen flacheren Gebiete, wo sich die Fließgeschwindigkeit verlangsamt, kommt es nun wegen des Rückstaus verstärkt zu Hochwassern, wie die nicht seltenen Überflutungen von Koblenz an der Moselmündung oder der Altstadt von Köln zeigen.

Die Entdeckung »Trojas«

Weniger an Entdeckungen auf der Erde als vielmehr an Entdeckungen *unter* der Erde sind ganz andere Arten von Forschern interessiert: Heinrich Schliemann (1822–1890) ergrub von 1870 bis 1873 einen Hügel bei Hisarlik in der heutigen Westtürkei, in dem er mehrere bronzezeitliche Siedlungsschichten fand. Den ganzen Hügel deutete er als das Troja der berühmten griechischen Sage der Antike.

Von 1874 bis 1876 setzte Schliemann seine Ausgrabungsarbeiten in Mykene auf der griechischen Peloponnes fort und förderte auch dort erstaunliche Funde und bronzezeitliche Siedlungsreste zutage. Mit seinen Pioniertaten eröffnete Schliemann ein völlig neues Forschungsfeld. Er war der Erste, der sein Vorgehen dokumentierte und nicht einfach Ruinen und Schätze ausbuddelte. So wurde er zum Begründer der modernen wissenschaftlichen Archäologie, auch wenn heutige wissenschaftliche Standards deutlich strenger sind. Zu jeder sorgfältigen Dokumentation einer Ausgrabung gehören neben der genauen Registrierung und Beschreibung der Fundgegenstände und ihrer Lage selbstverständlich auch die Vermessung und Kartierung des archäologischen Grabungsfeldes.

Bis zu Schliemann gab es außer den Freilegungen in Pompeji ab 1738 und einigen Ausgrabungen in Ninive zu Beginn des 19. Jahrhunderts weder im 18. noch im 19. Jahrhundert systematische archäologische Grabungen. Schliemanns Vorgehen bedeutet eine kopernikanische Wende für die Altertumskunde. Von nun an beruhten Kenntnisse der Frühgeschichte nicht mehr allein auf legendenhaften Überlieferungen, sondern sie konnten auf Fakten gegründet werden. Nach Schliemanns Pioniertat folgten rasch weitere bedeutende Ausgrabungen, vor allem in Nahost: Ninive, Tal der Könige, Knossos auf Kreta durch Arthur Evans ab 1900; die Öffnung des nahezu unversehrten Grabes des Tutenchamun im ägyptischen Tal der Könige durch Howard Carter 1922.

Bis zum Bekanntwerden dieser ersten großen archäologischen Entdeckungen beruhte das populäre Wissen über die Altertumsgeschichte noch vor 150 Jahren fast ausschließlich auf dem Alten Testament, Homer, Herodot und einigen anderen antiken Autoren mit zweifelhaften Quellen. Weder das Mittelalter noch die Frühe Neuzeit kannten eine systematische Altertumswissenschaft, und sie interessierten sich auch nicht so recht dafür, sondern klebten am Überlieferten, wie man noch den Kosmologien der Renaissance unschwer entnehmen kann.

Unsere mittlerweile viel umfangreichere Kenntnis der Frühgeschichte der Zivilisationen beruht überwiegend auf archäologischen Befunden – und ihren Deutungen, vor allem hinsichtlich der langen vorgeschichtlichen Zeiträume, aus denen es keine schriftliche Überlieferung gibt.
Archäologische Ausgrabungen spielen heute in der Geschichtsforschung weltweit eine enorme Rolle. Die dramatische Verbesserung mikroskopischer, chemischer und physikalischer Untersuchungsmethoden verleiht der Archäologie gerade in der Gegenwart zunehmend Schub. Die wissenschaftliche Archäologie hat unser historisches Weltbild zutiefst verändert.

Zwanzigtausend Meilen unter dem Meer

Im selben Jahr als Schliemann anfing, in Hisarlik in der Vergangenheit zu graben, erschien das bekannteste Buch des Pioniers der Zukunftsromane: *Zwanzigtausend Meilen unter dem Meer* von Jules Verne (1828–1905). An Bord des mit Luxus und Komfort ausgestatteten Riesen-U-Bootes *Nautilus*, einem technischen Wunderwerk des etwas eigenwilligen Kapitäns Nemo, erleben einige unfreiwillige Expeditionsteilnehmer die Unterwasserwelt der Ozeane nebst etlichen Abenteuern. In den meisten seiner mehrere Dutzend Romane führte der fortschrittsbegeisterte Jules Verne die wissenschaftlichen Errungenschaften und Ingenieursleistungen und technischen Erfindungen seiner Zeit geradezu enzyklopädisch und detailverliebt beschreibend vor und verlängerte die Entwicklungslinien mit kühner Fantasie in die Zukunft. Fast immer gehen seine Helden auf Abenteuer- und Entdeckungsreisen, sehr oft zu noch unbekannten Horizonten: Sei es die Unterwasserwelt oder zum »Mittelpunkt der Erde«, von der Erde zum Mond oder »um den Mond« (worin die Protagonisten ihre Beobachtungen der Mondoberfläche lediglich mit Operngläsern vornehmen). Bekannt ist, wie Verne einige technische Entwicklungen der Raumfahrt fast visionär vorwegnahm. Dementsprechend spielen Geografie und Astronomie auch als Wissenschaften in seinen Büchern eine herausragende Rolle. Das von Jules Verne wesentlich initiierte neue Literaturgenre wird folglich auch *Science*-Fiction genannt. Wobei die modernen Ableger eher mit Technik-Fantasie als mit echter Wissenschafts-Fantasie glänzen.

Pioniere
des 19. Jahrhunderts

HMS Beagle

Die weltberühmte fünfjährige Reise der *HMS Beagle*, die 1831 begann, war eigentlich eine Vermessungsfahrt für die Royal Navy. Es ging um die genaue Vermessung der Seegebiete an der Südspitze von Südamerika und im Südpazifik, die bereits 1826 begonnen hatte. Weil der bekannte Mitreisende auf dieser Fahrt Charles Darwin war (1809–1882), ging es im Nachhinein betrachtet um sehr viel mehr. Auf dieser Fahrt bis 1836 machte Darwin all die Beobachtungen und sammelte all die Daten, aus denen er seine bahnbrechende Evolutionslehre ableiten sollte.

Kommandant des Schiffes war der zu Beginn der Reise 25-jährige Robert FitzRoy, ein Abkömmling der Hocharistokratie. FitzRoy drückte Darwin kurz vor dem Auslaufen ein Exemplar des ersten Bandes von Lyells *Theorie der Erde* in die Hand, das er von dem Geologen selbst erhalten hatte. Darwin las es auf See mit großem Interesse. Es öffnete ihm die Augen für die sehr langen Zeiträume in der (geologischen) Entstehungsgeschichte der Erde. Ein, wie gesagt, damals noch neuer Gedanke. Nur vor diesem langen zeitlichen Horizont war das Konzept einer allmählichen Evolution der Arten denkbar. So griffen in jener Zeit die Erkenntnisse ganz verschiedener Wissenschaftszweige, die eigentlich erst im Entstehen waren, ergänzend und befruchtend ineinander. Wie man an den Jahreszahlen erkennt, zögerte Charles Darwin sehr lange, bis er 1859 sein Buch *Über die Entstehung der Arten* veröffentlichte. Das Buch revolutionierte wie kaum ein anderes das wissenschaftliche Weltbild, nicht nur dasjenige der Biologie. Heute ist der evolutionäre Gedanke ein Grundprinzip des wissenschaftlichen und weltanschaulichen Denkens. Die Erde, das Weltall, die Natur, der Mensch – alles hat sich entwickelt, und es entwickelt sich ständig weiter. »Die Welt« ist dynamisch. Das ist das moderne Weltbild. Und nicht statisch. Das sind alle alten Weltbilder.

Die Katastrophe der Franklin-Expedition

Die Nordwestpassage war nicht nur eine Obsession von John Franklin (1786–1847), sondern vieler Entdecker seit der Renaissance. Schon kurz nach der ersten Kolumbusreise hatte 1496 John Cabot damit angefangen. Im Alter von 32 Jahren nahm Franklin erstmals an einer – unglücklich verlaufenden – Polarexpedition teil. Seine eigene berühmte Expedition, die er aus eingesammelten Geldern privat finanzierte, begann 1845. Die dafür verwendeten Schiffe, die *HMS Erebus* und die *HMS Terror*, waren diejenigen, mit denen James C. Ross bereits in die Antarktis vorgedrungen war. Die britische Admiralität unterstützte das Vorhaben in jeder Hinsicht. Etliche der besten Marineoffiziere befanden sich unter den Teilnehmern. Der Durchbruch in Sachen Nordwestpassage sollte ein Ruhmesblatt für die Navy werden. Trotz bester Vorbereitung und ausreichender Verproviantierung kamen alle 129 Mitglieder der Expedition nach drei Überwinterungen im Packeis elend um.

Nachdem man 1847 keinerlei Nachrichten mehr von der Franklin-Expedition erhalten hatte, liefen umfangreiche Rettungsaktionen zur Suche nach Überlebenden an, die sehr viel Geld verschlangen und mehr Menschen das Leben kosteten, als die Franklin-Expedition Mitglieder hatte. Die wesentliche Erkenntnis aus dem katastrophalen Scheitern der Franklin-Expedition für die späteren Polarforscher bestand darin, nicht nur auf die scheinbar überlegenen Mittel, Methoden und Gewohnheiten der westlichen Zivilisation zu vertrauen, sondern sich auch mit den Gewohnheiten und Überlebenstechniken der Eingeborenen vertraut zu machen. Dies kostete die Menschen des viktorianischen Zeitalters vielleicht die größte Überwindung.

Im Grunde war es schließlich der 1869 eröffnete Sueskanal, der den »Seeweg nach Indien« und Fernost erheblich abkürzte, welcher die Suche nach der Nordwestpassage für das 19. und 20. Jahrhundert endgültig obsolet machte.

Homestead Act

Im Jahr 1862 unterzeichnete der amerikanische Präsident Lincoln den ersten *Homestead Act* (»Heimstätten-Gesetz«), der im Jahr darauf in Kraft trat. Es handelte sich um die größte Umwandlung von öffentlichem in privates Eigentum und löste die Besiedlung des Wilden Westens aus. Nach diesem Gesetz durfte sich jeder in den Weiten Amerikas auf unbesiedeltem Land (Bundesterritorium) niederlassen, sich maximal 160 Acre abstecken (ca. 64 Hektar) und bewirtschaften. Hielt er das fünf Jahre lang durch, wurde er Eigentümer dieses Landes. Die staatliche Unterstützung der individuellen Eigeninitiative, aber auch ihre Begrenzung, verstand sich bewusst als Gegenmodell zur Plantagen- und Sklavenwirtschaft in den Südstaaten.

Das Gesetz war lange umstritten und konnte erst unter dem Druck des Amerikanischen Bürgerkriegs (1861–1865) in Kraft gesetzt werden. Die Altsiedler in den Kernstaaten der USA, die ihre Existenz hart erkämpft und erarbeitet hatten, fühlten sich nämlich gegenüber den Neusiedlern im Westen, denen »vom Staat« einfach etwas »geschenkt« wurde, ungerecht behandelt. Umgekehrt wurde der Homestead Act im Nachhinein zu einer libertären Großtat erklärt, als eine der größten Privatisierungen (von öffentlichem Grund) und Beweis dafür, dass alles schon recht gedeihe, wenn der Staat nur das Eigentum garantiere, ansonsten nicht mehr interveniere und die Privaten ihrem Tun überlasse.

Es leuchtet ein, dass es für die Durchführung eines solchen Gesetzes genauer Karten bedurfte. In den USA gab es allerdings keine »Große Landvermessung«, wie sie von den Briten in Indien oder mittlerweile auch in den europäischen Staaten durchgeführt wurde, sondern nur Teilvermessungen, teils für militärische Zwecke, teils für den transkontinentalen Eisenbahnbau.

Die großflächige und intensive zivilisatorische Durchdringung eines halben Erdteils in ziemlich kurzer Zeit ist wohl nicht zu Unrecht *der* amerikanische Real-Mythos schlechthin. Im Grunde war es eine Art Völkerwanderung. Legendär sind die verschiedenen Trails, die Planwagen-Karawanenstraßen, die immer wieder benutzt wurden, um bis an den Pazifik zu gelangen. Zu den frühesten zählen der Santa Fe Trail (ab ca. 1825), der erste Oregon Trail (1842) und der California Trail (ab 1844). Leidtragende waren jedoch die amerikanischen Ureinwohner, die ihre eigenen *Trails of Tears* (»Pfade der Tränen«) zu ertragen hatten – gewaltsam durchgesetzte Zwangsumsiedlungen wie der Cherokee Trail 1838, um nur ein Beispiel von Dutzenden zu nennen.

Wettlauf zum Matterhorn

Zu den wenigen weißen, im Sinne von unberührten, Flecken in Europa zählten etliche Berggipfel der Alpen. Und nichts zeigt besser als diese schmalen Grate und Gipfel, wie eng inzwischen der Platz für derartige topografische Ersttaten geworden war.

Nach den Erstbesteigungen des Montblanc am 8. August 1786 durch Balmat und Paccard und des Großglockners durch einheimische Bergsteiger am 29. Juli 1800 wurde seit 1855 ein Alpengipfel nach dem anderen in Angriff genommen. Allerdings in der Mehrzahl nicht von einheimischen, sondern von britischen Bergsteigern. Die Briten wurden in den folgenden zehn Jahren die Pioniere des Alpinismus. Der gesamte Alpensport und Alpentourismus geht auf sie zurück.

1865 rückte das Matterhorn in den Blickpunkt des bergsteigerischen Interesses. Dessen Erstbesteigung schließt das Jahrzehnt vieler Erstbesteigungen von Alpengipfeln ab. Der Engländer Edward Whymper (1840–1911) lernte die Alpen als Landschaftsmaler kennen. Seit 1864 nahm er an etlichen Erstbesteigungen rund um das Montblanc-Massiv teil. Im Sommer 1865 leitete Whymper eine Seilschaft von zwei Engländern, einem Franzosen und zwei Wallisern von Zermatt aus über den Hörnligrat. Ursprünglich war er auch mit dem Italiener Jean-Antoine Carrel zu dieser Tour verabredet. Doch verschiedene Gründe verhinderten, dass Carrel rechtzeitig eintraf. Der führte dann fast gleichzeitig eine Tour von der italienischen Seite auf das Matterhorn. Whymper gewann diesen Wettlauf mit drei Tagen Vorsprung am 14. Juli 1865. Allerdings stürzte auf dem Rückweg der größte Teil seiner Seilschaft zu Tode. Nur Whymper selbst und die beiden Walliser (Vater und Sohn Taugwalder) überlebten das Unglück. Das Drama der Erstbesteigung des Matterhorns wurde von Luis Trenker aus der Sicht Carrels zweimal verfilmt. Die zweite Version (1938) trägt den sprichwörtlich gewordenen Titel *Der Berg ruft!*

Whymper und Carrel gelang schließlich doch noch gemeinsam eine Erstbesteigung: der Chimborazo 1880 in Ecuador, den Alexander von Humboldt bereits in Angriff genommen, aber nicht ganz geschafft hatte.

Weitere wichtige Erstbesteigungen waren: Der (beinahe) höchste Berg Afrikas, der Kilimandscharo, 1889 durch den Österreicher Ludwig Purtscheller und den deutschen Afrikaforscher Hans Meyer aus der bekannten Verlegerfamilie *(Meyer's Enzyklopädie)*. Der höchste Andengipfel und damit der höchste Berg beider Amerika, der Aconcagua (6962 Meter) 1897 durch den Schweizer Matthias Zurbriggen. Der Chimborazo war lange Zeit für den höchsten Berg der Anden gehalten worden. Es war kein Geringerer als Robert FitzRoy, der Kapitän von Darwins *HMS Beagle*, der den Aconcagua 1834 richtig vermaß. Klare Fakten zu schaffen – das ist eine der besonders vornehmen Aufgaben der Landvermessung. Zurbriggen, der aus einfachsten Verhältnissen stammte, kam als Bergsteiger viel in der Welt herum, auch nach Asien, doch er endete als Landstreicher in Genf, wo er zum Schluss erhängt aufgefunden wurde.

Einen letzten Höhepunkt des Alpen-Alpinismus setzte die Durchsteigung der Eigernordwand im Jahr 1938 durch das deutsch-österreichische Team Heinrich Harrer, Fritz Kasparek, Andreas Heckmair und Ludwig Vörg. Der Eiger-Gipfel (3970 Meter) selbst war schon 1858 über die Westflanke erreicht worden.

Die Quellen des Nils

Die Suche nach den Quellen des Nils war eine der größten geografischen Obsessionen der Europäer seit der Antike. Ähnliche Obsessionen galten Thule, Timbuktu und im Mittelalter natürlich »Indien«. Schon Ptolemäus behauptete, zwei große Binnenseen im Innern Afrikas seien als Ursprung des mächtigen Stromes anzusehen – was nicht ganz falsch ist. Folglich waren selbst auf den summarischen mittelalterlichen Weltbildkarten der Europäer und der Araber Nilquellen in ungefähr richtiger Lage eingezeichnet.

Der Nil hat zwei ganz unterschiedliche Quellgebiete: das äthiopische Hochland – daraus fließt der Blaue Nil – und das ostafrikanische Hochland – daraus fließt der Weiße Nil. Die Herkunft des Blauen Nils war schon im 17. Jahrhundert bekannt. Im 19. Jahrhundert ging es daher nur noch um die Quellen des Weißen Nils. Die Suche nach der Nil- und der Kongoquelle waren auch ein Antrieb Livingstones für seine Afrikareisen.

Die entscheidende Expedition zu den Quellen des Weißen Nils unternahmen die Engländer Richard F. Burton (1821–1890) und John H. Speke (1827–1864). Sie stießen 1857 von Sansibar aus östlich ins afrikanische Innere vor und entdeckten 1858 zunächst gemeinsam den Tanganjikasee. Dann trennten sie sich. Speke ging nach Norden und entdeckte den großen Victoriasee. Burton hielt den Tanganjikasee für die Nilquelle, Speke den Victoriasee, worüber sich die beiden verfeindeten. Einen Tag vor einem 1864 in Bath angesetzten wissenschaftlichen Streitgespräch zwischen den beiden kam Speke durch einen Schuss aus einem Jagdgewehr ums Leben.

In Wirklichkeit speist sich der Weiße Nil aus einem ganzen System von Zuflüssen rund um diese beiden großen und einige kleinere Seen in den heutigen Staaten Burundi, Uganda, Ruanda, Tansania. Jenseits der in diesen Bergregionen ebenfalls verlaufenden afrikanischen Wasserscheide fließen die Gewässer auf den Kongo zu und damit in den Atlantik. Der Weiße und der Blaue Nil vereinigen sich in Omdurman, das heute praktisch ein Teil der sudanesischen Hauptstadt Khartum ist.

Nach der Burton-Speke-Expedition, aber vor dem fatalen Termin in Bath, war Speke 1860 zusammen mit dem Offizier J.A. Grant zu einer weiteren Reise an den Victoriasee wegen der Nilquellen aufgebrochen. Grant wiederum kartografierte später die Oberläufe des Kongo und des Sambesi. All diese Aktivitäten in der zweiten Hälfte des 19. Jahrhunderts waren überhaupt nur die allerersten Ansätze einer geografischen Erkundung. Was die Kenntnis des inneren Afrikas anbelangt, war man 1860 im Grunde noch nicht weiter als Ptolemäus.

Der außerordentlich sprachbegabte Richard F. Burton stammte aus einer wohlhabenden Familie. Als Offizier und Kolonialbeamter in Indien beherrschte er eine Fülle orientalischer Sprachen von Hindi bis Persisch; später lernte er auch Arabisch und – in Ostafrika – Suaheli. Burton hatte offenbar ein einzigartiges Interesse und einen einzigartigen Drang, die orientalischen Kulturen inwendig zu verstehen, und lebte beispielsweise wochenlang wie ein Inder unter Indern oder er besuchte als Pilger verkleidet Mekka. In Westafrika unternahm er etliche weitere Expeditionen, darunter die Erstbesteigung des über viertausend Meter hohen Kamerunberges, der ein Vulkan ist, zusammen mit dem deutschen Botaniker Gustav Mann. Von dem vielseitigen Burton stammt die lange Zeit maßgebliche englische Übersetzung von *Tausendundeine Nacht*, und er veröffentlichte 1883 die englische Erstausgabe des *Kamasutra*, das er allerdings nicht selbst übersetzt, aber redigiert hatte.

Dr. Livingstone, I presume

Der schottische Missionar David Livingstone (1813–1873) ist der bekannteste Afrikaforscher aller Zeiten. Er war schon zu Lebzeiten weltberühmt, weil er der erste Weiße war, der tief in das Innere Schwarzafrikas eindrang, und weil er auf seiner vorletzten Reise jahrelang verschollen blieb. Erst eine amerikanische Expedition unter der Leitung des Journalisten Henry M. Stanley (1841–1904) entdeckte 1871 Livingstone nach einer fast zweijährigen Suchaktion am Tanganjikasee – etwas krank, aber wohlbehalten. Diese Nachricht war weltweit eine Sensation. Stanley wurde anschließend selbst ein wichtiger Afrikapionier, vor allem des Kongo.

Livingstone hielt sich seit 1849 in Afrika auf und durchquerte dessen Südteil mehrmals auf verschiedenen Routen. 1855 entdeckte er die Victoriafälle des Sambesi. Später folgte er dem Sambesilauf bis zum Malawisee.

Die Suche nach Livingstone ist ein schönes Beispiel dafür, wie auch damals schon Nachrichten bewusst produziert wurden, um sich selbst und einem Blatt durch Sensationen und »Exklusivberichte« in Konkurrenz zu den anderen Zeitungen mehr Aufmerksamkeit (und mehr Auflage) zu verschaffen. Seit 1866 gab es kein Lebenszeichen mehr von Livingstone. Stanley hatte seinen Arbeitgeber, Gordon Bennett, Verleger des amerikanischen Boulevardblattes *New York Herald*, immer wieder wegen einer Livingstone-Suchexpedition genervt. 1869 sah Bennett ein, dass es eine kluge unternehmerische Idee war, aus Livingstones Schicksal eine Nachricht zu machen.

Stanley tut am Anfang seines berühmten Buches *Wie ich Dr. Livingstone fand* so, als sei er während eines Aufenthaltes in Madrid von Bennetts Telegramm:»Finden Sie Livingstone!« völlig überrascht worden. Auf dem Weg nach Afrika fand er jedoch noch Zeit, über die bombastische Eröffnung des Sueskanals zu berichten, die in dem Jahr gerade stattfand. Von Sansibar aus gelang es Stanley dann mit Mut, Chuzpe und einem gewaltigen Tross von anfangs annähernd zweihundert schwarzen Trägern und einigen Führern, Livingstone tatsächlich zu finden – vor einem Suchtrupp der Royal Geographical Society. Angesichts widriger Umstände war dies vor allem eine organisatorische Meisterleistung und natürlich eine Sache des Durchhaltewillens Stanleys, wenn man seine Ruhmsucht und Brutalität so deuten will. Stanley hatte zum Beispiel keinerlei Bedenken, von der Peitsche Gebrauch zu machen, und das nicht nur, um Lasttiere anzutreiben. Berühmt ist die Schilderung der ersten Begegnung von Stanley und Livingstone in einem kleinen Dorf am Tanganjikasee. Hier der gesundheitlich etwas mitgenommene Missionar, der seit Jahren im Innern Afrikas lebte und lange keinen Weißen mehr gesehen hatte, da der rüpelhafte Stanley, der sich seinen Weg durch den insekten- und schlangenverseuchten Urwald und sehr trockene Savannen regelrecht gepeitscht hatte. Im Moment der Begegnung gebraucht er eine vollkommen konventionelle Formel, als habe er Livingstone schon ein paarmal von Ferne in seinem Club in London gesehen: *Dr. Livingstone, I presume?* (»Gehe ich richtig in der Annahme, dass Sie Dr. Livingstone sind?«) Beide zogen ihren Hut (vielleicht eine Zutat der zeitgenössischen Illustrationen). Das war am 10. November 1871.

Livingstone blieb in Afrika und starb dort 1873, nachdem er ein letztes Mal versucht hatte, die Nilquellen zu finden. Stanley wollte zunächst auch zu den Nilquellen, setzte seinen Weg dann aber durch den Kongo fort. Später wurde er zum Wegbereiter des Kongo-Erwerbs durch den belgischen König Leopold II., der durch die Kongo-Gräuel so traurige Berühmtheit erlangen sollte, dass ihn ganz Europa verabscheute. Von den ungünstigen Bewertungen der Persönlichkeit Stanleys abgesehen, war er aber der bahnbrechende weiße Kongo-Pionier.

Durch die Wüste III – Gustav Nachtigal

Während Stanley zu seiner Suche nach Livingstone aufbrach, durchquerte ebenfalls 1869 der deutsche Militärarzt, Diplomat und Forschungsreisende Gustav Nachtigal (1834–1885) im Auftrag des preußischen Königs Wilhelm I. die Sahara von Tripolis aus. Anlässlich dieser diplomatischen Mission gelangte er in das vulkanische Tibesti-Gebirge (das höchste der Sahara; bis 3400 Meter) und das anschließende Borku-Gebiet, das noch nie von einem Europäer betreten worden war. (Die Gegenden liegen heute im Norden der Republik Tschad.)

Von dort aus besuchte Nachtigal, der schon seit einiger Zeit in Nordafrika lebte und Arabisch sprach, mehrere islamische Sultanate in der Südsahara wie Bornu, Baguirmi, Wadai, Darfur, Kordofan. Jahrelang galt er ebenso als verschollen wie Livingstone, bis er 1874 in Khartum, der heutigen Hauptstadt des Sudan, damals ein Teil Ägyptens, wieder auftauchte.

Dank seiner detaillierten Reisebeschreibungen gehört Nachtigal in die erste Reihe der frühen Afrikaforscher. Aus seinen Schriften geht eindeutig hervor, wie vorurteilslos er den Afrikanern gegenüber eingestellt war. Der wertvollste Teil seiner Werke sind daher auch die ethnografischen Passagen, nicht die geografischen. Nach dieser Reise blieb er auf diplomatischen Posten in Afrika für das Bismarck-Reich und hatte wesentlichen Anteil am Erwerb der ersten deutschen Afrika-Kolonien Togo und Kamerun.

Port Said am Sueskanal

Seit Vasco da Gama war der enorm wichtige Seeweg zwischen Asien und Europa 470 Jahre lang um Afrika herum verlaufen. Das änderte sich mit dem Bau des Sueskanals von 1859 bis 1869. Dieser war zunächst eine Sache der richtigen Vermessung. Schon in der Antike und unter den Kalifen hatte es Kanalbauprojekte gegeben, aber keine richtige Verbindung zwischen Mittelmeer und Rotem Meer. Im 18. Jahrhundert und noch zur Zeit Napoleons befürchtete man, dass das Rote Meer höher liegen könnte als das Mittelmeer. Man glaubte, der Höhenunterschied betrage neun Meter. Daher wurde ein Durchstich für unbeherrschbar oder sogar unmöglich gehalten. Erst genaue Vermessungen des französischen Ingenieurs Bourdaloue und des renommierten österreichischen Straßen-, Brücken- und Eisenbahnbauers Alois Negrelli (1799–1858) ergaben im Jahr 1847, dass praktisch kein Höhenunterschied existierte. Negrelli wurde zum eigentlichen planerischen Kopf für den Bau des Kanals. Von ihm stammten die konkreten Pläne für die Trassenführung, wie sie seit 1854 erörtert und später dann auch verwirklicht wurden. Allerdings starb Negrelli bereits ein Jahr vor Baubeginn und geriet daher in Vergessenheit.

Treibende Kraft des Kanalbaus war der Franzose Ferdinand de Lesseps (1805–1894). Er war als junger Diplomat nach Ägypten gekommen und aus dieser Zeit dem späteren ägyptischen Vizekönig Muhammad Said freundschaftlich verbunden. (Ägypten war damals Teil des Osmanischen Reiches. Oberherrscher war der türkische Sultan in Konstantinopel.) Muhammad Said erteilte Lesseps 1854 die erste Konzession zum Kanalbau. Anschließend wurde die »Compagnie universelle du canal maritime de Suez« gegründet, eine Aktiengesellschaft, die die Mittel zum Kanalbau aufbringen und diesen 99 Jahre lang betreiben sollte. (Die Sues-Kanalgesellschaft wurde 1956 von Präsident Nasser verstaatlicht; der Sueskanal wird heute praktisch von der ägyptischen Regierung betrieben und ist eine wichtige Einnahmequelle für den ägyptischen Staat. Gleichwohl existiert auch die Sues-Gesellschaft in veränderter Form als Energie- und Finanzkonzern in Frankreich fort.)

Lesseps führte mit großer Energie den Kanalbau durch. Dafür waren enorme technische und logistische Probleme zu bewältigen, denn alles, buchstäblich alles Material musste erst einmal aus Europa herangeführt werden. Außerdem versuchte vor allem die britische Regierung durch enormen diplomatischen Druck, insbesondere auch auf die osmanische Regierungszentrale in Konstantinopel, den Kanalbau zu verhindern. Die geglückte Fertigstellung 1869 war ein Triumph für Lesseps, und er wurde mit Ehren überhäuft, auch von den Briten. Der Mittelmeerhafen Port Said am nördlichen Kanaleingang ist nach dem ägyptischen Vizekönig benannt, der die erste Konzession erteilte. Said, der auch ansonsten durch seine Steuer- und Wirtschaftspolitik einiges zur Modernisierung Ägyptens in jener Zeit beitrug, erlebte die Fertigstellung des Kanals allerdings nicht mehr; er starb 1863.

KARTEN UND ATLANTEN
DES 19. JAHRHUNDERTS

Dufour-Karte und Stieler-Atlas

Ein herausragendes Kartenwerk des 19. Jahrhunderts im deutschsprachigen Raum ist die Dufour-Karte der Schweiz, die von 1845 bis 1864 entstand. Die Schweiz hatte sich 1848 eine moderne republikanische Verfassung gegeben und sich damit einhergehend vom Staatenbund zum Bundesstaat gewandelt. In der Tat war die in Teilen auch schon frühzeitig industrialisierte Schweiz in dieser Zeit einer der modernsten Staaten Europas und wegen der garantierten Grundrechte ein Ziel vieler politischer Asylanten aus ganz Europa. Zu den prominentesten aus Deutschland zählen Richard Wagner und der Architekt Gottfried Semper.

Diese sehr moderne Schweiz erhielt nun auch eine der besten und detailliertesten modernen Karten. Vor diesem zeitgeschichtlichen Hintergrund ist solch eine umfassende Landesaufnahme natürlich auch ein nationales Symbol. Guillaume-Henri Dufour (1787–1875) zählte ab 1847 zu den ersten Generälen der jungen Schweizer Armee. Bereits seit 1832 gehörte die Landesvermessung zu seinem Aufgabenbereich als Oberstquartiermeister. Die Arbeit an der Dufour-Karte begann schon damals vom Genfer Stadtteil Carouge aus, wo Dufour das Eidgenössische Topographische Bureau einrichtete. Von einer Basislinie zwischen Walperswil (Kanton Bern) und Sugiez (Kanton Fribourg) aus wurde die komplette Schweiz systematisch mit der Triangulationsmethode vermessen.

Eine große Bedeutung der Dufour-Karte liegt in der zeichnerischen Wiedergabe und der Qualität der Reproduktion. Hier wurde durch die sorgfältige Verwendung von Schattenschraffen nicht gerade ein dreidimensionales, aber ein plastisches, reliefhaftes Bild der hügeligen Schweizer Landschaft erzielt. Die Karten wirken also nicht »flach«.

Für die Publikation wurden Karten damals noch in Kupferstich gedruckt. Die reingezeichneten Vorlagen mussten mit Sticheln auf Kupferplatten übertragen werden. Eine Arbeit, die wahrhaft Uhrmacherpräzision und -geduld erforderte. Dufour kontrollierte die Vorlagen persönlich. Für die Schattenschraffen ging man von einer »fiktiven« Nordwest-Beleuchtung aus. Durch diesen künstlerisch-gestaltenden Anteil der Kartenwiedergabe wirken die Dufour-Karten »natürlich« und – angesichts der schweizerischen Alpenlandschaften – imposant.

Selbstverständlich sind ausgezeichnete Vermessungen eine unabdingbare Voraussetzung für eine gute Karte. Hinzu kommt für den Kartendruck die zeichnerische Gestaltung, die sehr viel Erfahrung erfordert: Was hebt man hervor, was lässt man weg? Welchem Zweck dient die Karte? Liegt der Schwerpunkt auf der topografischen Genauigkeit des Geländes wie für Militärkarten? Auf der schnellen Orientierung wie bei Straßenkarten oder Stadtplänen, für die das Gelände eine geringe Rolle spielt? Auf der guten Übersicht und der Landschaftsgestaltung wie bei einem Schulatlas? Und nicht zuletzt spielt die Qualität des Papiers für den Druck einer guten Karte eine wichtige Rolle.

Die Dufour-Karten erschienen im Maßstab 1 zu 100 000. Die maßstäbliche Verkleinerung sowie die Kunst des Weglassens und der Vereinfachung sind ebenfalls Bestandteil der Kunst der Kartografie. Keine Luftbildaufnahme und erst recht keine verkleinerte Luftbildaufnahme kann eine gute Karte ersetzen. Man sieht es heutzutage deutlich an den Aufnahmen von Google Earth: Zur schnellen und einfachen Orientierung in der Landschaft tragen sie nichts bei.

Wie bei so vielen Gegenständen des Alltags, deren Gebrauch

uns selbstverständlich und einfach vorkommt, stehen gerade hinter Dingen, die leicht handhabbar erscheinen, oftmals generationenlange Erfahrung, eine Fülle von Produktionsschritten, feinste technische Fertigkeiten und viel Überlegung besonders bei den »unsichtbaren« Einzelheiten. Das gilt nicht nur für Karten und Atlanten, sondern auch für Bücher im Allgemeinen genauso wie für Lederwaren, Kleidung, Schuhe, Möbel, Nahrungsmittel und den Hausbau. Raffinierte »Technik« steckt nicht nur in Smartphones und Autos.

Der im 19. Jahrhundert in Deutschland gebräuchlichste und praktisch in jedem Haushalt vorhandene Weltatlas war »der Stieler«, der seit 1815 im Verlag Justus Perthes in Gotha erschien, und das fast hundertfünfzig Jahre lang in immer wieder verbesserten und erweiterten Auflagen. Erst die deutsche Teilung nach dem Zweiten Weltkrieg machte dieser Kontinuität ein Ende.

Adolf Stieler (1775–1836) arbeitete als Hofbeamter des kleinen thüringischen Herzogtums Sachsen-Gotha-Altenburg und zeichnete bereits früh Karten für verschiedene Autoren. Seit etwa 1812 erarbeitete er zusammen mit dem Kartografen Ch. G. Reichard ein Konzept für einen »wohlfeilen« Atlas in »bequemem Format«. Stielers Atlas erschien 1817 bis 1823 in mehreren Lieferungen und umfasste schließlich fünfzig Seiten. Eine Jubiläumsausgabe hundert Jahre später hatte doppelt so viele Seiten. Eine wesentliche Rolle bei der Weiterentwicklung des *Stieler* anlässlich von Neuauflagen spielte der international hoch angesehene Geograf und Kartograf August Petermann. Erst unter der Ägide von Petermann und Heinrich Berghaus erreichte der *Stieler* ab der sechsten Auflage 1875 jenes Niveau der Kartendarstellung, für das er international berühmt wurde.

Natürlich gab es im 19. Jahrhundert nicht nur den Perthes-Verlag mit seinem *Stieler*. Aber Thüringen und etwas später die Buchstadt Leipzig bildeten vor dem Zweiten Weltkrieg den Schwerpunkt. In Leipzig residierte das von C. J. Meyer *(Meyers Enzyklopädie)* gegründete Bibliografische Institut, das ebenfalls einen *Großen Hand-Atlas* herausgab. Ein weiterer bedeutender und qualitätvoller Atlas war *Andrees Allgemeiner Handatlas* von Richard Andree (1835–1912) aus dem Verlag Velhagen & Klasing, Bielefeld, der etwas moderner war als der *Stieler*. Der *Diercke-Schulatlas* aus dem Westermann-Verlag des Lehrers und Kartografen Carl Diercke (1842–1913) besteht noch immer. Dieser erste deutsche Schulatlas erschien erstmals 1883, ab 1893 in etwas verkleinertem, schulranzentauglichem Format. Alle bekannten Atlanten der Nachkriegszeit in Deutschland waren im Schnitt nur halb so umfangreich wie der *Stieler* oder der *Andree*, trugen aber meistens das Wort »Großer« im Titel. Weltweit tonangebend wurde nach dem Zweiten Weltkrieg der wiederum umfangreiche *Times Atlas of the World*.

New Railroad and County Map of the United States

Wichtigster Kartenverlag der USA wurde Rand McNally, nach den Gründern William Rand und Andrew McNally in Chicago (ab 1856). Er entstand in engem Zusammenhang mit dem Ausbau des Eisenbahnnetzes. Chicago war dessen Knotenpunkt. Sie druckten zunächst Fahrscheine und Reisehandbücher. Ihre *New Railroad and County Map of the United States* kann als die erste zuverlässige Gesamtkarte der Vereinigten Staaten gelten. Sie erschien 1876 – zur Hundertjahrfeier der USA. Daran war zwei Jahre lang gearbeitet worden. Das Projekt kostete damals 20 000 Dollar.

Später folgten weitere Kartenwerke, vor allem für den Schulgebrauch, ein Weltatlas und seit 1904 Straßenkarten für den Autoverkehr.

Während des Ersten Weltkriegs entwickelten Rand McNally-Kartografen das erste System zur Nummerierung von Highways, und die Firma begann sogar mit der Errichtung einer dementsprechenden Beschilderung. Dieses System wurde von den zuständigen Behörden übernommen.

Der jahrzehntelang genutzte amerikanische Standardatlas für den Schulgebrauch des Kartografen John P. Goode erschien ebenfalls bei Rand McNally. Goode entwickelte dafür eine gegenüber der Mercator-Projektion verbesserte Goode-Projektion. Der Atlas wird nach wie vor angeboten; momentan in der 22. Auflage. Rand McNally ist immer noch der führende Kartenverlag in den USA. Die Gründerfamilie McNally besaß und führte das zum Konzern angewachsene Unternehmen bis 1997; dann wurde es verkauft.

Der Nullmeridian

1884 einigten sich auf der Internationalen Meridian-Konferenz in Washington 25 Nationen, den durch das Königliche Observatorium in Greenwich bei London verlaufenden Meridian als Nullmeridian für das gesamte internationale Koordinatensystem zu verwenden. Darauf beruhen seitdem alle Angaben der geografischen Länge auf Karten und Globen. Hamburg liegt beispielsweise genau auf dem 10. Längengrad östlicher Länge.

Die Initiative zur Washingtoner Konferenz ging entscheidend von dem aus Schottland stammenden kanadischen Vermessungsingenieur Sandford Fleming (1827–1915) aus. Fleming war beim Ausbau der kanadischen Eisenbahn tätig; später initiierte er maßgeblich die Verlegung eines Telegrafenkabels im Pazifik zwischen Kanada und Australien – beide waren damals britische Kronkolonien. Damit wurde das weltumspannende britische Telegrafennetz endlich geschlossen. Mit Blick auf die Bedeutung weltumspannender elektronischer Kommunikationsnetze in der Gegenwart – eben des World Wide Web – war dies ein Meilenstein der Globalisierung.

Fleming war außerdem ein starker Befürworter der Zählung des Welttages in 24 Stunden und einer dementsprechenden Einteilung in Zeitzonen. Alle diese Dinge, die uns heute so selbstverständlich sind, dass wir vielleicht meinen, schon die alten Griechen hätten ihre Uhren auf zwölf Uhr mittags eingestellt und von da an 24 Stunden abgezählt, sind alle erst vor gut hundert Jahren auf internationalen Konferenzen festgelegt worden – auch ohne eine UNO.

Der Nullmeridian teilt die kartografische Welt eben auch in Ost und West – was bekanntlich ein sehr relativer Begriff ist. Der Äquator, der die Erde in eine Nord- und Südhalbkugel einteilt, ist aufs Ganze gesehen etwas weniger relativ. Denn einerseits sprechen wir von Südschweden, das allerdings selbst von Deutschland aus gesehen in Nordeuropa liegt. Aber der Äquator ist noch eine einigermaßen natürliche Grenze. Die Festlegung eines Nullmeridians für die Länge ist hingegen ganz willkürlich.

Immerhin bediente man sich des zu jener Zeit gebräuchlichsten Nullmeridians, was auch mit der damaligen Stärke und Bedeutung Großbritanniens als weltweite Seemacht zu tun hatte.

Die Nullmeridianlinie entspricht aus historischer Perspektive den eurozentrischen Sehgewohnheiten. Schon für die auf dem ptolemäischen Weltbild beruhenden Weltkarten, die keine Ahnung von der Ausdehnung des Atlantiks und der Existenz der beiden Amerika hatten, lag der westlichste Punkt der bekannten Welt ungefähr hier (Ferro-Meridian).

Der Greenwich-Nullmeridian hat zudem den praktischen Vorteil, dass sein pazifisches Gegenstück, der 180°-Meridian, in etwa der Datumsgrenze entspricht. Die Festlegung der Datumsgrenze stand in engem Zusammenhang mit der Nullmeridian-Festlegung.

Zeitzonen für die ganze Welt

Die erste Einteilung in Zeitzonen wurde (aus rein praktischen Gründen) 1883 von den nordamerikanischen Eisenbahngesellschaften eingeführt. Auch in Europa wurde wegen des Telegrafen- und Eisenbahnverkehrs eine stärkere Vereinheitlichung notwendig. Denn bis dahin galten nur Lokalzeiten. In Deutschland, wie in jedem anderen Land, wichen diese Zeiten, die sich jeweils exakt nach dem höchsten Sonnenstand am Ort um zwölf Uhr mittags richteten, nicht unbeträchtlich voneinander ab. In Leipzig war »zwölf Uhr mittags« beispielsweise neun Minuten früher als in Frankfurt. Weil sich niemand per Kutsche schneller bewegte als die Erddrehung, war das nie ein Problem. Das änderte sich jedoch mit der erheblichen Beschleunigung im Bahn- und Telegrafenverkehr. Eine telegrafische Nachricht, die um zehn Uhr Ortszeit in Königsberg abgesandt wurde, kam für menschliches Empfinden fast »gleichzeitig« in Köln an. Jedoch war es in Köln »erst« neun Uhr dreißig. Dies wurde meist so vereinheitlicht, dass die Staaten die Zeit ihrer Hauptstadt zur Standardzeit für ihr Land machten, sofern es überschaubar genug war.

Die Einteilung der ganzen Welt in Zeitzonen stand dann in engem Zusammenhang mit der Meridian-Konferenz. Im Deutschen Reich wurden die Ortszeiten erst 1893 per Gesetz abgeschafft und die Mitteleuropäische Zeit (Greenwich + 1) als gesetzliche Zeit eingeführt.

Zeiteinteilung ist keineswegs natürlich, sondern immer willkürlich und »politisch«. Meist folgt man dabei praktischen Gesichtspunkten. Große Flächenländer wie USA und Russland teilen sich in mehrere Zeitzonen auf, wohingegen China, ein Land mit ebenfalls großer flächenmäßiger Ost-West-Ausdehnung, eine einzige Zeitzone verwendet. Die Datumsgrenze mehr oder weniger entlang des 180. Längengrades zu legen ist eine günstige Lösung, weil der Meridian hauptsächlich mitten durch den Pazifik verläuft und keine besiedelten Landmassen durchschneidet. Läge er woanders, hätte man ein Land oder mehrere Länder mit zwei verschiedenen Kalendertagen und dementsprechend völlig verschiedenen Uhrzeiten.

DER WETTLAUF ZU DEN POLEN

Fridtjof Nansens *Fram*-Expedition zum Nordpol

Bahnbrechend für die Bewältigung der immer noch schwierigen Polarexpeditionen war die von dem Norweger Fridtjof Nansen geplante Schiffsreise mit einem der berühmtesten Forschungsschiffe, der *Fram*. Das Holzschiff war nach Entwürfen Nansens mit einem flachen Kiel und einer besonderen Isolierung extra dafür gebaut worden, im Packeis driften zu können. Auf die Idee mit der Eisdrift war man gekommen, als Überreste eines vor der sibirischen Nordküste gesunkenen Schiffs drei Jahre später vor der Küste Grönlands gefunden wurden. Sie konnten eigentlich nur im Packeis eingeschlossen gewesen und mit diesem über die Polkappe nach Grönland geströmt sein. Das setzte einen landlosen Nordpol voraus. Darüber war man sich noch nicht endgültig im Klaren – weil eben noch keiner dort gewesen war.

Nansens genialer Plan war, sich vor Nordsibirien bewusst im Packeis einschließen zu lassen und mit der Eisdrift zum Nordpol zu gelangen. Die weitgehend kiellose *Fram* sollte bei zunehmendem Packeis nur angehoben werden, was auch funktionierte. Nur die Strömung der Eisdrift erfüllte nicht die in sie gesetzten Erwartungen. Die *Fram* kam nicht voran und vor allem nicht nördlich genug. Sie erreichte maximal 84° 4'N.

Nansen und seine Männer waren damit noch etwa 700 Kilometer vom Pol entfernt. Nach langen Erprobungen beschloss Nansen, mit nur einem Begleiter, Hjalmar Johansen, den Pol zu erreichen. Nansen vertraute dabei auf eine für Polarexpeditionen neuartige Ausrüstung mit Skiern und Schlitten nach dem Vorbild der einheimischen Samen und Inuit. Nansens und Johansens Wege und die der *Fram* trennten sich am 17. Februar 1895. Die *Fram* driftete mit der Mannschaft weiter durchs Eis und erreichte am 15. November eine maximale nördliche Breite von 85°55'. Mitte August 1896 kam sie nördlich von Spitzbergen wieder in eisfreies Wasser. Bei der Rückkehr nach Norwegen wurden das Schiff und seine Mannschaft nach drei Jahren im Eis begeistert empfangen.

Nansen selbst und Johansen galten vorerst als vermisst.

Schon bald nach dem Verlassen des Schiffs hatten sie einsehen müssen, dass das Erreichen des Pols in dem unwegsamen Gelände aussichtslos war. Sie entschlossen sich zur Umkehr und erreichten unter tausend Fährnissen und mit Glück die Inseln von Franz-Josef-Land. Dort überstanden sie unter anderem dank gelegentlich frisch erlegtem Eisbär eine achtmonatige Überwinterung. Am 17. Juni 1896 begegneten sie wie aus dem Nichts dem englischen Polarforscher F.G. Jackson, der mit einer Expedition zur Vermessung und Kartierung der Franz-Josefs-Inseln vor Ort war. Für Nansen und Johansen war es die Rettung. Am 21. August kam es zur Wiedervereinigung von Nansen und der Mannschaft der *Fram* im Hafen von Tromsø in einem Taumel der Begeisterung aller Norweger.

Die *Fram* war dann übrigens auch dasjenige Schiff, mit dem der Norweger Roald Amundsen zu seiner Eroberung des Südpols fuhr.

Nansens praktische Ideen zur Ausrüstung von Polarexpeditionen nach dem Vorbild der Einheimischen und die Konzentration auf kleine, gut trainierte Mannschaften statt der früheren umständlichen Großexpeditionen wurden wegweisend für alle künftigen Polarexpeditionen. Obwohl Nansen nicht zum Nordpol gelangte, waren die wissenschaftlichen Erkenntnisse über die Arktis epochal. Erst jetzt stand endgültig fest, dass es am Nordpol keine Landmasse gibt, sondern dass es sich um ein Tiefseegebiet handelt, auf dem Packeis driftet, wie es von dem norwegischen Meterologen Henrik Mohn vorhergesagt worden war.

Fridtjof Nansen (1861–1930) war eigentlich Zoologe und hatte schon 1888 die erste Inlandeisüberquerung Grönlands absolviert. Als nunmehr hochberühmter Norweger engagierte er sich für die staatliche Unabhängigkeit Norwegens von Schweden, die 1905 vollzogen wurde. Anschließend arbeitete Nansen im diplomatischen Dienst und wurde nach dem Ersten Weltkrieg Hochkommissar für Flüchtlingsfragen bei dem damals neu gegründeten Völkerbund. Der Nansen-Pass ist nach ihm benannt. Für seine Verdienste in diesem Amt erhielt Nansen 1922 den Friedensnobelpreis.

Nordpol?

In den letzten Jahrzehnten vor dem Ersten Weltkrieg, in der Hochphase des Nationalismus und des Imperialismus, gab es in geografischer Hinsicht eigentlich nichts mehr zu entdecken. Die weißen Flecken auf den Landkarten waren um 1900 fast alle beseitigt. In den besonders unwirtlichen und menschenfeindlichen Gegenden wie am Nord- und Südpol ging es nur noch darum, wer diese als Erster erreichte – und lebend wieder nach Hause kam. Das wurde zu einer Sache der persönlichen Ruhmsucht und des nationalen Prestiges. Dafür wurden viele Opfer gebracht.

In den Vereinigten Staaten gilt der Marineoffizier Robert E. Peary (1856–1920) als derjenige, der am 6. April 1909 als Erster den Nordpol erreicht haben will. Peary hatte durch verschiedene Grönland- und Polarexpeditionen seit 1891 große Erfahrung und war wild entschlossen, der Erste am Pol zu sein. Mehrere Vorstöße seit dem Jahr 1900 misslangen.

Um sein angebliches Erreichen des Nordpols im Jahr 1909 gibt es allerdings so viele und so gravierende Unstimmigkeiten – und keinerlei Beweise –, dass man Peary von der Liste der Entdecker streichen kann. Niemand konnte Pearys Messungen bestätigen, und er müsste in den letzten Tagen der Expedition, als er noch 240 Kilometer vom Pol entfernt war, riesige Tagesetappen zwischen siebzig und hundert Kilometern zurückgelegt haben, die selbst mit den heutigen technischen Mitteln und bei günstigsten Bedingungen nicht zu schaffen sind.

Indessen war Peary der einzige und auf jeden Fall der letzte Reisende, der versuchte, den Nordpol zu Fuß und mit Schlitten zu erreichen. Er gelangte sicherlich jenseits des 88. Breitengrades, da die letzte Unterstützungsgruppe bei 87°45' umkehrte.

Als Peary heimkam, musste er erfahren, dass der Schiffsarzt einer seiner früheren Expeditionen, Frederick A. Cook, für sich reklamierte, den Pol schon 1908 erreicht zu haben. Doch Peary sorgte dafür, dass niemand Cook Glauben schenkte. Als Pol-Eroberer wurde zu seinen Lebzeiten der schließlich zum Admiral beförderte Peary gefeiert.

Die erste nachweisliche Pol-Berührung gab es erst 1926 durch Überflug. An Bord des italienischen Zeppelins *Norge* befanden sich der Luftschiffpionier Umberto Nobile, der Polarforscher Roald Amundsen und der amerikanische Millionenerbe und ausgebildete Vermessungsingenieur Lincoln Ellsworth. Auch diese Luftexpedition stand in Konkurrenz und in engem zeitlichen Zusammenhang mit weiteren Flugversuchen anderer Nordpolflieger (beispielsweise mit Flugzeugen von Spitzbergen aus), die aber ihren Überflug nicht eindeutig nachweisen konnten.

Der Wettlauf zum Südpol

Nachdem der Nordpol »erobert« schien, bot der Südpol ruhmsüchtigen Männern die letzte Gelegenheit, »als Erster« einen Fuß auf einen markanten geografischen Punkt der Erde zu setzen. In jenen Zeiten war damit auch sehr viel »Nationalstolz« verbunden. Dementsprechend erbittert wurde darum gerungen. Der irischstämmige Ernest H. Shackleton (1874–1922) hatte wie Nansen und Peary bereits Erfahrung im polaren Eis gesammelt, bevor er zu den entscheidenden Expeditionen aufbrach, durch die er bekannt und berühmt wurde.

Seit James C. Ross mit der *Terror* und der *Erebus* im Jahr 1841 den 78. Breitengrad überschritten und damit einen neuen Südrekord aufgestellt hatte, waren die Briten nicht mehr in Richtung Südpol unterwegs gewesen. 1901 rüsteten nun die Royal Society und die Royal Geographical Society eine wissenschaftliche Expedition aus, um den noch völlig unbekannten antarktischen Kontinent zu kartografieren und zu erforschen. Leiter dieser Expedition von 1901 bis 1903 war Robert F. Scott; das Forschungsschiff trug den Namen *Discovery* (die natürlich wie alle diese Schiffe noch ein Segelschiff war). Shackleton nahm als dritter Offizier daran teil.

Die Expedition war ein Flop. Die wissenschaftlichen Ergebnisse waren mager, eine Fahrt Richtung Südpol musste bald abgebrochen werden, weil die Briten nicht mit Hundeschlitten und Skiern umgehen konnten. Die *Discovery* fror im Packeis fest. Rettungsexpeditionen wurden ausgeschickt. Shackleton musste vorzeitig zurückkehren, eine Schmach für den ehrgeizigen Iren.

1907 bis 1909 fuhr Shackleton wieder in die Antarktis, als Leiter der Expedition mit dem Schiff *Nimrod*. Dieses Mal gelang Ernest Shackleton am 9. Januar 1909 die bisher größte Annäherung an den Südpol: bis auf 180 Kilometer. Der 88. Breitengrad wurde überschritten, doch dann waren die Witterungsbedingungen dermaßen widrig und die Erschöpfung zu groß. Die Männer sahen sich zur Umkehr gezwungen. Immerhin konnte die *Nimrod*-Expedition bedeutende wissenschaftliche Erkenntnisse gewinnen und wichtige kartografische Aufzeichnungen machen. Shackleton war nun wirklich ein berühmter Mann; er erhielt ehrenvolle Auszeichnungen und wurde von König Edward zum Ritter geschlagen.

Erst in den Jahren 1914 bis 1916 kam es zu jener »Shackleton-Expedition« in die Antarktis mit der *Endurance*, welcher er hauptsächlich seinen Nachruhm verdankt. Ihr Ziel war eine

Durchquerung der Antarktis. Doch dieses Vorhaben scheiterte schon, bevor es losging, weil die *Endurance* aufgegeben werden musste und im Packeis zermalmt wurde. Es gelang Shackleton jedoch durch überragende Führungskraft trotz widrigster Umstände sämtliche 28 Expeditionsmitglieder zu retten. Nachdem sie den Untergang ihres Schiffes hatten mitansehen müssen, kampierten Shackleton und seine Männer mit dem Proviant monatelang auf zwei Eisschollen. Als die zweite Scholle zerbrach, fuhren sie in den Rettungsbooten zu einer abgelegenen Insel des südgeorgischen Archipels. Hier hatten sie zwar wieder festen Boden unter den Füßen, befanden sich jedoch auf verlorenem Posten. Shackleton unternahm nun in einem der Boote mit sechs ausgewählten Männern unter widrigsten See- und Witterungsbedingungen eine 1500-Kilometer-Überfahrt zu einer der Walfangstationen auf der Hauptinsel Südgeorgien, eine echte Heldentat. Daraufhin mussten sie »nur noch« die gebirgige Gletscherlandschaft der Insel überqueren. Sie schafften es. Von der Walfangstation Stromness aus konnte schließlich die Rettung der Männer auf der Insel organisiert werden, die wegen der schwierigen Eisverhältnisse zwar nicht auf Anhieb, aber zum Glück dann letztlich doch gelang. Shackleton starb zu Beginn seiner vierten Expedition im Südatlantik an Herzinfarkt.

Was Shackleton nicht erreicht hatte, versuchte sein früherer Vorgesetzter und Rivale Robert F. Scott (1868–1912) ab 1910 zu verwirklichen. Er wollte als Erster den Südpol erreichen – und zwar um des persönlichen Ruhmes willen und natürlich zur Ehre des Empire, aber nicht aus wissenschaftlichem Ehrgeiz, wie er selbst bekundete.

Die *Terra-Nova*-Expedition war, anders als die *Discovery*-Expedition, welche im Regierungsauftrag segelte, durch Spenden und Sponsoren privat finanziert, wenn auch mit großzügiger Unterstützung seitens der britischen Regierung. Sie war ursprünglich auch mit einem ausführlichen geologischen, meteorologischen und sogar zoologischen Forschungsprogramm geplant, das im ersten Winter auch teilweise ausgeführt wurde.

Doch seit Amundsens Ankunft in der Antarktis ging es hauptsächlich um den Wettlauf zum Pol.

Am 4. Januar 1911, also im antarktischen Sommer, kam Scotts Expeditionsschiff *Terra Nova* von Neuseeland her bei der Ross-Insel am Ross-Schelfeis an. Auf der letzten Etappe war die *Terra Nova* zwanzig Tage lang im Packeis eingeschlossen gewesen – die erste fatale Verzögerung. Anfang Februar erfuhr Scott von der Ankunft von Amundsens *Fram* am anderen Ende des Ross-Schelfeises in der dortigen »Bucht der Wale«.

Auch der Norweger Roald Amundsen (1872–1928) hatte im Jahr 1911 bereits eine Vielzahl von arktischen Abenteuer- und Forschungsreisen hinter sich. Er hatte von 1903 bis 1905 als Erster die seit Jahrhunderten gesuchte Nordwestpassage am Nordrand Kanadas durch das Nordpolarmeer von Europa nach Alaska gemeistert, an der zuletzt John Franklin so tragisch gescheitert war. Amundsen hatte zwar die Passage bezwungen, doch sie erwies sich wegen teilweise zu geringer Wassertiefe und der extremen winterlichen Eisverhältnisse für die allgemeine Schifffahrt als ungeeignet. Während der Winteraufenthalte hatte auch Amundsen von den Inuit viele Fertigkeiten für das Überleben im Eis gelernt, unter anderem das Steuern von Hundeschlitten. In all dem war er den Briten überlegen. Das sicherte ihm letztlich in der Antarktis den Erfolg.

Eigene Ambitionen, den Nordpol zu erreichen, gab Amundsen auf, nachdem dem Amerikaner Peary dies 1909 angeblich gelungen war. Weil er wegen Geldnot einen Erfolg brauchte, fasste er kurzerhand den Entschluss, den Südpol zu erreichen. Er hatte die Unterstützung Nansens und segelte mit dessen *Fram*.

Am 14. Januar 1911, zehn Tage nach Scott, kam Amundsen in der Bucht der Wale an – bereits 111 Kilometer näher am Pol als Scott. Hier errichtete er sein Basislager. Es befand sich allerdings nicht auf dem Festland, wie dasjenige Scotts, sondern auf der Eiskante. Dieses Risiko hatte schon Shackleton nicht eingehen wollen, der sich deswegen wie Scott für die Ross-Insel entschieden hatte.

Da sich der antarktische Sommer dem Ende zuneigte und die Reise (und Rückreise) zum Südpol mehrere Wochen in Anspruch nehmen würde, mussten beide Mannschaften den antarktischen Winter abwarten, sich akklimatisieren und Vorbereitungen treffen, wie etwa vorgeschobene Lager einrichten. Scott konnte sich an Shackletons Route halten; Amundsens Weg war gänzlich unerforscht. Das Haupthindernis für beide war die Überwindung des Transantarktischen Gebirges, das die kleinere Westantarktis mit ihren beiden Schelfmeeren von der größeren Ostantarktis trennt, auf welcher der Pol liegt. Das Gebirge steigt bis über viertausend Meter auf. Es sind für den einfachen Weg runde 1500 Kilometer zu veranschlagen.

Amundsen brach mit vier weiteren Männern am 20. Oktober 1911 auf. Der Pol war nach 57 Tagen, also nach knapp zwei Monaten, am 14. Dezember 1911 erreicht. Dank genauer Peilung und geübter Handhabung der Hundeschlitten verlief Amundsens Fahrt vergleichsweise glatt.

Scotts personell überbesetzte und überplante Expedition startete mit zwei von vier Gruppen à jeweils vier Mann am 24. Oktober 1911 mit Motorschlitten, Ponys und Hunden. Die Motorschlitten sollten Proviant und Ausrüstung zu einer vorbestimmten Stelle transportieren, erwiesen sich aber als untauglich. Alles verzögerte sich. Dann erzwang ein Blizzard einen weiteren Aufenthalt, was den ungeplanten Verzehr von Proviant bedeutete. Gletscherspalten machten das Vorankommen mit Hundeschlitten schwierig bis unmöglich. Mittlerweile war es Anfang Januar. Amundsen war schon wieder auf dem Rückweg vom Pol, was Scott aber nicht wissen konnte.

Nachdem das Gebirge überwunden war, wählte Scott aus seinen Gruppen vier Männer als Begleiter für den Rest des Weges zum Pol aus. Das war am 4. Januar 1912. Alle anderen kehrten um. Am 16. Januar konnten Scott und seine Gruppe schon aus über zwanzig Kilometern Entfernung (etwa eine Tagesreise) Amundsens norwegische Fahne erkennen. Er war ihnen um 35 Tage zuvorgekommen. Tags darauf entdeckten die Briten die

Überreste des norwegischen Zeltlagers am Pol und machten sich am nächsten Tag auf den Rückweg. Sie waren bis hierhin 79 Tage unterwegs gewesen, also gut zweieinhalb Monate.

Nach drei Wochen Rückweg der fünf Männer war Anfang Februar das Transantarktische Gebirge am Beardmore-Gletscher wieder überwunden. Am Ende des antarktischen Sommers fielen die Temperaturen rapide. Einer von Scotts Leuten brach zusammen. Einer opferte sich einen Monat später, indem er einfach das Zelt verließ und in die Kälte hinausging. Da muss die Gruppe bereits dehydriert und unterernährt gewesen sein. Die restlichen drei kamen nur noch etwa zehn Kilometer am Tag voran. Zu langsam, um zu den immer schwieriger zu findenden Depots zu gelangen. Als ein Blizzard aufkam, war das Basislager auf der Ross-Insel noch etwa dreihundert Kilometer entfernt. Ein Zwischendepot mit Lebensmitteln und Heizöl in zwei bis drei Tagen Entfernung konnten sie wegen des Sturms nicht mehr erreichen. Scott und seine letzten beiden Kameraden verhungerten und erfroren Ende März 1912.

Erst im November 1912 fand ein Suchtrupp der *Terra Nova* die sterblichen Überreste von Scott und seinen beiden Kameraden. Man barg die wissenschaftlichen Aufzeichnungen, Tagebücher und geologische Proben. Die Leichen wurden unter dem Zelt belassen und aus Skiern ein Kreuz darüber errichtet. Diese Stelle ist wegen der Fließbewegung des Eises heute ins Eis abgesunken und verschwunden.

STERNENKUNDE
IM 19. JAHRHUNDERT

Der L'Aigle-Meteorit

Am frühen Nachmittag des 26. April 1803 ging über der kleinen Ortschaft L'Aigle in der Normandie ein Meteoritenschauer nieder. Offensichtlich war ein größerer Meteorit zerplatzt, woraufhin an die dreitausend Meteorbrocken auf einer elliptischen Fläche von sechshundert Hektar um L'Aigle niederfielen. Napoleons Innenminister beauftragte den jungen, aber bereits renommierten Physiker Jean-Baptiste Biot mit einer Untersuchung der Meteoritenfunde vor Ort.

Biot wies in einem Gutachten zum L'Aigle-Meteoriten erstmals die außerirdische Herkunft von Meteoriten nach. Dies war von der Wissenschaft bis dahin ausdrücklich abgelehnt worden. Auch diese »wissenschaftliche« Meinung ging noch auf Aristoteles zurück, der postuliert hatte, außer Planeten (einschließlich Sonne und Mond) und Fixsternen könne es »im Kosmos« keine anderen Körper geben.

Meteore und Kometen hatte Aristoteles als feurige Erscheinungen der Erdatmosphäre gedeutet. Zuletzt hatte immerhin noch Newton diese aristotelische Deutung bestätigt. Natürlich konnten sie noch nicht wissen, dass täglich ein Strom kleiner Partikel mit einem Gesamtgewicht von mehreren Tausend Tonnen auf die Erde einprasselt, von denen der größte Teil in der Atmosphäre verdampft, ohne dass man es sieht.

Dem Biot-Gutachten war eine 1794 erschienene Abhandlung des deutschen Physikers und Astronomen Ernst Chladni vorausgegangen. Darin stellte er erstmals in der Neuzeit die (richtige) These auf, dass Meteore aus dem Weltraum kommen, und er behauptete sogar (im Prinzip ebenfalls richtig), dass sie aus der Entstehungszeit des Sonnensystems stammen und quasi Planetentrümmer oder Planetenbausteine sind. Das wurde von allen Geistesgrößen seiner Zeit, von Goethe bis Humboldt, auch von Lichtenberg, der Physiker war und selbst einen Meteor beobachtet hatte, vehement abgelehnt. Biots Recherchen in L'Aigle bestätigten dann jedoch Chladnis Theorie. Nach einer sorgfältigen Untersuchung der Gesteinsbrocken und ausgiebigen Zeugenbefragungen schloss Biot: Eine so plötzliche, heftige und gleichmäßige Verteilung von Tausenden von »Steinen« über eine annähernd zehn Kilometer lange Fläche konnte niemals eine irdische Ursache haben.

Biots Erkenntnisse über den L'Aigle-Meteoriten gelten als Meilenstein der Meteoritenkunde und als Begründung einer eigenständigen Meteoritenforschung. Biot, der sich in seinem Gelehrtenleben hauptsächlich mit Erdmagnetismus und Elektrizität befasste, war sowohl Mitglied der Académie française wie der Académie des sciences, der Schwedischen Akademie der Wissenschaften, Mitglied der Ehrenlegion und seit 1850 ausländisches Mitglied des preußischen Ordens Pour le Mérite.

Neptun

Seit etwa 1820 vermutete der Direktor der Pariser Sternwarte Alexis Bouvard aufgrund von zunächst unerklärlichen Unregelmäßigkeiten der Uranus-Umlaufbahn, dass es einen weiteren Planeten jenseits von Uranus geben müsste. Es dauerte über zwanzig Jahre, bis sich verschiedene englische und französische Astronomen und Mathematiker eingehender mit dem Phänomen beschäftigten und hypothetische Bahnen und Positionen des unbekannten und bisher ungesehenen Planeten berechneten.

1846 wurden in der Berliner Sternwarte diese Voraussagen mit dort aufbewahrten Sternkarten systematisch verglichen und der Planet durch den Astronomen Johann Gottfried Galle (1812–1910) und seinen Assistenten Heinrich Louis d'Arrest entdeckt. Die dafür nötigen Berechnungen hatte Galle von dem französischen Astronomen und Mathematiker Urbain Leverrier erhalten mit der ausdrücklichen Bitte um eine entsprechende Nachforschung. Galle und d'Arrest brauchten dann auch nur eine halbe Stunde am Teleskop in Berlin, bis sie das Scheibchen am Himmel entdeckt hatten, das bisher in keiner Sternkarte verzeichnet war. So wurde ein Himmelsobjekt erstmals durch Berechnungen und nicht durch zufällige Beobachtungen entdeckt. (Ähnlich ging es später mit Pluto, dem aber jüngst aufgrund seiner zu geringen Größe der Planetenstatus wieder aberkannt wurde.)

Blieb noch die Benennung des bis dahin unbekannten Planeten. Man hätte ihn »Leverriers Planet« nennen können, aber das wurde außerhalb Frankreichs abgelehnt. »Neptun« wurde von Leverrier selbst vorgeschlagen und allgemein akzeptiert. Der Name steht damit in einem gewissen Zusammenhang mit dem erst 65 Jahre zuvor von Herschel entdeckten Uranus: Uranos war in der griechischen Mythologie ein Gott des Himmelsgewölbes, Neptun (Poseidon) der Meeresgott. Neptun ist, ähnlich wie Uranus, Saturn und Jupiter, ein riesiger Gasplanet; er besteht überwiegend aus Wasserstoff. Er bewegt sich auf einer fast kreisförmigen Bahn um die Sonne und rotiert sehr schnell. Ein »Neptun-Tag« dauert nur knapp sechzehn Stunden, obwohl er viermal größer ist als die Erde.

Fraunhofer-Fernrohre

All diese Durchmusterungen wurden mit Teleskopen durchgeführt. Heutzutage nutzt man für Durchmusterungen auch den Infrarot-Bereich, Radioteleskope und dergleichen, die noch ganz andere Himmelsobjekte erfassen als lediglich leuchtende

Sterne. Derartig präzise und umfassende Beobachtungen wären im 19. Jahrhundert kaum möglich gewesen ohne hoch entwickelte Teleskope. Die besten und wichtigsten jener Zeit lieferte der Münchner Optiker und Fernrohrproduzent Joseph Fraunhofer (1787–1826). Auch Neptun war von Galle mit einem Fraunhofer-Fernrohr entdeckt worden, das dessen Nachfolgefirma Merz und Mahler nach Berlin geliefert hatte.

Als der aus dem niederbayerischen Straubing stammende Fraunhofer als 18-Jähriger eine Glasschleiferlehre absolvierte, brach die Werkstatt seines Lehrherrn in München buchstäblich über ihm zusammen. Fraunhofer überlebte und erhielt nach der vom damaligen Wittelsbacherprinzen und späteren bayerischen König Maximilian I. Joseph persönlich geleiteten Rettungsaktion tatkräftige Unterstützung und Förderung. Dadurch und dank weiterer Gönner konnte er sich weiterbilden und selbstständig machen.

Fraunhofer war aber nicht nur ein »Gläserschleifer« und später Hersteller hochwertiger Teleskope und Mikroskope, sondern er forschte auch selbst an optischen und astronomischen Phänomenen. So lassen sich aufgrund der nach ihm benannten Fraunhoferschen Linien (Absorptionslinien) im Sonnenspektrum Rückschlüsse aus dem Spektrallicht jedes Sterns auf dessen chemische Zusammensetzung ziehen.

Die nach ihm benannte, 1949 begründete Fraunhofer-Gesellschaft in München kümmert sich ganz in Fraunhofers Sinn um anwendungsorientierte Forschung. Fraunhofer verband in hohem Maß exaktes wissenschaftliches Arbeiten mit der Entwicklung neuer, innovativer Geräte beziehungsweise Produkte.

Bonner Durchmusterung

Der in Memel geborene und gerade am Universitätsobservatorium in Helsinki lehrende Friedrich W. A. Argelander (1799–1875) wurde 1836/1837 an das neu errichtete Observatorium der Universität Bonn berufen. Hier begann er 1852 mit einer umfassenden Durchmusterung des nördlichen Sternhimmels, indem er ihn systematisch in Zonen einteilte. Dann wurden Abertausende von Beobachtungen durchgeführt und mit bekannten Positions- und Helligkeitsbestimmungen verglichen.

Solch eine Durchmusterung knüpft an die Sternenkataloge an, die schon in der Antike erstellt wurden; die letzte bedeutende Zusammenstellung war der Messier-Katalog, der sich aber nur auf Galaxien, Sternhaufen und -nebel bezog. Wegen ihrer umfassenden und präzisen Erfassung war die Bonner Durchmusterung mit weit über 300000 erfassten Sternen ein Hauptwerk der astronomischen Grundlagenforschung und Messtechnik für das gesamte 19. Jahrhundert und weit darüber hinaus. Die Bonner Durchmusterung wurde in Form von Sternkarten publiziert.

Argelanders Werk wurde von seinem Nachfolger in Bonn mit der sogenannten Südlichen Durchmusterung von 1875 bis 1881 fortgesetzt. Sie erfasste noch einmal 134000 Sterne.

Für den gesamten Südhimmel wurde von 1892 bis 1914 von Argentinien aus die sogenannte Córdoba-Durchmusterung durchgeführt (nach der dortigen Sternwarte in Zentralargentinien). Sie erfasste annähernd 600000 Sterne in Bezug auf Position und Helligkeit. Diese drei sind die grundlegenden Himmelsdurchmusterungen und Himmelskartografierungen im 19. Jahrhundert. Mit diesem Kenntnisstand eines zwar großen, aber immer noch statischen Weltalls ging die Astronomie ins 20. Jahrhundert. Man hatte vor dem Ersten Weltkrieg keine Ahnung von anderen Galaxien außerhalb der Milchstraße, erst recht nicht von »Big Bang« und der Ausdehnung des Weltalls. Die Astrowissenschaften explodierten erst im 20. Jahrhundert.

Die »Himmelspolizey« – Systematische Suche nach den Asteroiden

Kleinplaneten, die auf einer Keplerschen Umlaufbahn die Sonne umkreisen und die weder Meteoriten noch Kometen sind, werden seit der Zeit um 1850 als Asteroiden bezeichnet. Zwischen den Umlaufbahnen von Mars und Jupiter gibt es einen ganzen Asteroidengürtel, wovon man aber in der ersten Hälfte des 19. Jahrhunderts noch gar nichts wusste und nichts gesehen hatte. Aber: Der deutsche Astronom Johann Daniel Tietze hatte 1766 eine mathematische Reihe entwickelt, wonach die mittleren Abstände der Planeten von der Sonne eine gewisse Regelmäßigkeit aufweisen. Da zwischen Mars und Jupiter eine größere Lücke klaffte, nahm man gegen Ende des Jahrhunderts an, hier müsse sich ein bis dahin unentdeckter, vermutlich kleinerer Planet befinden. Er wurde vorsorglich bereits *Phaeton* genannt. Der kontaktfreudige und unter internationalen Kollegen gut vernetzte Astronom Franz Xaver von Zach organisierte ab 1800 eine Himmelsdurchmusterung mehrerer europäischer Sternwarten mit gezieltem Suchauftrag nach diesem unbekannten Planeten. Dazu wurde der Himmel, insbesondere entlang der Ekliptik, in 24 Sektoren eingeteilt und jedes beteiligte Observatorium übernahm die intensive Beobachtung eines Sektors.

Das ganze Unternehmen wurde »Himmelspolizey« genannt: So wie die »Polizey« im damaligen Obrigkeitsstaat aufmerksam das Treiben der Untertanen beobachtete, sollte der Himmel nach diesem obskuren Planetenvagabunden observiert werden.

Was dabei herauskam, war kurz hintereinander die Entdeckung mehrerer größerer Asteroiden: Den Anfang machte Ceres 1801 durch den italienischen Astronomen Giuseppe Piazzi. 1802 folgte Pallas durch Heinrich Olbers, 1804 Juno durch Karl Ludwig Harding, 1807 Vesta wiederum durch Olbers. Ceres (975 Kilometer Durchmesser) und Vesta (517 Kilometer Durchmesser) sind die größten dieser Zwergplaneten.

Der Mond hat zum Vergleich einen Durchmesser von 3476 Kilometern.

Dann fanden die Asteroidenjäger der »Himmelspolizey« acht Jahre lang nichts mehr. Man dachte nun: Das war's, und gab die weitere Suche auf. Nur nicht der deutsche Amateurastronom Karl L. Hencke, ein preußischer Postsekretär, der nach seiner Pensionierung 1837 viel Zeit für sein Hobby hatte und 1845 tatsächlich Nummer fünf (Asträa) und 1847 Nummer sechs (Hebe) entdeckte. Damit wurde die Suche nach Asteroiden wieder interessanter. Nun waren Astronomen in ganz Europa und in Amerika aufmerksam geworden und betätigten sich regelrecht als Asteroidenjäger; etliche konnten auch mehrere entdecken.

Zu dieser Zeit wurden diese Himmelskörper allerdings noch nicht separat als Asteroiden erfasst, sondern seit Ceres als Planeten gezählt: Für die Astronomen in den ersten Jahrzehnten nach 1800 hatte das Sonnensystem nach der Uranus-Entdeckung – der siebte Planet – nunmehr zwölf Planeten. Und als 1847 der sehr weit entfernte Neptun entdeckt worden war, galt er als dreizehnter Planet. Erst in der zweiten Hälfte des 19. Jahrhunderts wurden sehr viel mehr Asteroiden entdeckt. Bis 1890 waren es rund dreihundert. Seit 1891 schnellte die Zahl der Asteroiden-Entdeckungen schlagartig in die Höhe, da durch den Heidelberger Max Wolf die Astrofotografie eingesetzt wurde, die eine schnellere und leichtere Identifizierung von Asteroiden ermöglichte. Allein Wolf entdeckte so fast 250 Asteroide.

Heute kennt man weit über 600000 Asteroide, vermutet werden über eine Million. Die allerneueste Entdeckung im Bereich der Asteroiden datiert vom Frühjahr 2014, als erstmals ein Asteroid mit einem Ringsystem ähnlich dem der Ringe des Saturn entdeckt wurde – eine echte Überraschung für die Astronomen.

Die physikalische Weltbild-Revolution

Jenseits der Vorstellungskraft

Angeblich waren sich kurz vor 1900 prominente Physiker wie der erste amerikanische Nobelpreisträger von 1907 A.A. Michelson oder Lord Kelvin (gestorben 1907) ziemlich sicher, alle Grundlagen der Physik seien bereits entdeckt. In Zukunft gehe es in ihrer Wissenschaft nur noch darum, »die bereits vorliegenden Ergebnisse um einige Dezimalstellen zu erweitern«. Das klingt nach einem sehr statischen Weltbild. Nach Kelvin ist die thermodynamische Temperaturskala benannt. Der sehr verdienstvolle Lord hielt 1896 auch die Nachricht über die Entdeckung der Röntgenstrahlen zunächst für Humbug. 1902 behauptete Kelvin in einem Interview, dass man mit »keiner Art von Ballon oder Aeroplan jemals einen praktikablen Luftverkehr« werde veranstalten können. Der tiefgläubige Physiker machte sich ausführliche Gedanken über die Abkühlung der Erde. Im Lauf des 19. Jahrhunderts hatten sich die Vorstellungen über die Zeiträume für die Entstehung und Entwicklung des Lebens und der Erde im Vergleich zu den tief verwurzelten »biblischen Berechnungen« bereits erheblich verlängert. Als Unsicherheitsfaktor hinsichtlich der Entstehung der Erde wurde noch die Ungewissheit über den Schmelzpunkt von Gestein angesehen, den man nicht kannte. Kelvin sah die Erde in ihrem Anfang als glutflüssigen Globus, der entsprechend den Gesetzen der Thermodynamik immer weiter abkühlte. Gegen Ende seines Lebens schätzte er das Alter der Erde auf zwanzig bis vierzig Millionen Jahre – und hielt diese Festlegung selbst für seine bedeutendste Entdeckung. Solche Weltbilder hatte man noch um 1900.

Was die allgemeine Physik anbelangte, sah Lord Kelvin allerdings bereits die beiden »Anomalien« (das Michelson-Morley-Experiment und die Hohlraumstrahlung), welche kurz darauf zu den großen Durchbrüchen der modernen Physik des 20. Jahrhunderts führen sollten, zur Relativitätstheorie und zur Quantentheorie.

E=mc² – Atom und Universum

Die vollkommen revolutionäre Einsicht Albert Einsteins (1879–1955) lautet, dass im Universum nur die Lichtgeschwindigkeit konstant ist und nichts schneller sein kann. Alles andere ist relativ: alle anderen Größen, auch der Raum und die normal gemessene Zeit. (Bis dahin hielt man die getaktete, mittlerweile filigran messbare Zeit für absolut.) Masse und Energie sind ebenfalls relativ. Masse kann in Energie umgewandelt werden und umgekehrt. Das drückt die Formel E= mc² aus. Bis zu Einstein hielten die Physiker Masse/Materie und Energie für völlig verschiedene Dinge. Seit Einstein wissen die Physiker und demzufolge wir alle, dass sie austauschbar sind. Das ist eine profunde physikalische Weltbild-Revolution. Auf dem Gedanken, dass die Spaltung von Materie Energie freisetzt, beruht die Atomspaltung.

Die Atomkernspaltung gelang 1938 Otto Hahn bei einem Experiment, das eigentlich auf die Vergrößerung des ohnehin schon großen Urankerns gerichtet war. Dabei wurde der Urankern instabil. Hahn hatte zunächst nicht verstanden, was passiert war. Seine mittlerweile im schwedischen Exil lebende ehemalige Mitarbeiterin Lise Meitner, die vor den Nazis geflohen war und mit der er korrespondierte, erkannte, dass der Atomkern bei diesem Experiment gespalten wurde. Hahn erhielt 1944 den Chemie-Nobelpreis. Die Atombombe und die Kernkraftnutzung wurden bestimmende Faktoren der Weltgeschichte seit der zweiten Hälfte des 20. Jahrhunderts.

Auch die erst später entwickelte Big-Bang-Theorie vom Ursprung des Universums lässt sich nur mit dem Grundgedanken der Einsteinschen Formel erklären. Danach war das Universum in seinem Ursprung reine, hochverdichtete Energie. Durch Ausdehnung und Abkühlung entstand erste Materie (Wasserstoffatome), durch deren gegenseitige Verschmelzung massereichere Atome und so fort.

Die neue Physik des 20. Jahrhunderts

Am 8. November 1895 entdeckte der deutsche Physiker Wilhelm Röntgen (1845–1923) in Würzburg *Eine neue Art von Strahlen* – so der Titel seiner sogleich erstellten Veröffentlichung. Im Jahr 1901 wurde ihm dafür der erste Nobelpreis für Physik verliehen. Das Besondere dieser Strahlen ist, dass sie ionisierend wirken; sie verändern Atome. Das war in der bisherigen Newtonschen Physik nicht vorgesehen. Auch die Ultraviolettstrahlung der Sonne ist solch eine ionisierende Strahlung; ebenso die Radarstrahlung, der Kathodenstrahl in der Fernsehröhre, die Uranstrahlung.

Am 1. März 1896 hatte der Franzose Henri Becquerel (1852–1908) die »Uranstrahlung« entdeckt, die im Jahr darauf von Marie und Pierre Curie durch Experimente weiter untersucht und gemessen wurde. Sie fanden, dass auch andere Substanzen wie Pechblende »radio-aktiv« sind, wie Marie es nannte. Für ihre Arbeiten zur Radioaktivität und die Entdeckung neuer strahlender Elemente (Radium, Polonium) erhielten die drei Wissenschaftler 1903 den Physik-Nobelpreis; Marie Curie wurde außerdem der Chemie-Nobelpreis 1911 zuerkannt. Die Entdeckung der Radioaktivität führte übrigens auch dazu, dass die bisherige Vorstellung von der Abkühlung der Erde nicht mehr aufrechtzuerhalten war.

Die Quantentheorie von Max Planck (1858–1947; Nobel-preis 1918) erklärte dann auf völlig neuartige Weise Vorgänge in Atomen; nur mithilfe der Quantenmechanik können Vorgänge in Atomen beschrieben werden. In den 1920er-Jahren arbeiteten die weltweit führenden Physiker intensiv daran, dieses Modell zu verstehen. Es lässt sich vielleicht am ehesten durch die Unschärferelation erfassen, die Werner Heisenberg (1901–1976, Physik-Nobelpreis 1932) im Jahr 1927 formulierte. Im Mikrokosmos, also in den ganz kleinen Dingen wie Elektronen, realisiert sich ein bestimmter (Mess-)Wert erst im Augenblick der Beobachtung. Das heißt, er ist nicht vollkommen absolut. Die Physiker sprechen davon, dass Ort und Impuls differieren; man kann sie nicht mehr scharf bestimmen. Das bedeutet auch, dass der Beobachter durch die Beobachtung die Wirklichkeit verändert. Dadurch gilt in dieser Mikrowelt das Ursache-Wirkungs-Prinzip nicht mehr uneingeschränkt. Das hängt vor allem damit zusammen, dass sich kleinste Materieteilchen, auch wenn sie Teilchen sind, nicht wie feste Körper, sondern wie Wellen verhalten. Schwierig zu verstehen, aber grundlegend für den fundamentalen Neuanfang in der Physik kurz nach 1900, der ein neues naturwissenschaftliches Weltbild zugrunde liegt.

Die dynamische Welt

Alles fließt

Die von Alfred Wegener im Jahr 1912 erstmals vorgetragene Kontinentalverschiebungstheorie ist heute allgemein anerkannt und jedem Erdkunde-Schüler geläufig. Zusammen mit dem inzwischen ebenfalls besser datierbaren Alter der Erde verweist die für einen Menschen des 19. Jahrhunderts höchst erstaunliche, ja geradezu unglaubliche Plattentektonik auf die lange Entwicklungsgeschichte unseres Planeten. Das bedeutet nichts anderes, als dass auch unser Himmelskörper eine Evolution durchlaufen hat. In der Zusammenschau mit der Darwinschen Sichtweise der Entstehung der Arten in der gesamten lebendigen Natur und den Freudschen Erkenntnissen über die Prägungen der menschlichen Psyche implizieren alle diese Erkenntnisse eine Abkehr von den statischen Weltbildern der Vergangenheit. Bald nach dem Ersten Weltkrieg folgen dann noch die astronomischen Erkenntnisse über weitere Galaxien außerhalb der Milchstraße und die bis dahin von niemandem für möglich gehaltene Ausdehnung des Weltalls. Alles: Weltall, Sonnensystem, Erde, Natur, Mensch hat sich entwickelt und verändert sich ständig weiter. Jedes Gebirge erodiert, die Pflanzen mutieren, wie alle anderen Lebewesen auch. Das ist der Zusammenbruch aller überkommenen statischen Anschauungen von Natur und Kosmos. Der Kosmos ist dynamisch: Alles fließt.

Diese Weltbild-Wende weg von allen statischen Weltbildern der Vergangenheit hin zu einem vollständig dynamischen Weltbild von Kosmos, Erde und Natur ist eigentlich viel umfassender und tief greifender, als die kopernikanische Wende je war.

Kontinentalverschiebung

Schon dem Kartendrucker Ortelius fiel 1587 auf, dass die Umrisse der beiden Amerika und von Westeuropa/West- und Südwestafrika wie Puzzleteile zueinanderpassen, und er stellte sich sogar vor, dass sie einst zusammengehörten und durch »Erdbeben und große Überschwemmungen« auseinandergerissen wurden. In der langen Geschichte höchst kurioser Ideen im 18. und 19. Jahrhundert zur Erdentstehung wurde ausgerechnet dieser Gedanke bis zu Wegener nicht wieder aufgegriffen.

Alfred Wegener (1880–1930) studierte Physik, Astronomie und Meteorologie. Er promovierte 1905 in Astronomie, obwohl auch er damals im Hinblick auf dieses Fach der Meinung war, in der Astronomie gäbe es eigentlich nicht mehr viel zu erforschen. Das sollte sich nach dem Ersten Weltkrieg als dezidiert falsch erweisen. Ansonsten erlaubte sich Wegener keine Irrtümer mehr.

Wegeners Hauptarbeitsgebiet wurde die Meteorologie; zu Lebzeiten war er ein anerkannter Grönlandforscher und nahm an mehreren Expeditionen teil. Am 6. Januar 1912 hielt er in Frankfurt erstmals einen öffentlichen Vortrag über die Kontinentaldrifttheorie. 1915 erschien sein – im Nachhinein betrachtet – Hauptwerk: *Die Entstehung der Kontinente und Ozeane*. Es war ein dünnes Buch, und mitten im Ersten Weltkrieg war das Interesse daran gering. 1922 erschien eine völlig überarbeitete Auflage. Nun kam eine internationale Diskussion um Wegeners Theorie in Gang. Man kann es nicht anders sagen: Er wurde von seinen Fachkollegen verlacht, seine Theorie bei einem Kongress 1926 regelrecht verworfen. Wegener erlag bei seiner dritten Grönlandexpedition im November 1930 den Strapazen.

Die spätestens seit der Barockzeit nachweisbare Verwunderung über in Gestein eingebettete Fossilien und Muschelabdrücke auf Berggipfeln konnte man auch im 19. Jahrhundert nicht befriedigend erklären. Die paläontologische Forschung hatte inzwischen anhand von gleichartigen Fossilien festgestellt, dass es einen irgendwie gearteten terrestrischen Zusammenhang insbesondere zwischen dem südlichen Afrika und dem südlichen Südamerika gegeben haben musste. Man hatte Reste von Saurierarten und ähnliche Fossilien nur in Südafrika und Brasilien gefunden. Außerdem gibt es auf beiden Kontinenten eng verwandte lebende Pflanzen- und Tierarten. Angeblich sollte dieser offensichtliche Austausch von Flora und Fauna zwischen den Kontinenten über schmale Landbrücken erfolgt sein. Das Entstehen beziehungsweise Verschwinden solcher Landbrücken erklärte man sich mit dem vertikalen Heben und Senken des Meeresspiegels, nicht mit horizontalen Vorgängen einer Plattenverschiebung. Vorstellungen von versunkenen Welten nach dem Beispiel von Atlantis erschienen plausibler. (Theorien über versunkene Kontinente wie »Lemuria« zwischen Afrika/Madagaskar und Indien oder »Kontinent Mu« im Pazifik waren in den 1930er-Jahren sehr beliebt.)

Man brachte dies auch in Verbindung mit der sogenannten Apfelschrumpfungstheorie oder der Abkühlungstheorie. Zu Wegeners Lebzeiten lautete die gängige, bis Ende der 1950er-Jahre allgemein anerkannte Theorie zur Entstehung von Gebirgen, sie hätten sich wie die Schrunden eines Apfels gebildet, der vertrocknet. Dem Vertrocknen des Apfels entsprach die »Abkühlung« der Erde, die zudem an manchen Stellen stärker, an anderen weniger rasch erkalte; mit den daraus angeblich entstehenden »Spannungen« sollten Aufwölbungen von Gebirgsrücken erklärt werden (so zum Beispiel Élie de Beaumont um 1840); alles das übrigens auch als Ursache für Erdbeben. Um noch etwas Abwechslung hineinzubringen, gab es auch eine »Pulsationstheorie«, wonach sich der Erdkörper zusammenziehe und wieder ausdehne. Das waren sozusagen die Fortsetzungen der Neptunismus- und Vulkanismustheorie zur Entstehung der Gesteine aus dem 18. Jahrhundert.

Erste Aufschlüsse über den Grobaufbau der Erde in Erdkern, Erdmantel und Erdkruste wurden um 1900 durch die Messung von Erdbebenwellen mithilfe der neu entwickelten Seismografen durch Emil Wiechert (1861–1928) gewonnen. Wegener war außerdem aufgefallen, dass die mittlerweile in Spitzbergen und in der Antarktis entdeckten Kohlevorkommen wie alle anderen Kohlen auch wohl nur in tropischen Gebieten entstanden sein konnten. Seine geniale Idee war die einer völlig anderen Lage der Kontinente in der frühen Erdgeschichte und eines gemeinsamen Urkontinents (Pangäa). Der sollte auseinandergebrochen sein und seine Bruchstücke, die heutigen Kontinente, auf der Erdkruste driften. Er erkannte auch richtig, dass sich einzelne Platten unter andere Platten schoben und dabei wie bei der Bugwelle eines Schiffes Auffaltungen entstehen – »junge« Gebirge wie die Alpen, die Anden und der Himalaja.

Seine Theorie hatte in der Tat einen Schwachpunkt: Er konnte nicht erklären, wo die gewaltigen Antriebskräfte für die Drift ganzer Kontinentplatten und die Auffaltung solcher Gebirgsmassen herkommen sollten. Zwar ahnte er auch das bereits richtig: Sie entstehen durch die Konvektionsströme von Magma im Erdmantel, brechen in den Mittelozeanischen Rücken im Atlantik und im Süd- und Westpazifik durch und schieben die Platten vor sich her. Doch genau konnte man dies zu seiner Zeit noch nicht wissen. Einen ersten Hinweis auf die Konvektionsströme im Erdinnern lieferte 1930 der englische Geologe Arthur Holmes. Holmes hatte als junger Geologe schon kurz vor dem Ersten Weltkrieg mit richtigen Neuansätzen zur Altersbestimmung von Gesteinen durch die Messung des radioaktiven Zerfalls Aufsehen erregt. Er wurde zum Wegbereiter für die spätere Anerkennung Wegeners, auch wenn er seine Theorie nicht durch Messungen oder Ähnliches beweisen konnte. In Holmes später verfasstem Standardlehrbuch über die *Principles of Physical Geology* (1944) stellt er im Schlusskapitel erstmals ein im Prinzip richtiges Modell der Kontinentaldrift dar. Wirklich nachgewiesen wurde die Drift jedoch im Grunde erst durch die Untersuchungen von Forschungsschiffen wie der *Glomar Challenger* in den 1970er-Jahren.

Die Vermessung des Meeresbodens

Ein den Atlantik in der Mitte durchziehender Gebirgsrücken wurde schon bei der Verlegung von Telegrafenkabeln zwischen Europa und Amerika entdeckt. Weitere und genauere Nachweise erbrachten Echolot-Messungen des deutschen Forschungsschiffs *Meteor* in den Jahren 1924 bis 1927. Das 1913 von dem Physiker Alexander Behm erfundene Echolot war eine noch ganz junge Technik, die dieser nach dem *Titanic*-Untergang 1912 zur Ortung von Eisbergen entwickelt hatte. Dafür taugte sie allerdings nicht, aber für die Vermessung von Meeresböden war sie gut geeignet.

Der etwa 20 000 Kilometer lange Mittelatlantische (Gebirgs-)Rücken verläuft parallel zu den Kontinentumrisslinien zwischen den beiden Amerika einerseits und Europa und Afrika andererseits. Der Rücken ist eine ganze Kette von Vulkanen, die seismisch recht aktiv sind. Alle mittelozeanischen Rücken, auch die im Indischen Ozean und im Pazifik, bilden ein zusammenhängendes unterseeisches Gebirgssystem; es ist das größte Gebirgssystem der Erde mit einer Gesamtlänge von 70 000 Kilometern. Kurios am Mittelatlantischen Rücken ist sein Verlauf mitten durch Island: Geologisch betrachtet gehört die eine Hälfte der Insel »zu Europa«, die andere »zu Nordamerika«.

Nach dem Zweiten Weltkrieg übernahmen die Amerikaner die Führung in der Atlantikforschung. Die Geologen Marie Tharp und Bruce C. Heezen, auch im Leben ein Paar, kartografierten seit Anfang der 1950er-Jahre den ganzen atlantischen Meeresboden von Forschungsschiffen aus. Dies war natürlich auch die erste systematische Vermessung eines Ozeans und nahm – wie immer bei »Landaufnahmen« – Jahre in Anspruch. Der Atlantikboden entpuppte sich als eine regelrechte »Landschaft« mit Tälern, Schluchten, Gebirgsketten und Berggipfeln. Bis dahin hatte man sich die Meeresböden mehr oder weniger so flach und eintönig wie eine Waschschüssel vorgestellt. Die

Karte wurde 1977 veröffentlicht und zählt zu den großen kartografischen Leistungen des 20. Jahrhunderts.

Der amerikanische Geologe Harry H. Hess (1906–1969) entdeckte 1960 die Ozeanspreizung. Er diente im Zweiten Weltkrieg als Kapitän eines Truppentransporters der Marine. Das Schiff war mit einem starken Echolot ausgerüstet. Das verwendete er bei seinen Fahrten im Pazifik ständig für Messungen des Meeresbodens. Die Auswertung der Daten ergab ebenfalls Meeresbodenprofile und führte zur Entdeckung unterseeischer Vulkane, vor allem entlang der Ozeanrücken. Daraus entwickelte Hess zusammen mit Robert S. Dietz seine Theorie der Ozeanspreizung. Er legte sie zuerst 1960 in einem marine-internen Forschungsbericht vor. 1962 wurde das für die Anerkennung der Wegenerschen Kontinentalverschiebungstheorie bahnbrechende Werk unter dem Titel *History of Ocean Basins* veröffentlicht.

Übrigens sind alle Meeresböden geologisch gesehen sehr jung. So gut wie keiner ist älter als zweihundert Millionen Jahre. Die meisten zählen sogar nur 65 Millionen Jahre. (Kontinentalplatten sind viel älter.) Daher sind die Meeresböden die Motoren der Drift. Geologen haben es wiederholt mit einem Fließband verglichen: Die fließenden Meeresböden wirken wie ein Förderband. Die Pakete darauf sind die Kontinente. Mithilfe der Satellitengeodäsie lassen sich die Geschwindigkeiten der Kontinentaldriften heute zentimetergenau messen, und die Werte bewegen sich auch im Zentimeterbereich.

Karten des 20. Jahrhunderts

Der Londoner U-Bahn-Plan

1933 stellte der Engländer Harry Beck (1902–1974), ein technischer Zeichner bei der *London Underground*, seinen völlig abstrakten Liniennetzplan *(Tube map)* für die Londoner U-Bahn vor, der auf topografische Angaben völlig verzichtet und daher für diesen Zweck sehr übersichtlich ist. Seine Darstellungsweise wurde Vorbild für alle derartigen Netzpläne öffentlicher Verkehrsmittel und ist uns mittlerweile geläufig. Die Stationsnamen sind auf einer Linie aufgereiht wie Perlen auf einer Schnur. Diese revolutionäre Art von Karte, die sich ganz von der topografischen Erdoberfläche löst, erinnert entfernt an die römischen Itinerarien. Inspiriert war Beck indes von Plänen elektrischer Schaltkreise. Ihren Zweck, sich rasch zu orientieren und leicht zu erkennen, wo die Kreuzungspunkte der Linien Umsteigemöglichkeiten bieten, erfüllt diese Karte optimal. Die Übersichtlichkeit wird noch dadurch erhöht, dass sich die Linien hauptsächlich im rechten Winkel kreuzen; auch dies ein abstraktes Merkmal der Darstellung. So gerade und rechtwinklig verlaufen nicht einmal die Tunnelröhren unter der Erde.

London Underground reagierte zunächst skeptisch auf Becks ungewöhnlichen Entwurf und testete vorsichtig eine kleine Auflage. Diese war sofort ein voller Erfolg bei den Fahrgästen. Beck und *London Underground* entzweiten sich nach dem Krieg über die grafische Weiterentwicklung seiner *Tube map*, worauf er 1947 das Unternehmen verließ. Erst nach seinem Tod wurde seine innovative Darstellungsweise anerkannt, und Beck wurde postum als bedeutender Kartendesigner gewürdigt.

Straßenkarten, Straßenatlanten

»Landkarten«, Weltkarten und Schulatlanten waren als Weltbilder zur Allgemeinbildung schon seit Jahrhunderten in Gebrauch. Und manchmal auch zur überblicksweisen Orientierung. Die detailreichen topografischen Landesaufnahmen des 18.
und 19. Jahrhunderts dienten keinen Weltbild-Zwecken mehr.
Sie wurden in erster Linie in der Verwaltung und beim Militär
verwendet. Das höchste Gütesiegel war immer die »General-
stabskarte« (Standardmaßstab 1 zu 100 000) oder, wie es noch zu
Zeiten Friedrichs des Großen hieß, die »Kabinettskarte«. Sehr
detailliert waren auch die »Messtischblätter«, meist im Maßstab
1 zu 25 000. Was hätte ein Privatmann damit anfangen sollen?
Detaillierte Karten, beispielsweise als Straßenkarten für den privaten Gebrauch, wurden nicht hergestellt. Wie zu Zeiten der
antiken Reiseführer konnte man im 19. Jahrhundert sowieso
nichts anderes machen, als sich dem Postillon einer Reisekut-
sche anzuvertrauen oder sich später dann in die Eisenbahn zu
setzen. Andere Reisemöglichkeiten gab es nicht.

Das sollte sich ändern, als das Automobil aufkam – denkt
man. Doch es begann etwas früher: mit dem Fahrrad. Um 1890
wurde es Mode, Fahrradwanderungen und -ausflüge zu unternehmen. Für diesen Zweck wurden die ersten Fahrradweg- und
Straßenkarten gedruckt. Solche Touristenkarten auch mit der
Angabe von Sehenswürdigkeiten gab es beispielsweise in Italien
schon vor dem Ersten Weltkrieg.

Erste Straßenkarten für Automobile kamen in Europa nach
1900 heraus, in den USA ab 1912 und in großem Stil natürlich
erst nach dem Zweiten Weltkrieg im Zuge der Massenmoto-
risierung. Bezeichnenderweise wurden sie alle nicht von etablierten Kartenverlagen, sondern entweder von Reifenherstellern
(Michelin ab 1908; Continental ab 1925), den Benzinkonzernen
(Esso Touring Service, Shell, später auch BP, Aral) oder Auto-
mobilclubs herausgegeben. Straßenkarten haben ebenfalls einen

höheren Abstraktionsgrad als die gewohnten Landkarten: Sie zeigen als schwarze oder farbige Linie auf weißem oder stellenweise getöntem Papier den Straßenverlauf – mit ein paar Kurven. Die Topografie – Berg und Tal – erkennt man fast nicht; außer natürlich in der Schweiz und in Österreich an den sehr kurvenreichen Alpenstraßen.

Arno Peters' Bild der Welt

Eine neuartige Projektion einer Weltkarte, die eine durchgreifende Modifikation der Mercator-Projektion sein sollte, stellte der deutsche Kartograf Arno Peters 1973 vor. Peters versuchte, Verzerrungen der Mercator-Projektion zu umgehen. Bei Mercator erscheinen um der Winkeltreue willen die Flächen zu den Polen hin größer, als sie in Wirklichkeit sind. Dadurch wirken vor allem die relativ polnahen Industrieländer Europas, Nordamerikas, auch Russland mit Sibirien, also die Nordhalbkugel insgesamt, in der Tat großflächiger als in Wirklichkeit. Sie dominieren das Kartenbild und damit das Weltbild.

Peters entwickelte eine Projektion, bei der die Flächentreue gewahrt bleibt. Dadurch wirken die Südkontinente wie Südamerika, Afrika und Australien ungewohnt gelängt und das sibirische Russland viel breiter und schmaler. Aber man erkennt auch viel deutlicher das wahre Ausmaß Chinas. Brasilien mit 8,5 Millionen Quadratkilometern wirkt bei Peters fast größer als die USA mit 9,6 Millionen Quadratkilometern.

Peters' Projektion war mit der politischen Absicht verbunden, der Dritten Welt mehr kartografisches Eigengewicht zu geben. Er schuf auch einen Atlas mit Länderkarten in einheitlichem Maßstab.

»Nach zweihundert Metern links abbiegen«

Bis Anfang der 1960er-Jahre wurden alle kartografischen Vermessungen der Erde terrestrisch vorgenommen, also mit Triangulation, wie es von den Cassinis erstmals systematisch durchgeführt wurde. Seit etwa 1965 ist die Satellitengeodäsie das Mittel der Wahl. Navigationssysteme als Wegweiser wurden im Zweiten Weltkrieg zunächst für militärische Zwecke entwickelt, für die Steuerung von Flugzeugen und Schiffen. Die ersten Systeme LORAN-C und OMEGA funktionierten in erster Linie durch geschickte Ausnutzung der Funktechnik und dank rund um den Globus aufgestellter Funkstationen, die miteinander verbunden wurden. Sehr vereinfacht gesagt, lassen sich durch das Anpeilen mit Funksignalen von mindestens zwei, besser drei Stationen aus Standortbestimmungen vornehmen.

Das GPS (Global Positioning System) funktioniert genauso, nur mithilfe von Satelliten. Rund um den ganzen Globus sind einige Dutzend Satelliten geostationär positioniert, die die gesamte Erdoberfläche abdecken. Jeder einzelne Satellit macht im Grunde nichts anderes, als ständig auf die Erde zu funken »He, ich bin der und der Satellit auf dieser und jener Position, und bei mir ist es gerade soundsoviel Uhr!« Die Angabe der Uhrzeit ist dabei besonders wichtig. Ein Navigationssystem korreliert die Daten dann mit einer in den Geräten »hinterlegten« Karte. Das in den USA ebenfalls zuerst für militärische Zwecke entwickelte GPS wird seit 1995 auch zivil genutzt.

Auch wenn die Satellitenbilder von Google Maps bei den Usern der Generation Online sehr beliebt sind, halten sie keinen Vergleich mit der ausgereiften Technik des Kartendrucks aus. Andererseits verlernt diese Generation zunehmend das »Kartenlesen« und verfällt diesbezüglich in eine Art Analphabetismus. Die Navi-Systeme in Autos erfüllen die wichtige Kartenfunktion, Orientierung zu geben, nicht mehr optisch, sondern audio-verbal. Auch dadurch verlernen wir, Karten zu lesen.

DIE EXPANSION DES WELTRAUMS

Das Jahrhundert der Astronomie

Erst Anfang der 1920er-Jahre gewinnen die Astronomen ein wirkliches Bild vom Weltall – und damit wir alle. Von seiner unglaublichen Größe, Ausdehnung, Dynamik, seinem Alter und sogar eine plausible Hypothese seiner Entstehung. All das, was die Babylonier und die Bandkeramiker von Goseck vor über siebentausend Jahren über Himmel und Weltall wussten, und selbst alles, was seit Galilei folgte, blieb in höchstem Maße unzulänglich verglichen mit dem, was seit nicht einmal hundert Jahren neu entdeckt wurde. Und ständig weiterentdeckt wird. Die moderne Astronomie und Astrophysik haben unser kosmisches Weltbild in einem Ausmaß erweitert, wie es beinahe nicht zu fassen ist. Das 20. Jahrhundert hat durch Weltkriege und Terrorregime nie da gewesenes Leid gebracht. Aber wissenschaftlich gesehen ist es das Jahrhundert der Raumfahrt und definitiv der Astronomie (und, nicht zu vergessen: des ungeheuren medizinischen Fortschritts). Am Anfang dieser kolossalen Weltbild-Erweiterung in den Weltraum stehen die bahnbrechenden Entdeckungen von Edwin Hubble. Zur Zeit von Einsteins umwälzenden Arbeiten (1905/1916) war noch nicht einmal etwas von weiteren Galaxien außerhalb der Milchstraße bekannt und auch die Ausdehnung der Milchstraße selbst wurde grotesk unterschätzt. Hubble wird der Kopernikus des 20. Jahrhunderts.

Das Hertzsprung-Russell-Diagramm

Stern ist nicht gleich Stern. Man unterscheidet Rote Riesen, Blaue Riesen, Weiße und Braune Zwerge und dergleichen. Seit 1909 hat der Däne Ejnar Hertzsprung (1873–1967) in Potsdam anhand von Oberflächentemperatur und Leuchtkraft ein Klassifizierungsdiagramm aufgestellt; ab 1910 entwickelte der amerikanische Astronom H.N. Russell parallel eine ähnliche Auswertung. Das Diagramm führte zu der Entdeckung des Lebenszyklus und Lebensalters von Sternen und dadurch auch zu einem Begriff von »evolutionären« Prozessen im All.

Ein wichtiger Aspekt dabei ist, dass alle schweren Elemente erst durch ungeheure Sterntode in der Frühphase des Universums aus Wasserstoff entstanden sind. Erst aufgrund der dabei freigesetzten ungeheuren Energien konnten sich Wasserstoff-Protonen zu schwereren Elementen verbinden wie Sauerstoff, Kohlenstoff, Eisen. Alles, woraus sich Materie zusammensetzt, letztlich auch alle Lebewesen auf der Erde, besteht aus den chemischen Elementen, die sich in solchen Sternexplosionen gebildet haben.

Edwin Hubble – Das Weltall expandiert

Die bedeutendste und revolutionärste astronomische Erkenntnis nach der kopernikanischen Wende stammt aus dem 20. Jahrhundert: 1929 erkannte Edwin Hubble (1889–1953), dass das Weltall expandiert. Das bedeutet auch: Das Universum ist nicht statisch, sondern dynamisch und damit auch evolutionär; Sterne »sterben«, Sterne werden »geboren«. Die Erkenntnis vom evolutionär-dynamischen All ist denn auch die Todesanzeige für die Vorstellung vom kreativen Schöpfergott und Schöpfungsakt.

Hubble hatte sich 1913 schon als junger Anwalt niedergelassen (der Berufswunsch seines Vaters), als er doch noch Astronomie studierte. Gleich nach dem Ersten Weltkrieg erhielt er einen Ruf an das Mount-Wilson-Observatorium, das über ein neu errichtetes Riesenspiegelteleskop mit 2,5 Metern Durchmesser verfügte, welches für lange Zeit das größte optische Teleskop bleiben sollte. Mit diesem Gerät können die Astronomen 170000 mal mehr Licht einfangen als das menschliche Auge.

Als Hubble in Mount Wilson begann, waren die Natur und der Ort von »Nebeln«, »Sternhaufen« oder »Spiralnebeln« noch unbekannt und umstritten. Weil man wegen der Lichtschwäche ihre Entfernung nicht bestimmen konnte, ließ sich bis jetzt nicht sagen, ob sie sich innerhalb oder außerhalb der Milchstraße befanden. Die Vorstellung, dass sich andere Spiralgalaxien wie die Milchstraße in Tausenden, vielleicht Millionen Lichtjahren Entfernung jenseits von völlig leerem Raum befinden sollten, erschien noch recht gewagt. Nach der bisherigen Vorstellung endete das gesamte Universum an den Rändern der Milchstraße.

Was es mit den Nebelfleckchen auf sich hatte, klärte Hubble 1923, als er im Andromeda»nebel« (M 31) einen sich periodisch (alle 14 Jahre) aufblähenden und aufleuchtenden Stern entdeckte, der dann wieder verlischt – einen sogenannten Cepheiden. Dank dieses instabilen Leuchtriesen lässt sich durch Zeitmessung auch die Entfernung messen. Mit den damals möglichen Messmethoden kalkulierte Hubble einen Abstand zu M 31 von knapp einer Million Lichtjahre (heutiger Wert: 2,5 Millionen Lichtjahre – und Andromeda ist, wie bereits mehrfach erwähnt, die nächstgelegene, sozusagen die Schwestergalaxie der Milchstraße). Damit war jedenfalls klar, dass der »Nebel« außerhalb der Milchstraße liegen muss. Und auch, dass die Milchstraße als Zentrum des Weltalls entthront war, ähnlich wie Kopernikus die Erde aus dem Zentrum des Planetensystems der Antike entthronte.

Dann stellte Hubble zusammen mit seinem Assistenten Milton L. Humason schwierig zu realisierende Spektralaufnahmen von Galaxien her. Humason war ein Schulabbrecher, der es über eine Hausmeisterstelle in Mount Wilson zum Astronomen gebracht hatte, weil er eine außerordentliche Begabung für genaues Beobachten hatte. In den Lichtspektren entfernter Galaxien stellten sie in den allermeisten Fällen eine Rotverschiebung fest. Im Jahr 1929 entdeckte Hubble den Zusammenhang zwischen dieser Rotverschiebung und der Entfernung der Galaxien: Je größer die Rotverschiebung, desto weiter muss das Objekt entfernt sein, weil das ausgesandte Licht länger unterwegs und das Spektrum dementsprechend stärker nach Rot verschoben war. Dieser Zusammenhang wird als Hubble-Konstante bezeichnet: Das Tempo der »Fluchtgeschwindigkeit« der Galaxien steigt proportional zu ihrer Entfernung. Dieser Aufbläheffekt des Universums bedeutet: Es vergrößert sich ständig. Das stimmte mit den Vorhersagen aus Einsteins Relativitätstheorie überein. Man darf sich in diesem Zusammenhang nur nicht vorstellen, dass die Galaxien wie Geschosse mit Eigengeschwindigkeit »durch den Weltraum fliegen«, sondern sie bewegen sich sozusagen huckepack mit der expandierenden Raumzeit. Schon 1927 war der belgische Priester und Wissenschaftler Georges Lemaître zu einem ähnlichen Schluss gekommen. Der Abbé hat in jenem Jahr als Erster in einem wenig beachteten Aufsatz auch den Gedanken der Expansion formuliert und, wenn man die Expansionsrichtung umkehrt und »zurückrechnet«, die Idee vom Urknall. Hubble formulierte diesen Gedanken 1929 ganz ähnlich und gilt heute vielen als der Urheber der Big-Bang-Theorie. Sie ist als Weltentstehungstheorie für unser heutiges kosmisches Weltbild ganz fundamental.

Der Begriff *Big Bang* (»Urknall«) wurde übrigens 1949 von Fred Hoyle, einem Kritiker dieser Theorie, geprägt, der zwar nicht die Expansion des Weltalls bestritt, aber den Knall. Er ging von einem immerwährenden kosmischen Gleichgewicht aus. Seine Ansichten vertrat Hoyle bis in die 1990er-Jahre.

Das Echo des Urknalls

Die Entdeckung der kosmischen Hintergrundstrahlung durch Arno Penzias und Robert W. Wilson im Jahr 1964 (Nobelpreis für Physik 1978) führte zur Bestätigung der Urknall-Theorie und damit ebenfalls zu der Annahme einer Evolution des Weltalls. Sie war gleichzeitig ein Triumph der noch jungen Radioastronomie, durch die man bis an die Ränder des Universums »hören« kann, auch wenn man sie nicht sieht. Penzias' und Wilsons Entdeckung war ein Zufallsfund in den Bell Laboratories in New Jersey 1964. Die beiden suchten ein Jahr lang nach der Ursache für ein lästiges Störgeräusch an ihrer großen, empfindlichen Funkantenne, die für die Kommunikation mit Satelliten installiert wurde. Sie erfuhren erst von Kollegen der fünfzig Kilometer entfernt gelegenen Universität Princeton, was sie da entdeckt hatten. Die Wissenschaftler dort suchten nämlich gleichzeitig gezielt nach dieser Strahlung, hatten sie aber mit ihren Geräten nicht auffinden können.

Die Princeton-Wissenschaftler beabsichtigten, eine Voraussage des russisch-amerikanischen Physikers George Gamow aus dem Jahr 1948 zu bestätigen. Laut Gamow gibt es eine Mikrowellenstrahlung, die aus den ersten Lichtphotonen nach der ersten Abkühlungsphase 380000 Jahre nach dem Urknall entstanden ist und im Kosmos gleichmäßig verteilt sein soll. Der Empfang dieser Mikrowellenstrahlung ist sozusagen der »Blick« auf das erste (umgewandelte) Licht. Die Entdeckung der Hintergrundstrahlung war eine bedeutende Bestätigung der Theorie des Urknalls und der Expansion und eine Realisierung ganz neuer Dimensionen des Kosmos. Vor 1964 war das kosmische Weltbild beschränkter, ähnlich wie es vor 1923 viel beschränkter war, als man noch keine Ahnung von der Existenz weiterer Galaxien hatte.

Durch seine Kartierung der Hintergrundstrahlung lieferte das 2009 gestartete Weltraumteleskop *Planck* ein vollständiges Bild des Universums – also eine Himmelskarte, wie sie für Männer wie Aristoteles oder Galilei ein Traum gewesen wäre. Sie zeigt das Universum 380000 Jahre nach dem Urknall. Zuvor bestand nur diese unglaublich dichte, unglaublich heiße Singularität, dann dehnte sich das Weltall aus wie ein schlagartig aufgepumpter Luftballon – man weiß nicht genau, wie und warum. 380000 Jahre später war es auf rund dreitausend Grad Celsius abgekühlt. Diesen Zustand zeigt *Plancks* Bild von der Hintergrundstrahlung. Das Foto, zusammengesetzt aus fünfzig Millionen Pixel, nachdem das Teleskop das Universum dreißig Monate lang unermüdlich abscannte, ist das aktuellste kosmologische Weltbild. Mittlerweile ist das Universum auch durch seine ständige Expansion auf -270° Grad abgekühlt und es ist etwa 3200-mal größer. Auch durch die aktuellen Messungen des Teleskops wird das Alter des Universums nun auf fast vierzehn Milliarden Jahre (14000000000) veranschlagt.

Schwarzes Loch

Diese extrem massereichen Singularitäten im Weltraum mit ungeheuren Anziehungskräften werden »schwarz« genannt, weil nicht einmal Lichtwellen sie verlassen können. Über *dark stars* oder *corps obscurs* wurde schon Ende des 18. Jahrhunderts spekuliert. Seit 1939 ist durch Robert Oppenheimer klar, dass ein Schwarzes Loch die Folge des Kollapses eines Riesensterns ist. Man unterscheidet statische und rotierende Schwarze Löcher; Letztere wurden durch den neuseeländischen Mathematiker Roy Kerr (geboren 1934) theoretisch, aber schlüssig beschrieben. Der Begriff kam 1964 auf und wurde 1967 von dem amerikanischen Physiker J.A. Wheeler erstmals bewusst verwendet. Bis dahin hatte noch niemand ein Schwarzes Loch »gesehen«. Seit 1971 vermutete man erstmals eines im Sternbild Schwan, den Röntgendoppelstern Cygnus X-1.
Im Zentrum unserer Milchstraße befindet sich ein so-

genanntes »supermassereiches« Schwarzes Loch (Sagittarius A*) von über vier Millionen Sonnenmassen, das schnell rotiert und starke Röntgenstrahlung aussendet. Es ist aber nicht das einzige Schwarze Loch in der Milchstraße.

Einer der bekanntesten Astrophysiker auf diesem Gebiet ist der in Oxford geborene Brite Stephen Hawking, der 1988 den Bestseller *Eine kurze Geschichte der Zeit* veröffentlichte.

Signale von Außerirdischen?

Wenn Sterne mit mindestens achtfacher Sonnenmasse »sterben«, dann blähen sie sich kurzzeitig zu einer Supernova auf und kollabieren anschließend zu einem extrem dichten und schweren Neutronenstern. Die Explosion einer Supernova im Jahr 1054, deren Überreste den Krebsnebel bilden, ist ein bekanntes Beispiel für diesen Vorgang. Im Zentrum dieses Nebels befindet sich solch ein Neutronenstern mit höchstens dreißig Kilometern Durchmesser. (Bei unserer Sonne wird es bei Weitem nicht für eine Supernova reichen. Sie wird sich nur zu einem »Roten Riesen« aufblähen und anschließend als »Weißer Zwerg« enden, aber nicht als Neutronenstern.)

Von solchen Dingen, die heute schon jeder Gymnasiast kennt, der in Physik aufgepasst hat und regelmäßig *Geo* liest, weiß man erst seit 1967. Neutronensterne rotieren sehr schnell und entsenden an einer Stelle einen scharf gebündelten Strahl wie ein Leuchtturm. Überstreicht so ein Strahl zufällig die Erde, wird er von Radioteleskopen wahrgenommen. Der erste sogenannte Pulsar wurde 1967 durch eine britische Radioastronomie-Doktorandin an einem Institut in Cambridge entdeckt, zusammen mit ihrem Professor und dem Institutsleiter, der (wir sind in England) von 1972 bis 1982 »Königlicher Astronom« war. Die beiden Professoren erhielten dafür 1974 den Nobelpreis für Physik. Die eigentliche Entdeckerin des Pulsars PSR B 1919+21 nicht.

Zunächst konnte man sich das Phänomen natürlich nicht so

recht erklären. PSR B 1919+21 »sendet« alle 1,337 Sekunden. Die Doktorandin und ihr Doktorvater, die natürlich weitere Untersuchungen anstellten, fragten sich allen Ernstes, ob es sich um ein Signal von Außerirdischen handeln könnte.

Die Existenz von Neutronensternen war bereits 1934 theoretisch postuliert worden, aber nun erst waren sie 1967 entdeckt. Wenn Neutronensterne eine noch größere Dichte erreichen als der im Krebsnebel, kollabieren sie unter ihrer eigenen Schwerkraft vollends zu einem Schwarzen Loch.

Die Eroberung des Weltraums

Die Rakete zu den Planetenräumen

So lautete der Titel des 1923 erschienen Buches eines Pioniers der Raumfahrt, Hermann Oberth (1894–1989) aus Hermannstadt in Siebenbürgen. Bereits 1903 hatte der Russe Konstantin Ziolkowski die grundlegenden theoretischen Überlegungen und Berechnungen zum Raketenantrieb veröffentlicht – angeregt durch die Bücher von Jules Verne. Die wesentlichen Merkmale sind Flüssigkeitsantrieb (also lieber kein Schwarzpulver nehmen) und Mehrstufigkeit. Die erste derartige Flüssigkeitsrakete brachte der Amerikaner Robert Goddard am 16. März 1926 zum Start. Sie flog 2,5 Sekunden lang vierzehn Meter hoch und fünfzig Meter weit. Goddard verbesserte dieses Ergebnis mit Weiterentwicklungen und weiteren sieben Raketenstarts bis 1935. Die letzten durchbrachen schon die Schallmauer, flogen bis fast 1500 Meter Höhe und verfügten bereits über einen Kreiselkompass zur Stabilisierung der Rakete. Goddards Pioniertaten fanden jedoch in den USA wenig Anklang und Aufmerksamkeit. Er wurde in der amerikanischen Presse als Fantast lächerlich gemacht und erst später rehabilitiert.

Inzwischen begannen in Deutschland seit 1930 die bekannten Raketenprogramme. 1942 erreichte das in Peenemünde entwickelte, vierzehn Meter hohe *Aggregat 4* (später »V2« genannt), ein hoch kompliziertes Gerät, die Weltraumgrenze. Federführend hierbei war der Ingenieur Wernher von Braun (1912–1977). Die A4 ging in Serienproduktion. Überwiegend von KZ-Häftlingen wurden insgesamt fast sechstausend Exemplare gebaut. In den anderthalb Jahren, in denen die Raketenproduktionsstätte

KZ Mittelbau-Dora in Thüringen betrieben wurde, starben dort schätzungsweise 20 000 der etwa 60 000 Häftlinge.

Sofort nach dem Zweiten Weltkrieg übernahmen die Amerikaner Wernher von Braun und viele seiner engsten Mitarbeiter und bauten die Raketenproduktionsstätte KZ Mittelbau Dora in Thüringen ab.

Indessen gelang dem russischen Konstrukteur Sergej Koroljow ebenfalls dank deutschem Expertenwissen die Weiterentwicklung und der Bau von Raketen. Auch die Russen hatten viele deutsche Techniker als »Kriegsbeute« in die Sowjetunion gebracht, darunter Assistenten Wernher von Brauns. Es waren Koroljows Raketen, welche am 4. Oktober 1957 mit *Sputnik 1* den ersten künstlichen Erdsatelliten ins All schossen, 1960 zwei Hunde in den Weltraum brachten und sicher wieder zur Erde zurück und am 12. April 1961 mit der Rakete *Wostok 1* den ersten Menschen, Juri Gagarin. Koroljow war auch maßgeblich an der Entwicklung der Sojus-Raketen beteiligt, die heute noch ins All fliegen – im Gegensatz zu den amerikanischen.

Den Russen gelang außerdem 1959 die erste Mondumrundung samt dem ersten Foto von der Rückseite des Mondes, die erste harte Mondlandung, 1966 die erste weiche Mondlandung und 1970 die erste Landung auf der Venus.

Der Wettlauf zum Mond

Seitdem reihten sich die menschlichen Pioniertaten im Weltraum, hinter denen jeweils ein ungeheurer technischer und logistischer Aufwand stand, aneinander. Unter den damaligen politischen Bedingungen des Kalten Krieges wurde daraus wieder einmal ein Wettlauf der Entdecker und Eroberer. Dieses Mal ging es zum Mond, nachdem Präsident John F. Kennedy im Mai 1961 in einer Rede angekündigt hatte, dieses Ziel »noch vor Ende dieses Jahrzehnts« zu erreichen. Kennedy war sich nach den für die Amerikaner schockartigen Anfangserfolgen

der Sowjets darüber im Klaren, dass, wer mit Interkontinental-
raketen »den Weltraum kontrolliert, auch die Erde beherrscht«.
Eine weitere Klausel in Kennedys Auftrag lautete, die Menschen auch »sicher wieder zur Erde zurückzubringen«; das war
eine bewusste Konsequenz aus den hohen Verlusten an Menschenleben bei den Polarexpeditionen. Der Mond sollte erreicht
werden, aber nicht mehr um jeden Preis. In diesem Jahrzehnt
zogen die Amerikaner die Gemini- und Apollo-Programme
zur Vorbereitung und Durchführung der Mondlandung durch.
Trägerraketen für das Apollo-Programm waren die von Wernher von Braun entwickelten Saturnraketen; seit *Apollo 4* mit der
Saturn 5 (1967).

Der Blaue Planet und die Mondlandungen

Der erste Höhepunkt war der Flug von *Apollo 8* an den Weih-
nachtstagen 1968 mit der erstmaligen Mondumrundung von
Menschen, mit Live-Fernsehbildern der Erde vom Mond aus
und den Fotos von Frank Borman und Bill Anders vom Erdaufgang vom Mondorbit aus gesehen. (Von der Mondoberfläche wären sie nicht möglich gewesen.)

Dies waren die berühmten Bilder vom Blauen Planeten, welche allen damals lebenden Menschen ein neues, nie zuvor gesehe-
nes, authentisches Bild der Erde aus dem Weltraum übermittel-
ten. Erstmals die Umkehrung des seit Jahrtausenden gewohnten
Blicks von der Erde in den Himmel. Nun der Anblick unserer
kleinen Welteninsel, wie sie inmitten der Schwärze des Kosmos
schwebt. Dies ist das neue kosmische Weltbild unseres Planeten
Erde, mit dem wir seither leben. Im Nachhinein hat sich auch
aufgrund dieser Bilder ein starkes Gefühl für die Einmaligkeit
und ökologische Empfindlichkeit von »Mutter Erde« entwickelt.

Am 20. Juli 1969 gelang dann tatsächlich auf Anhieb die geplante Mondlandung von *Apollo 11* mit der geglückten Heim-
kehr der drei Mondpioniere – live im Fernsehen.

Nach dem Sputnik-Schock war der amerikanische Astrophysiker und Raumfahrtpionier James Van Allen in den USA jahrelang führend an der Planung der Mondflüge beteiligt. (Er hat den Van-Allen-Strahlungsgürtel um die Erde entdeckt.) Van Allen trat von dieser Position wieder zurück, als sich das Apollo-Programm zunehmend zu einem Medienspektakel nach seiner Meinung »ohne wissenschaftlichen Wert« entwickelte.

Das Apollo-Programm wurde bis Ende 1972 *(Apollo 17)* fortgesetzt. Wie im Kolonialzeitalter begannen nach den Entdeckungsreisen der 1960er-Jahre in den 1970er-Jahren die Forschungsreisen mit den Weltraumlaboratorien *Saljut* (1971), *Skylab* (1973), *Mir* (1986) und *ISS* (2000).

Mission Mars

Geglückte Expeditionen zum Nachbarplaneten Mars gibt es seit 1964; vorherige Versuche seit 1960 scheiterten. Die ersten Vorbeiflüge und Orbitflüge lieferten Nahaufnahmen. 1971 wurde der Mars von *Mariner 9* erstmals komplett kartografiert. Nach vielen vergeblichen Anläufen sowohl der Russen wie der Amerikaner, ein fahrbares Gerät auf dem Planeten zu landen, gelang dies im Januar 2004. Der erste Rover blieb bis 2010 in Betrieb, der zweite Rover ist es immer noch. Mittlerweile kurven dort drei Geräte herum; zuletzt landete *Curiosity* im August 2012. Bisher gab es über vierzig Mars-Missionen, viele davon Fehlschläge schon beim Start, aber insgesamt ist dies innerhalb von fünfzig Jahren eine bemerkenswerte Bilanz angesichts des enormen Aufwands, der hinter jeder einzelnen Expedition steckt.

In die Tiefe des Weltalls

Jenseits des Sonnensystems

1977 starteten die USA die als sehr langfristige Mission angelegten *Voyager*-Sonden. Die Mission dauert noch an. Erst Ende des Jahres 2013 hat *Voyager* 2 als erstes menschengemachtes Objekt die Grenze der Heliosphäre erreicht und damit das Sonnensystem verlassen. Die beiden Sonden *Voyager* 1 und 2 haben auch erstmals die Jupiter- und Saturnbahnen überschritten. Unterwegs nahmen sie zahllose Untersuchungen und Messungen vor, besonders im Bereich von Jupiter und Saturn, einschließlich Nahaufnahmen von Jupiter- und Saturnmonden und der Saturnringe. Es sind diejenigen Sonden, die auf vergoldeten Datenplatten von führenden Forschern und Autoren entworfene Ton- und Bildbotschaften der Menschheit an Außerirdische mitführen.

Hubble Ultra Deep Field

Nach den Bildern Bormans und Anders' vom Erdaufgang verdanken wir dem Weltraumteleskop *Hubble* die erstaunlichsten Bilder von kosmischen Objekten. Sie wirken so nah und klar wie ein selbst geknipster Sonnenuntergang auf den Malediven. Dank *Hubble* erfassen wir nun auch die wahrhaft kosmischen Tiefendimensionen des Weltraums im Bilde. *Hubble* ist das dienstälteste von inzwischen mehreren in einen Orbit geschossenen Weltraumteleskopen. Die Geräte mit ihren Hochleistungskameras ermöglichen den optischen Blick ins Weltall ohne die störende Erdatmosphäre. Also noch einmal eine ganz andere Dimension seit Galileis Fernrohr, Herschels und Fraunhofers Teleskopen und den modernen Sternwarten auf entlegenen Bergeshöhen.

Hubble befindet sich in über 560 Kilometern Höhe. Dabei wäre das aufwendige Projekt fast ein Flop geworden. Gleich nach dem Aussetzen des Teleskops aus der Raumfähre stellte sich heraus, dass der Hauptspiegel fehlerhaft war. Er musste im Weltraum repariert werden.

Die Vorüberlegungen zu einem derartigen Weltraumteleskop reichen zurück bis in die Mitte der 1940er-Jahre. Führender Kopf des Projekts war jahrzehntelang der amerikanische Astrophysiker Lyman Spitzer (1914–1997). Die technischen Schwierigkeiten und die finanziellen Hindernisse, die überwunden werden mussten, waren immens. In den 1970er-Jahren begann die konkrete Umsetzung, in den 1980er-Jahren war schon alles »startklar«, als die *Challenger*-Katastrophe am 28. Januar 1986 eine mehrjährige Unterbrechung der amerikanischen Raumfahrt erzwang. Schließlich wurde *Hubble* von dem Space Shuttle *Discovery* im April 1990 ins All gebracht.

Mittlerweile berühmt ist die über einen mehrmonatigen Zeitraum von September 2003 bis Januar 2004 mit Serien von raffinierten Einzelbelichtungen entstandene Hubble-(Ultra)-Deep-Field-Aufnahme, die 2012 veröffentlicht wurde. Sie zeigt zwar nur einen sehr kleinen Himmelsausschnitt, der so groß ist wie ein Zehntel der Mondscheibe. Dennoch sieht man haufenweise Galaxien in bis zu dreizehn Milliarden Lichtjahren Entfernung. Das ist schon der Rand des beobachtbaren Universums und bereits ziemlich nahe am Urknall. Diese Bilder »überbrücken« demnach auch einen Zeitraum von dreizehn Milliarden Jahren.

Gliese 581c

Im April 2007 entdeckten Astronomen in Genf einen angeblich erdähnlichen Planeten in relativ naher Distanz zur Erde, nur 20,4 Lichtjahre entfernt. Er soll anderthalbmal so groß sein wie die Erde, eine feste begehbare Oberfläche haben und auf seiner Tagseite Temperaturen zwischen null und vierzig Grad Celsius, was die Existenz von Wasser ermöglicht. Gliese 581c war der erste Planet außerhalb des Sonnensystems, das sind die sogenannten Exoplaneten – die Verkürzung von extrasolarer Planet –, auf dem Leben für denkbar gehalten wird.

Er hat seinen Namen von seinem Zentralgestirn, dem Zwergstern Gliese 581. Gliese 581c ist einer von drei bisher bekannten Begleitern von Gliese 581, daher die Bezeichnung »c«. Gliese 581 ist nach dem deutschen Astronomen Wilhelm Gliese (1915–1993) benannt, der zunächst in Breslau und Berlin forschte und seit 1951 am Astronomischen Recheninstitut Heidelberg einen »Katalog erdnaher Sterne« zusammenstellte. Der Katalog erschien erstmals 1969 und enthält rund 3800 Objekte. Ob Gliese 581c tatsächlich der Erde oder doch eher der Venus oder Neptun ähnelt, ist allerdings noch keineswegs sicher.

Mithilfe des 2009 gestarteten *Kepler*-Weltraumteleskops wurden bis zu seiner Abschaltung 2013 wegen irreparablen Steuerungsversagens zunächst 160 Exoplaneten bestätigt. Da diese selbst nicht leuchten, kann man sie auch mit dem größten Teleskop nicht »sehen«, sondern nur indirekt aufspüren. *Kepler* war extra für diese Suche gebaut worden. Es kostete sechshundert Millionen Dollar.

Für die Suche nach Exoplaneten wird das sogenannte Transitverfahren genutzt: Wenn ein Planet an seinem Stern vorüberzieht, verringert sich die Helligkeit des Sterns kurzzeitig und auf charakteristische Weise. Am Verlauf der gemessenen Lichtkurve lässt sich die Größe des Planeten ablesen. Solche Beobachtungen werden dann durch irdische Teleskope ergänzt. Auch die

Masse eines Planeten lässt sich bestimmen anhand der Intensität, mit der dessen Zentralstern beim Umlauf »wackelt«.

Solche Exoplaneten sind nicht nur Gesteinsplaneten wie Erde oder Mars, sondern überwiegend Gasplaneten wie Jupiter oder Neptun, wenn auch nicht so groß. Es wird also, im Gegensatz zu früher, erst etwas gemessen und dann »entdeckt«. Früher war es in der Regel umgekehrt. Die Entdeckung von Neptun beruhte erstmals auf vorhergehenden Messungen. Bei der »Beobachtung« wird der »Blick« des Weltraumteleskops auf eine bestimmte, relativ kleine Himmelsregion gerichtet, die wie bei einer Durchmusterung systematisch abgescannt wird. Das Besondere an *Kepler* war, dass sich das Teleskop nicht in einer Erdumlaufbahn, sondern, wie die Erde selbst, in einer Sonnenumlaufbahn befand, um Verdeckungen durch die Erde zu vermeiden.

Der erste Exoplanet wurde 1989 entdeckt, die nächsten drei 1992. Seit Beginn des Jahrtausends nehmen die Entdeckungen rasch zu – weil sie in den Fokus der Weltraumforschung gerückt sind. So ähnlich war es auch, als man zu Zeiten der »Himmelspolizey« im 19. Jahrhundert so viele Asteroide fand. Anfang 2014 waren insgesamt 1050 Exoplaneten bekannt, darunter der 2012 entdeckte Kepler −186f, der ungefähr so groß wie die Erde ist.

Erst vor kurzer Zeit kam der große Schlag: Bei Redaktionsschluss dieses Buches, Ende Februar 2014, wurde gemeldet, dass aufgrund der noch laufenden Auswertung der *Kepler*-Daten 715 neue Planeten auf einmal entdeckt wurden, die ihrerseits 325 Sternen zugeordnet werden können. Damit steigt die Zahl der bekannten Exoplaneten auf über 1700. Die Forscher fragen sich: Gibt es darunter erdähnliche Planeten in einer habitablen Zone innerhalb ihres jeweiligen Sonnensystems?

Die Vermessung der Milchstraße in 3D

Am 19. Dezember 2013 startete vom europäischen Weltraumzentrum Kourou in Guayana aus die europäische Sonde *Gaia*, deren Ziel es ist, unsere Milchstraße zu vermessen (*Gaia* steht für *Globales Astronomisches Interferometer für die Astrophysik*). Es war ein Bilderbuchstart in eine frühmorgens heller werdende Tropennacht mit einer russischen Sojus-Trägerrakete. Nur fünfhundert Kilometer vom Äquator entfernt ist Kourou ein idealer Raketenstartplatz: Die Raketen werden nach Osten über den Atlantik abgeschossen und nützen so den Schwung der Erdrotation. Übrigens war Guayana schon einmal Schauplatz einer allerersten Weltraumvermessung durch – wen sonst? – den Vermessungserfinder Cassini und seinen Assistenten Richer im Jahr 1672.

Mithilfe der zwei Tonnen schweren, hochmodernen Sonde *Gaia* und ihrer Messinstrumente erhofft man sich Daten über Positionen, Helligkeiten, Entfernungen und Bewegungen der Sterne unserer Milchstraße von einer noch nie erreichten Genauigkeit. Dazu wird *Gaia* nicht in einer Erdumlaufbahn stationiert, sondern an einem bestimmten Gleichgewichtspunkt zwischen Sonne und Erde in etwa vierfacher Mondentfernung. Das wichtigste Beobachtungsinstrument ist ein Spiegelteleskop.

Bei diesem aktuellen Projekt, das von Darmstadt aus gesteuert wird, befasst sich die europäische Weltraumforschung also nicht mit den weiten Fernen des Weltalls, sondern mit unserer Heimatgalaxie. Neben noch genaueren Bestimmungen von Sternpositionen erhofft man sich, weitere unbekannte Objekte zu entdecken wie Asteroiden und Kometen, Planeten und erloschene Sterne, sogenannte Braune und Weiße Zwerge.

Die genaue Feststellung der Entfernung eines Himmelskörpers, die dritte Dimension auf einer Himmelskarte, ist auch mit modernen, leistungsfähigen Riesenteleskopen von der Erde aus nicht wirklich zufriedenstellend. Sie ist nur für einige Hundert Sterne ausreichend gut bekannt. *Gaia* soll innerhalb von fünf Jahren eine Milliarde Sterne vermessen. Das wären ein Prozent der geschätzt hundert Milliarden Sonnen, die zur Milchstraße gehören. Sich ein genaueres Bild über die dreidimensionale

Struktur unserer eigenen Galaxie zu machen ist schwieriger, als durch große Teleskope weit entfernte Galaxien sozusagen mit einem Blick zu erfassen, weil das Sonnensystem selbst Teil der Milchstraße ist.

Durch das *Gaia*-Vorgängerprojekt mit dem Sternörter-Messsatelliten *Hipparcos* (1989–1993) ist bis jetzt nur die dreidimensionale Struktur der Milchstraße in einem Umkreis von dreihundert Lichtjahren bekannt. *Hipparcos* lieferte diesbezüglich bereits einen Sternekatalog mit bis dahin unerreicht präzisen Daten. *Gaia* ist extrem innovativ und leistungsfähig und wird eine Datenflut liefern, die doppelt so groß ist wie die aus *Hubble* in den vergangenen 21 Jahren. Aber es wird, anders als bei *Hubble*, keine spektakulären Bilder aus dem Weltraum geben, sondern »nur« eine Karte, allerdings eine dreidimensionale. 2021 soll es so weit sein. Die Geschichte der Vermessung der Welt ist also noch nicht abgeschlossen.

AUSBLICK

Terra incognita

Erde, Mond, Mars sind dank moderner Technik, Wissenschaft und Forschung inzwischen vollständig kartiert. Das sind Datenerhebungen und Vermessungen, die den Menschen, selbst den Wissenschaftlern, noch zur Zeit des Ersten Weltkriegs, also vor ziemlich genau hundert Jahren, utopisch erschienen wären. Das geografische, »kosmische« und naturwissenschaftliche Weltbild hat sich innerhalb dieses einen zurückliegenden Jahrhunderts unumkehrbar dynamisiert. Die statischen Weltbilder von Himmel und Erde der Vergangenheit sind obsolet.

Die Astronomen vermessen nun mit großem Aufwand erfolgreich den Weltraum. Und auf der Erde bleibt ein riesiges, bisher wenig erforschtes »Gebiet«: die Ozeane. Hier entdecken die Ozeanografen neue »Landschaften« mit unterseeischen Vulkanen und Vulkanketten, ferner sogenannte Raucher (hydrothermale Quellen) und im engen Zusammenhang damit erstaunliche neue Lebensformen. Man sucht nach (Meeres-) Bodenschätzen, und man weiß heute um die enorme Bedeutung der Meere und der Meeresströmungen für das Klima. Aus geografischer beziehungsweise ozeanografischer Sicht erscheint vor allem die Tiefsee als große erforschenswerte *Terra incognita*, wobei viele Wissenschaftsdisziplinen zusammenwirken.

»Auf Erden« erschließen neue Techniken der Vermessung und Datenerfassung inzwischen ganz neue, geradezu unerschöpfliche neue Welten. In babylonischer Zeit war das Beobachten und Notieren der Sternpositionen die erste uns bekannte Form von Vermessung und damit von Datenerfassung. Heute steht bei Big Data wie Google, Facebook, Apple, Microsoft und nicht zuletzt bei den Geheimdiensten die Datenerfassung im Vordergrund, was zu einer neuen Art von Menschenvermessung und Vermessung der menschlichen Gemeinschaften führt. Es geht um nichts weniger als eine möglichst weitgehende elektronische Erfassung und Vermessung der kompletten Lebensrealität – und, anschließend, vermutlich ihrer ebenso kompletten Vermarktung und womöglich auch ihrer totalen Überwachung.

Das Wissen der Welt kartografieren

Ben Gomes ist einer der frühesten und bis heute einflussreichsten Mitarbeiter bei Google. An der Entwicklung der Suchmaschine, der besten und schnellsten im Internet, war er maßgeblich beteiligt. Google startete im September 1998. Der kleine, lebhafte Gomes wurde in Tansania geboren und wuchs in Indien auf. Er ist seit 1999 bei Google und dort nach wie vor der Hauptverantwortliche für das Kerngeschäft, die Suchmaschine. Wenn er heute von deren Zukunft spricht, sagt er: »Je mehr wir das Wissen der Welt kartografieren, desto mehr Antworten können wir geben.«

Inzwischen dürfen wir skeptisch sein, ob es nur Google oder hauptsächlich Google oder andere wenige Big-Data-Firmen sein sollen, die alles Wissen dieser Welt speichern und darüber dann allein verfügen. Wir wollen nur festhalten, dass dieser Intelligenzmaschinenentwickler von der »Kartografie« des Wissens spricht: von einem Bild des Wissens und damit von einem Bild der Welt.

Literaturhinweise

Al-Khalili, Jim: *Im Haus der Weisheit*, Frankfurt 2011, 2012
Biagioli, Mario: *Galilei, der Höfling*, Frankfurt 1999
Black, Jeremy: *Geschichte der Landkarte*, Leipzig, 2005
Clark, John: *Die faszinierende Welt der Kartografie*, Bath 2005
Dueck, Daniela: *Geografie in der antiken Welt*, Darmstadt 2013
Freely, John: *Platon in Bagdad*, Stuttgart 2012
Grimblay, Shona, *Großer Atlas der Forscher und Entdecker*, München 2003
Harwood, Jeremy: *Hundert Karten, die die Welt veränderten*, Hamburg 2007
Märtin, Ralf-Peter u. a.: *Jenseits des Horizonts*, Stuttgart 2012
Mazal, Otto: *Die Sternenwelt des Mittelalters*, Wiesbaden 2001
Morison, Samuel Eliot: *Admiral des Weltmeeres*, Bremen 1948
Sobel, Dava: *Längengrad*, Berlin 1996, 2005
Wittke / Loshausen / Szydlak: *Historischer Atlas der antiken Welt*, Stuttgart 2012